计算机辅助几何设计导论

寿华好　等　编著

科 学 出 版 社

北　京

内 容 简 介

本书比较全面地介绍了计算机辅助几何设计的发展历史及其主要内容和最新进展。本书第 1 章对计算机辅助几何设计的历史进行了描述，第 2 章给出了计算机辅助几何设计的核心内容即 Bézier 曲线曲面，第 3 章给出了 Bézier 曲线曲面的推广即有理 Bézier 曲线曲面，第 4 章给出了 Bézier 曲线曲面的改进即 B 样条曲线曲面，第 5 章给出了 B 样条曲线曲面的推广即有理 B 样条曲线曲面，第 6 章介绍了几何连续性的概念，第 7 章给出了三角域上的曲面片，第 8 章引进了现代的 T 样条曲线曲面，第 9 章讨论了经典的隐式曲线曲面，第 10 章介绍了近代的细分曲线曲面，第 11 章介绍了经典的 Coons 曲面，第 12 章讨论了经典的等距曲线曲面。

本书可作为高等院校计算机及应用数学等学科的高年级本科生和研究生学习计算机辅助几何设计的参考书，也可作为从事计算机辅助几何设计与计算机图形学研究或应用的其他科技工作者的参考书。

图书在版编目（CIP）数据

计算机辅助几何设计导论 / 寿华好等编著. — 北京：科学出版社，2023.6

ISBN 978-7-03-074847-8

Ⅰ. ①计… Ⅱ. ①寿… Ⅲ. ①几何－计算机辅助设计 Ⅳ. ①TP391.72

中国国家版本馆 CIP 数据核字(2023)第 027003 号

责任编辑：陈 静 / 责任校对：胡小洁

责任印制：吴兆东 / 封面设计：迷底书装

科学出版社出版

北京东黄城根北街 16 号

邮政编码：100717

http://www.sciencep.com

北京中石油彩色印刷有限责任公司印刷

科学出版社发行 各地新华书店经销

*

2023 年 6 月第 一 版 开本：720×1000 1/16

2024 年 5 月第二次印刷 印张：14 1/2

字数：292 000

定价：128.00 元

（如有印装质量问题，我社负责调换）

前　言

计算机辅助几何设计(Computer Aided Geometric Design， CAGD)是涉及数学、计算机科学及工业设计与制造的一门新兴的交叉学科。它研究的主要内容是在计算机图形系统中曲线和曲面的表示与设计，它主要侧重于计算机辅助设计与制造的数学理论和几何体的构造方面。随着计算机辅助几何设计理论和应用的不断发展，从飞机、船舶、汽车设计，到工程器件模具设计，到生物医学图像处理等都能看到其广泛的应用。

本书主要介绍了计算机辅助几何设计的发展历史；给出了计算机辅助几何设计的经典内容，包括 Bézier 曲线曲面、有理 Bézier 曲线曲面、B 样条曲线曲面、均匀以及非均匀有理 B 样条(NURBS)曲线曲面、三角域上的曲面片、隐式曲线曲面、Coons 曲面、等距曲线曲面、细分曲线曲面等各种造型方法；介绍了计算机辅助几何设计所特有的几何连续性；此外，还介绍了计算机辅助几何设计历史上出现时间相对较晚的 T 样条曲面造型方法。

本书的第 1 章计算机辅助几何设计的历史由寿华好负责编写；第 2 章 Bézier 曲线曲面由刘艳负责编写；第 3 章有理 Bézier 曲线曲面由任浩杰负责编写；第 4 章 B 样条曲线曲面由莫佳慧负责编写；第 5 章有理 B 样条曲线曲面由季康松负责编写；第 6 章几何连续性由莫佳慧负责编写；第 7 章三角域上的曲面片由任浩杰负责编写；第 8 章 T 样条曲面由任浩杰负责编写；第 9 章隐式曲线曲面由莫佳慧负责编写；第 10 章细分曲线曲面由刘艳负责编写；第 11 章 Coons 曲面由江瑜和刘艳负责编写；第 12 章等距曲线曲面由宋丛威负责编写；全书由寿华好负责通稿和校对。

本书在写作和出版过程中得到了浙江工业大学研究生院研究生教材建设项目(项目编号 20190104)和浙江工业大学本科专业内涵提升建设(第一期)-数学与应用数学(项目编号 GZ18311090009)以及国家自然科学基金(项目编号 61572430、61272309)等经费的资助。由于作者水平有限，时间仓促，不妥之处在所难免，恳请读者批评指正。

作　者

2023 年 3 月 11 日

于浙江工业大学屏峰校区理学 A 楼

目 录

第 1 章 计算机辅助几何设计的历史

本章叙述了计算机辅助几何设计(Computer Aided Geometric Design，CAGD)从诞生起到目前的主要发展情况，20 世纪 80 年代中期之前的历史回顾主要取材于 Farin 有关计算机辅助几何设计历史的经典论文[1]，80 年代中期之后到目前的历史素材主要取材于各种书籍、报纸、杂志以及网络资源[2-7]。我们采用的定义是：计算机辅助几何设计是一门处理自由曲线、曲面或空间体的构造和表示的学科。

1.1 引 言

CAGD 一词是由 Barnhill 和 Riesenfeld 于 1974 年在美国犹他大学组织的关于这个主题的会议上提出的。那次会议汇集了来自世界各国的研究人员，可被视为该领域的奠基活动。这次会议出版了后来在国际上影响深远的会议论文集。《计算机辅助几何设计》杂志于 1984 年由 Barnhill 和 Boehm 创办。

另一个早期的会议是 1971 年在法国巴黎举行的。那次会议专注于汽车设计，是由当时的汽车协会主席贝塞尔(Bézier)组织的。该会议论文集是由法国《汽车工程师》(*Ingénieurs de l'Automobile*)杂志发表的。

1982 年开始在德国的 MFO(Mathematisches Forschungsinstitut Oberwolfach，上沃尔法赫数学研究所)举办了一系列专题讨论会，这些专题讨论会是由 Barnhill、Boehm 和 Hoschek 组织的。十年后，在德国 Schloss Dagstuhl 的计算机科学研究所由 Hagen 发起了类似的专题讨论会。在美国，SIAM(Society for Industrial and Applied Mathematics，工业和应用数学学会)组织了一系列会议，第一次会议于 1983 年在纽约特洛伊(Troy)举行，由 McLaughlin 组织。在英国，“曲面的数学”系列会议是由数学与应用研究所(the Institute of Mathematics and its Applications，IMA)发起的。在挪威和法国类似的会议由 Schumaker、Lyche 和 Laurent 创办。

在中国，苏步青院士于 1978 年在《自然杂志》发表《计算几何的兴起》[2]一文；苏步青和刘鼎元 1981 年在《自然杂志》上进一步发表了《计算几何的新发展》[3]一文，对上文进行了补充；同年，苏步青和刘鼎元在《数学进展》杂志上发表了《计算几何》[4]一文，对该学科进行了较全面的介绍；苏步青和刘鼎元的专著《计算几何》[5]于 1981 年由上海科技出版社出版，美国 Academic Press 出版社于 1989 年出版了这本书的英译本 *Computational Geometry: Curve and Surface Modeling*[6]，英译者是中国科技大学常庚哲教授；孙家昶研究员的专著《样条函数与计算几何》[7]在 1982

年由科学出版社出版。

在苏步青院士的组织和推动下，1982 年，中国召开了第一届计算几何和 CAD(Computer Aided Design，计算机辅助设计)学术会议。1982 年 1 月，在复旦大学，举办同行邀请式的“计算几何研讨会”。当时，浙江大学梁友栋教授和山东大学汪嘉业教授刚刚分别从美国和英国访问两年回国，带来了国际上最新的研究成果和研究动向。在这次会议上，按照苏步青院士的提议，决定由复旦大学、浙江大学、山东大学三校联合举办面向全国的更大规模的研讨会和学习班。1982 年 7 月在山东青岛三校联合主办“计算几何学习班”。国内高校、研究所、工业界共有 120 名代表参加。代表们普遍反映收获很大，希望能够一两年再举办一次。1984 年 7 月在山东烟台三校联合主办“计算几何和 CAD 学习班”。讲课内容除了“计算几何”外，特别增加了开发 CAD 技术所必需的“计算机图形学”、“数据库”和“软件工程”等课程。会议之前只是在《计算机世界》报纸上发了一条消息，却有 360 名代表出席，变成大型学习班。

此外，由中国数学会举办的“计算几何与样条函数学术会议”于 1986 年 6 月 19 日～25 日在安徽屯溪市举行，来自 35 个单位的 95 名代表出席了这次会议，会议收到了 110 篇学术论文，会上安排了 8 个综合性大会学术报告，并分计算几何和样条函数两个大组，做了 80 多个专题报告，会议出版了论文集。

全国几何设计与计算学术会议(Geometric Design and Computing，GDC)是由中国工业与应用数学学会(China Society for Industrial and Applied Mathematics，CSIAM)几何设计与计算专业委员会主办的系列全国性学术会议。会议对几何设计与计算相关研究方向进行学术报告、成果展示与学术讨论，目的是使更多的年轻学者和学生对国内外几何设计与计算等领域中的一些学术热点和动态以及发展方向有所了解，对研究方向的把握有所帮助，是一个全国性的学术交流与应用成果展示平台。2002 年以来，历届会议分别由山东大学(第 1 届)、中国科学技术大学(第 2 届)、西北师范大学(第 3 届)、厦门大学(第 4 届)、华南农业大学(第 5 届)、大连理工大学(第 6 届)、山东财经大学和井冈山大学(第 7 届)、浙江理工大学和浙江工业大学(第 8 届)、中国科学技术大学(第 9 届)、山东工商学院(第 10 届)、桂林电子科技大学(第 11 届)以及北方民族大学(第 12 届)承办。十二届会议以来，参会人员逐渐增多，在全国的影响力逐渐增大，投稿数量与质量逐步提高，每届都有来自国内外的著名专家向会议投稿，影响力已经波及海外几何设计与计算研究领域。

全国计算机辅助设计与图形学(CAD/CG)学术会议由中国计算机学会(China Computer Federation，CCF)主办。1978 年 10 月，在广西阳朔举行了首届计算机辅助设计学术交流会。此次会议成为中国计算机学会下的全国 CAD 与图形学年会的开端。1986 年 8 月，中国计算机学会成立了计算机辅助设计与图形学专业委员会。此后，全国 CAD/CG 学术会议在专业委会组织与指导下每两年召开一次，内容包括计算机辅助设计、计算机图形学、计算机动画与游戏、虚拟现实、可视化与可视分析、电子设计自动化、数字内容与媒体等，迄今为止已经成功举办了二十多届，为全国计算机辅助设计与图形学研究人员提供了一个重要的学术交流平台。每一届全国 CAD/CG 会议评选优秀学生论文 2～4 篇。为了适应学科发展的新形势，更好地推动中国计算机辅助设计与图形学研究的发展，经协商，一致同意进一步整合资源，并且将每两年召开一次的大会改为每年召开一次的年会，更好地服务于计算机辅助设计与图形学的学术界研究人员和产业界研发人员。

1.2 早期发展

在制造工程中最早记录的曲线使用可以追溯到早期的罗马时代，以造船为目的。一艘船的肋骨(从龙骨延伸出的木板)是由可多次重复使用的模板制作的。这样，轮船的基本几何形状就可以存储起来，而不必每次都重新创建。从 13 世纪到 16 世纪，威尼斯人完善了这些技术，轮船肋骨的形状是用切向连续的圆弧段拼接来定义的，用现代的语言来描述就是 NURBS(non-uniform rational B-splines，非均匀有理 B 样条)。船体是通过改变龙骨上肋骨的形状来获得的，这是今天张量积曲面定义的早期表现。将海洋技术和 CAGD 技术联系起来的更现代发展可在 1961 年 Theilheimer 和 Starkweather 发表的论文[8]、1966 年 Berger 等发表的论文[9]、1971 年 Mehlum 和 Sorenson 发表的论文[10]以及 1980 年 Rogers 和 Satterfield 发表的论文[11]中找到。

另一个关键事件起源于航空学。1944 年，Liming 写了一本 *Practical Analytic Geometry with Applications to Aircraft* 的书[12]。第二次世界大战期间，Liming 曾为 NAA(North American Aviation Inc.，北美航空工业公司)工作，这个公司制造了传说中的野马型号战斗机。在他的书中，经典的绘图方法首次与计算技术相结合。此前圆锥曲线既在飞机制造工业也在造船工业中使用，它的基础可以追溯到 Pascal 和 Monge 给出的构造。传统上，这些构造作为产品的基本定义以蓝图的形式出现在绘图员的画板上。Liming 认识到，另一种选择更有效：用数字来存储设计，而不是手动绘制曲线。因此，他将经典的绘图结构转化为数值算法。优点：数字可以存储在明确的表格中，从而避免了对图纸的带有个人偏见的不同的解释。Liming 的工作在 20 世纪 50 年代非常有影响力，当时被美国飞机制造公司广泛采用。另一位研究员孔斯(Coons)也参与了飞机图纸到计算的转换，Coons 后来因他在麻省理工学院的工作而出名。

另一个早期对 CAGD 的发展有影响的事件是 20 世纪 50 年代数控技术的出现。早期的计算机能够产生数字指令，驱动用于制造钣金零件模具的铣床。麻省理工学院为此目的开发了 APT(Automatic Programming Tool)语言。但问题仍然存在：所有相关信息都以蓝图形式存储，不清楚如何将这些信息传递给正在驱动铣床的计算机。

利用拉格朗日(Lagrange)插值等熟悉的技术，从蓝图上数字化点和拟合曲线，在早期就失败了。需要新的从蓝图到计算机的方法。在法国，德卡斯特里奥(de Casteljau)和Bézier超额完成了这一任务，使设计师们从手工绘制蓝图的过程中解放了出来。

在美国，波音(Boeing)公司的Ferguson和麻省理工学院的Coons提供了替代技术。通用汽车公司开发了第一个CAD/CAM(Computer Aided Manufacturing，计算机辅助制造)系统DAC-I(Design Augmented by Computer)。它使用了通用汽车公司研究员de Boor和Gordon开发的基本曲线和曲面技术。

在英国，Forrest在接触Coons的想法后开始研究曲线和曲面。他在剑桥大学的博士论文包括关于三次曲线和有理三次曲线的形状分类，以及Coons曲面片的推广等方面的工作。Sabin曾在英国飞机公司工作，并在开发CAD系统“数值主几何图形(Numerical Master Geometry)”方面发挥了重要作用。他开发了许多后来被“重新发明”的算法。这包括关于等距、几何连续性或张力样条的工作。

所有这些方法都出现在20世纪60年代。在相当长的一段时间里，它们孤立地存在，直到20世纪70年代开始与不同的研究方法结合在一起，最终产生了一门新的学科——CAGD。

没有计算机的出现，像CAGD这样的学科就不会出现。最初这些计算机的主要用途并不是为了计算复杂的形状而是简单地产生驱动铣床所需的信息。该信息通常由主计算机输出到穿孔纸带；然后，再由穿孔纸带传递到铣床的控制单元。

设计师的主要兴趣并不是铣床，而是一个可以快速绘制设计师概念的绘图仪。早期的绘图仪如台球桌大小或更大；这并不奇怪，因为大多数汽车零部件的图纸都是按比例生产的。绘图是如此重要，以至于几乎所有的CAD都是以绘制图纸为目标的。事实上，CAD经常被认为是“计算机辅助绘图”的代名词。在这些系统出现之前，琐碎的任务非常耗时。例如，从现有视图生成复杂线框对象的新视图需要绘图人员一周或更长时间，而使用计算机只需几秒钟。

显示硬件的一个里程碑是CRT(cathode ray tube，阴极射线管)终端的使用。这就回到了示波器，示波器被用于许多科学应用。CRT(已经不再用于CAD应用程序)通过屏幕上的“绘图”曲线显示图像。在简单显示技术中添加一个交互组件，就增加了另一个维度。第一个交互式图形系统是由麻省理工学院的Sutherland于1963年发明的[13]。他的博士论文是麻省理工学院CAD项目的一部分，Coons是他博士论文答辩委员会的成员之一。

1.3 de Casteljau 和 Bézier

1959年，法国雪铁龙(Citroen)汽车制造公司聘请了一位年轻的数学家来解决一些理论问题，这些问题来自于蓝图到计算机的挑战。这位数学家是Paul de Faget de

Casteljau，他刚刚完成博士学位。他开始开发一个系统，主要针对曲线和曲面的创新设计，而不是把重点放在现有蓝图的复制上。

他从一开始就采用了伯恩斯坦(Bernstein)多项式来定义他发明的自由曲线和曲面，以及现在以他的名字命名的 de Casteljau 算法。

突破性的创新是使用了控制多边形，这是以前从未使用过的技术。控制多边形不是通过其上的点来定义曲线(或曲面)，而是利用它附近的点来控制曲线(或曲面)。不是直接改变曲线(曲面)，而是改变控制多边形，而曲线(曲面)以非常直观的方式随之改变。

de Casteljau 的研究成果被雪铁龙公司保密了很长一段时间。Boehm 是第一个对 de Casteljau 在研究界的工作给予认可的人，他发现了 de Casteljau 的技术报告，并在 20 世纪 70 年代后期给出了"de Casteljau 算法"这个术语。

另一个了解雪铁龙公司 CAGD 研发方向的是它的竞争对手——雷诺(Renault)汽车制造公司，也位于巴黎。在那里，在 20 世纪 60 年代早期，Bézier 领导的设计部门也认识到需要对机械零件进行计算机表示的必要性。Bézier 的工作受到雪铁龙 CAGD 方向研发的影响，但他以一种独立的方式前进。Bézier 的最初想法是将"基本曲线"表示为两个椭圆柱面的交线。这两个椭圆柱面被定义在平行六面体内。对平行六面体的仿射变换将导致曲线的仿射变换。后来，Bézier 采用了这个初始概念的多项式表达，并将其扩展到更高的维度。结果表明，与 de Casteljau 的曲线是一致的，只不过所涉及的数学是不同的。作为 Bézier 团队的一员，Vernet 独立开发了 de Casteljau 算法。

另一方面，Bézier 的研究成果却被大量出版，这很快就引起了 Forrest 的注意。他意识到 Bézier 曲线可以用 Bernstein 多项式来表示。也就是说，Bézier 曲线与 de Casteljau 从 20 世纪 50 年代后期起就一直在使用的曲线形式是一样的！Forrest 发表的关于 Bézier 曲线的论文[14]非常有影响力，有助于 Bézier 曲线的广泛推广。法国雷诺汽车公司开发的 CAD/CAM 系统完全基于 Bézier 曲线和曲面。这也影响了法国另一家飞机制造公司达索的发展，达索公司开发了一种叫 CATIA(Computer Aided Three-dimensional Interactive Application，计算机辅助三维交互应用)的系统。Bézier 还发明了一种方法，将曲面嵌入到一个立方体中，然后使用三变量 Bézier 立方体对曲面进行变形。

de Casteljau 于 1989 年从雪铁龙公司退休，并积极从事出版事业。1985 年，他在他的一本著作里引入了称为开花(blossoming)的新概念。

1.4　参 数 曲 线

曲线被绘图员使用了几个世纪，这些曲线大部分是圆，但有些是"自由形式"，这些曲线是从船体设计或者建筑的应用中产生的。当必须精确地绘制它们时，最常见的工具是一组称为法国曲线的模板，这些都是精心设计的用木头做成的曲线，由圆锥曲线和螺旋线组成，通过跟踪法国曲线的适当部分，以分段的方式绘制曲线。

另外一种叫作样条的机械工具也被使用了，这是一根柔软的木条，它的位置和形状由金属重物压制而成，称为鸭子(ducks)。当图纸必须进行缩放时，建筑物的阁楼(lofts)被用来存放大尺寸的图纸，“放样(lofting)”这个词起源于这里。一个样条“试着”尽量少弯曲，产生既美观又最优的形状。机械样条的数学对应物是样条曲线，是最基本的参数曲线形式之一。

参数曲线曲面的微分几何学自19世纪末以来，在Serret和Frenet的研究工作后就被广为人知了。然而，对逼近论和数值分析的研究却主要集中在非参数显函数上。这两个不同的研究领域作为CAGD的重要组成部分融合在了一起。

自20世纪50年代中期以来，美国波音公司在飞机机身设计中采用了基于Liming圆锥结构的软件。在公司的另一部门，Ferguson和MacLaren为机翼的设计开发了一种新的曲线。他们的想法是把三次空间曲线拼接在一起，从而形成整体上两次可微的复合曲线。这些曲线可以很容易地插值到一组点上。它们被称为样条曲线，因为它们最小化了一个类似于机械样条物理性质的函数。

“样条曲线”一词的含义此后发生了微妙的变化。样条曲线现在被认为是具有一定光滑性的分段多项式(或有理多项式)曲线，而不是指最小化某些泛函的曲线。

Ferguson用分段单项形式导出了他的样条方程。但他也使用了三次埃尔米特(Hermite)形式(当时被称为F-曲线)，用两个端点和两个端点处的导数定义了一条三次曲线。Coons曾经用这种曲线类型来建立以他名字命名的曲面片。在英国，Forrest继承了Coons的思想，并将三次Hermite曲线推广到有理三次曲线。

最基本的参数曲线形式是Bézier曲线。Bézier曲线的许多基本性质可以在Bézier、Vernet和Forrest的论文中找到。Farouki和Rajan在1987年发表的论文[15]中发现Bézier曲线在数值计算上比其他曲线形式更稳定。开花原理的进一步发展见Ramshaw在1987年的技术报告[16]和de Casteljau在1986年出版的书籍[17]。Hosaka和Kimura在1980年发表的论文中发展了Bézier曲线和曲面的一种符号技术[18]。

作为参数曲线的早期替代方法，显式曲线段具有各自独立的局部坐标系，这些曲线被称为Wilson-Fowler样条。在APT语言的TABCYL(TABulated CYLinder)程序中使用了类似的曲线类型。参数曲线出现后，这些分段连接的显式曲线开始消失。

另一个早期的曲线方案是双圆弧。这些都是分段圆弧，它们被拼接在一起，以保证切向连续。给定两个端点和两个端点处的切向量，用两个切向连续的圆弧拼接而成的双圆弧去拟合是可以实现的。如果给定多个点和切向量，则得到一个圆弧样条。圆弧样条的优点是数控机床可以直接加工圆弧，即不需要转换成标准参数样条情形下所需的大量折线段。圆弧样条的一个缺点是其曲率是分段常数，从而曲率不连续。最初的发展要归功于 Bolton 在 1975 年发表的论文[19]，其次是 Sabin 在 1976 年发表的博士论文[20]，Sharrock 在 1987 年给出了从二维到三维的一个推广[21]。

1.5 矩形曲面

经过高斯(Gauss)和欧拉(Euler)的早期工作，参数曲面得到了充分的研究，并应用在早期的 CAD/CAM 开发中。典型的应用是跟踪一个曲面的绘制或驱动铣刀的轨迹，参数曲面非常适合这两个任务。在所有曲面方法中，最流行的方法是张量积曲面，它最初是由 de Boor 在 1962 年发表的一篇论文[22]中提出的，适用于双三次样条插值。以插值和逼近为目的的参数曲面的理论研究可以追溯到 Kellogg 在 1928 年发表的论文[23]、Thacher 在 1960 年发表的论文[24]，以及 Salzer 在 1945 年发表的论文[25]，但这些文献在工业界的影响不大。

20 世纪 50 年代末，欧洲和美国的几家公司对参数曲面进行了研究，第一个发表的成果是由波音公司的 Ferguson 提出的[26]，Ferguson 使用了一组双三次的曲面片，这些曲面片插值到一个数据点的网格上，Ferguson 在同一篇论文中提出了 C^2 连续的三次样条曲线，而他的曲面仅为 C^1 连续的，这是因为在每个双三次曲面片的拐角处引入了零扭转，Ferguson 的双三次曲面片也被称为 F-曲面片。

Coons 设计了一个简单的公式来拟合任意四条边界曲线之间的曲面片[27]，被称为双线性混合 Coons 曲面片，这些曲面在 60 年代由福特汽车制造公司(Coons 当时是一名顾问)使用。Gordon 在通用汽车公司设计了一个能够插值矩形曲线网格的推广方法[28]。所有这些方法有时都被贴上“超限插值”的标签，因为它们可以插值任意边界曲线(其上有“超限”无穷多个点)。

基本 Coons 曲面片对边界曲线没有限制，除了它们必须在曲面片边角处相连接外。一种常见的做法是将边界曲线限制为 Hermite 形式的参数三次曲线，然后使用零角扭转(zero corner twists)就变成了上面提到的 F-曲面片。

基本的双线性混合 Coons 曲面片并不适合于拼接复合光滑曲面，但作为基本方法的增强版引出了双三次混合 Coons 曲面片，它是三次 Hermite 曲线插值对超限曲面情形的推广。除边界曲线外，还允许给定切向数据。因此，可能会出现某些不相容的情况。Gregory 是第一个发现并解决这个问题的人[29]，他设计了一个“相容修正”的插值算子，当应用于三次边界曲线和三次导数信息时，这种插值得到一个有理曲面片。Chiyokura 和 Kimura 将这一方法“翻译”成 Bézier 形式[30]，在这基础上开发了日本的 CAD/CAM 系统 DESIGNBASE[31]。

矩形曲面是平面矩形域到三维空间的映射。作为特例，可以将区域映射到二维参数曲面上，从而导致矩形区域的变形。如果在这个矩形区域中嵌入一条曲线，就会得到一条变形曲线。三维曲面可以嵌入三维立方体中，这个立方体可以被三变量多项式扭曲，导致一个变形的曲面。这样的变形是有用的，如果一个曲面的整体形状变化是需要的，则用移动控制点的方法来变形将过于烦琐。第一次提到这些体变形方法是在 1964 年 Ferguson 发表的论文中[26]，尽管当时没有给出任何实际应用。Coons[27]也意识到了三变量体的可能性。第一个实际应用归功于 Bézier 在 1978 年发表的论文[32]，其中描述了如何把体变形应用在汽车设计上。Sederberg 和 Parry 在 1986 年发表的论文[33]中重新发现了 Bézier 形式的体变形，并在计算机图形环境中使用了它们。

1.6 B 样条曲线与 NURBS

B 样条(basis splines)的提出可以追溯到 Schoenberg，他在 1946 年引进了均匀节点的版本[34]。非均匀节点 B 样条的提出可以追溯到 1947 年 Curry 的一篇评论文章[35]。1960 年，de Boor 开始为通用汽车研究实验室(General Motors Research Labs)工作，并开始使用 B 样条作为几何表示的工具。他后来成为逼近论中最有影响力的 B 样条理论支持者之一。B 样条曲线的递归求值是由他提出的，现在称为 de Boor 算法[36]。

B 样条理论基于由 de Boor、Mansfield 和 Cox[37]各自独立发现的 B 样条递推公式。正是这种递推使 B 样条成为 CAGD 中一个真正可行的工具。在它被发现之前，B 样条是用一种烦琐的离散差分方法定义的，这种方法在数值上是非常不稳定的。关于这方面的详细讨论，可以在 de Boor 于 1978 年出版的书籍[38]中找到。

样条函数在逼近理论中占有重要地位，而在 CAGD 中，参数样条曲线更为重要。这些都是由 Gordon 和 Riesenfeld 于 1974 年发表的论文[39](该文是 Riesenfeld 在 1973 年博士论文的概要)中提出的，他们当时已经意识到 de Boor 的递推 B 样条求值是 de Casteljau 算法的自然推广。B 样条曲线是 Bézier 曲线的推广，很快成为几乎所有 CAD 系统的核心技术。Boehm 在 1977 年发表的论文[40]中首次提出 B 样条形式到 Bézier 形式的转换公式。接着国际上很快又开发了几种简化 B 样条曲线数学处理的算法，其中包括 Boehm 的节点插入算法[41]、Cohen 等的 Oslo 算法[42]，以及 Ramshaw 对开花原理的阐述[16]。

NURBS 作为对 B 样条曲线的推广，已成为 CAD/CAM 行业的标准曲线和曲面表达形式，提供了样条曲线和圆锥曲线几何上的统一表示：每条圆锥曲线以及每条样条曲线都由分段有理多项式表示。NURBS 一词的起源尚不清楚，但这个词无疑是个糟糕的选择：它把流行的均匀 B 样条曲线排除在外了。第一次系统地阐述 NURBS 可以追溯到 Versprille 在 1975 年的博士论文[43]。Versprille 是 Coons 的学生，Coons 在 20 世纪 60 年代开始研究有理曲线[44]。Coons 关于有理曲线的研究也影响了 Forrest[45]。

Versprille 在齐次空间(或投影空间)中研究有理曲线曲面。由于中心投影的广泛使用，这种投影几何学在图形界已经变得越来越重要，参见 Riesenfeld 在 1981 年发表的论文[46]。

波音公司的发展为 NURBS 的出现创造了条件，公司意识到不同的部门使用不同的几何学软件；更糟糕的是，这些几何学软件是不相容的。基于 Liming 的圆锥曲线软件产生的椭圆弧不能直接导入基于 Ferguson 的样条系统，反之亦然。因此，NURBS 被选择为一个标准，因为它使得统一的几何表示成为可能。波音、SDRC 或 Unigraphics(Verspille 的第一家雇主)等公司很快就开始将 NURBS 打造成 IGES(the Initial Graphics Exchange Standard，初始化图形交换规范)标准。

有理 Bézier 曲线是 NURBS 的一个特例，更特殊的是圆锥曲线，或有理二次 Bézier 曲线，关于它们的阐述可以追溯到 Forrest 在 1968 年发表的博士论文[45]。1983 年 Farin 将 de Casteljau 算法推广到了有理情形[47]；Hoschek 在 1983 年发现了一个对偶投影公式[48]。

1.7 三角曲面片

至少有两种描述二元多项式曲面的方法，一种是张量积曲面，使用矩形区域；另一种是用重心坐标表达的三角曲面，对应的是三角形域。

虽然张量积曲面更常用，但三角形曲面已存在了很长一段时间，三角曲面的初次使用可以追溯到有限元，在那里它们被称为“元素”，最简单的类型是线性单元即一个平面三角片，它的使用可以追溯到 Ritz-Galerkin 方法的起源。

从历史的角度来看，有趣的是，早期对三角曲面片的有限元研究并没有利用重心坐标或 Bernstein-Bézier 所提供的优雅的形式。因此，这些论文相当烦琐，如果使用重心坐标技术，许多证明可以简化为几行关于 Bézier 网格的几何论证。

Bernstein 形式的三角曲面片[49](称为 Bézier 三角片，尽管 Bézier 从来没有提到过它们)是由 de Casteljau 发明的；然而，这项工作从未发表过。由于 Bézier 三角片使用了逼近论中已经存在的三元 Bernstein 多项式，一些研究人员提出了与 Bézier 三角片密切相关的概念：具体可以参见 Stancu 在 1960 年发表的论文[50]、Frederickson 在 1971 年的技术报告[51]，以及 Sabin 在 1971 年的技术报告[52]和在 1976 年发表的博士论文[20]。

Sabin 给出了相邻三角片间光滑连接的条件；Farin 给出了 C^r 连接的条件[53]。早期对 Bézier 三角片的研究主要集中在等边三角形区域上，Farin[49,54]讨论了任意形状的三角形区域的情况。

Bézier 三角片最初是由一位汽车研发人员设计的。在 20 世纪 80 年代，它渗透到了逼近论的数学理论。Alfeld 和 Schumaker 在 1987 年发表的论文中研究了三角域上的分段多项式空间[55]。

20 世纪七八十年代，美国的研究人员研究了类似于 Coons 曲面片的三角形曲面片，具体见 Barnhill 等人在 1973 年发表的论文[56]、Barnhill 和 Gregory 在 1975 年发表的论文[57]和 Nielson 在 1979 年发表的论文[58]。

1.8 细分曲面

1974 年在犹他大学召开的 CAGD 会议上，有一位图形艺术家 Chaikin 提出了一种新的曲线生成方法[59]。从一个封闭的二维(2D)多边形开始，使用一个连续的“割角”过程，最终到达了一个光滑的极限曲线。在会议上，Riesenfeld 和 Sabin 都认为 Chaikin 发明了一种生成均匀二次 B 样条曲线的迭代方法。

1987 年，de Boor 发现 Chaikin“割角”算法的推广也能产生连续曲线[60]。他还指出，Chaikin 算法是 de Rham 更早描述的一类算法[61,62]的特例。类似的结果也由 Gregory 和 Qu 在 1988 年发现，尽管这项工作直到 1996 年才发表[63]。

Chaikin 的曲线生成算法是关于细分曲面(subdivision surface)的开创性工作的起点，关于细分曲面的开创性工作可以追溯到 1978 年 *Computer Aided Design* 第 6 卷的两篇文章，作者分别是 Doo 和 Sabin[64]，以及 Catmull 和 Clark[65]。

这两篇论文方法类似。Chaikin 算法可以直接推广到张量积曲面，张量积曲面有一个矩形控制网格，在分析张量积曲面生成算法之后，Doo 和 Sabin 将其改写为可用于任意拓扑的控制网格。Catmull 和 Clark 首先将 Chaikin 算法推广到均匀三次 B 样条曲线及其张量积曲面；然后，对任意拓扑的控制网格也进行了构造。两种曲面构造方案都产生光滑 G^1 连续曲面。不同的是 Doo/Sabin 型曲面是分段双二次型，而 Catmull/Clark 型曲面是分段双三次型。

1987 年，Loop 将三角样条曲面推广到一种新的 G^1 连续细分曲面类型[66]，它的初始控制多边形网格可以是任意三角形网格。Loop 算法是基于 Boehm[67]和 Prautzsch[68]的所谓盒(Box)样条细分方案。

如果控制网格是规则的，即矩形控制网格，或对于 Loop 而言是规则三角片(所有三角形顶点都有六阶)，则上述三种算法都生成 C^1 连续曲面(对于 Doo/Sabin 和 Loop)或 C^2 连续曲面(对于 Catmull/Clark 和 Loop)。当控制网格不规则时，曲面就会有奇点，这些奇点阻碍了细分曲面的进一步分析和实际应用。尽管在 Doo 和 Sabin 最初的论文[64]中对细分过程进行了特征值分析，但是对细分曲面进行首次系统的研究是由 Ball 和 Storry 在 1986 年完成的[69]。随后，细分曲面得到了更广泛的应用，尤其是在计算机动画行业。

早期对细分曲面的研究主要集中在逼近曲面上。1987 年，Dyn 等发现了一种插值细分格式，称为四点曲线格式[70]。1990 年，Dyn 等又把它推广到曲面[71]，即所谓的“蝴蝶(butterfly)算法”。

1.9 科学应用

许多科学领域都需要对只有一组离散测量数据的现象进行建模，其中一个例子是在一组气象站收集天气图离散数据，但需要温度、压力等的连续模型。由于数据站点的位置没有规律(不在规则网格上)，因此被称为“散乱数据”。如果将函数值赋值给这些数据点，则散乱数据插值指的是求解数据点上给定函数值的函数，数据点通常是二维的，但也可能是三维的。

散乱数据插值问题是求一个函数，它对给定的数据点进行插值，并由此推出在其余点处合理的估计。第一批散乱数据插值方法[72-74]之一是 Shepard 的方法，它将任意求值点处的函数值计算为所有给定函数值的线性组合，其系数与数据点到求值点的距离有关，该方法本身表现不太理想，无法单独使用，但它被用作其他方法的一个组成部分。

另一种是 Hardy 在 1971 年采用的方法[75]，他将样条的概念推广到曲面，他的曲面使用极值位于数据点的钟形径向基函数(使人联想起单变量 B 样条函数)。Hardy 的方法被许多人所采用，但不知道这种方法是否在所有情况下都有效。1986 年，Micchelli 在德国 Oberwolfach 数学研究所给出了一个证明。

样条对曲面的另一种推广是基于 Duchon 的薄板样条方法[76]。薄板样条最小化一个“能量泛函”，类似于样条曲线最小化。就像样条曲线模拟的是弹性梁的行为，薄板样条模拟弹性薄板的行为并最小化。

英国统计学家 Sibson 提出了一种叫作最近邻插值的方案。它基于 Voronoi 图的概念，也称为 Dirichlet 镶嵌。Sibson 证明了在给定点集的凸包中的任何一点都可以写成其邻域的唯一线性组合[77]。如果使用这种组合的系数来调配给定的函数值，则会产生一个散乱数据插值[78]。这种插值在给定的数据点上仅为 C^0 连续，但在其余地方为 C^1 连续。这种插值方法在地球科学和图像处理中都有应用。

1.10 形　状

当设计师在全尺寸图纸上研究曲线时，他可以从视觉上发现形状缺陷，如“平点”、多余的拐点等。一个好的 CAD 系统应该提供改进给定形状的方法。

设计过程脱离了绘图板，进入了计算机屏幕，这种视觉检查过程不再可行，因为不可能进行全面的绘图。计算机提供的缩小显示不允许直接检测形状缺陷。因此，必须开发计算机自动检测方法，以便对形状进行评估。

其中最早于 1966 年发表的方法是用速端曲线[79]，速端曲线是曲线的一阶导数的图形。由于微分是一个去光滑的过程，曲线缺陷在速端曲线图中出现“放大”。

速端曲线不只与曲线的几何图形有关，它们也取决于参数化。另外一个常用的几何工具是曲率图。曲率图绘制曲线的曲率，由于曲率不但涉及一阶导数，还涉及二阶导数，所以曲率图是一个更敏感的工具，早期的一篇关于曲率图使用的论文是由 Nutbourne 等人在 1972 年撰写的[80]。

在一未发表的文献中显示 Burchardt 在通用汽车公司使用了曲率图。自从 1964 年 de Boor 离开公司后，插值三次和五次样条曲线已成为一种首选工具，由于它们是 C^2 连续的，所以它们也是曲率连续的。然而，在许多情况下，这并不能保证得到令人满意的形状，因此 Burchardt 开发了一种特别的方法，即形状优化方法，该方法发表于 1994 年[81]。

形状优化很早就成为 CAGD 发展的一个重要组成部分。由于插值样条曲线已知存在不必要的波动，因此研究了备选方案，通常涉及曲率[10,82-84]。

另一种方法是取一条现有的曲线或曲面，并检查其形状：如果不完善，则采用光顺程序。这种方法通常旨在消除数据点或控制多边形的噪声，有关早期工作由 Kjellander 在 1983 年[85]、Hoschek 在 1985 年[86]以及 Farin 等人在 1987 年完成[87]。

曲率连续的曲线可以是二次不可微的。这一事实，在经过适当的分析和探索后，导致新的曲线生成方法，比标准样条曲线有更多的自由度，这些额外的自由度被称为形状参数，由此产生的曲线称为几何连续曲线或 G^2 连续曲线。关于这个问题的早期工作应归功于 Geise 在 1962 年发表的论文[88]。基于 G^2 连续性的插值格式是由 Manning[89]和 Nielson[90]于 1974 年分别独立提出的。随后的工作包括 Barsky 的 β-样条[91]、Boehm 的 γ-样条[92]和 Hagen 的 τ-样条[93]。

形状不仅在插值中起着至关重要的作用，而且在逼近过程中也起着至关重要的作用。最小二乘法[94-96]是最常用的逼近方法，它很早就在大多数行业使用。最小二乘法着眼于优化针对结果形状的条件，而不仅仅只是考虑拟合的精度，这些条件通常是将某些泛函最小化，例如最小化摆动，一些有影响的早期例子是 Schoenberg[97]和 Reinsch[98]以及 Powell[99]的“光滑样条”。

对于曲线而言，曲率是一种可靠的形状度量。对于曲面，也存在一些这样的度量，包括高斯曲率、平均曲率或主曲率。Forrest[100]是第一个使用计算机图形学通过曲率作为纹理图来考察曲面形状的人。

另一个重要的曲面形状度量起源于汽车工业。通常情况下，把一个汽车模型放在测试室，那里的天花板内衬着荧光灯条，在接受模型之前，仔细检查光线的反射情况。关于这一过程的早期计算机模拟在 Klass 于 1980 年发表的论文[101]中有报道。

1.11　影响与应用

CAGD 是在 20 世纪五六十年代几个学科的影响下出现的。关于 CAGD 的第一本书籍可以追溯到 Faux 和 Pratt 的教科书[102]，书名是《设计和制造的计算几何》。然而“计算几何”一词的含义已经发生了变化，目前它被用来描述一门涉及处理离散几何算法复杂性的学科，Preparata 和 Shamos 的著作[103]中定义了这个名称。CAGD 与计算几何互相重叠的一个重要部分是三角剖分算法，即寻找一组三角形，使得该组三角形将给定的二维点集作为顶点。第一个算法于 1971 年由 Lawson 发表[104]。Green 和 Sibson 在 1978 年发表的一篇论文[105]中提出了三角剖分和 Voronoi 图之间的一种算法联系。Watson 在 1981 年发表的一篇论文[106]中讨论了 n 维的情形。

二维三角剖分是许多曲面拟合操作的重要预处理工具。当空间实体数字化时就会出现三维点集，Choi 等在 1988 年发表的一篇论文[107]中对三维空间中的散乱数据进行了三角剖分。

计算机图形学是一个和 CAGD 有许多交互作用的领域。计算机图形学需要 CAGD 来建模待显示的对象，而基于同样的原因，CAGD 也需要计算机图形学来展示设计好的几何图形。Sutherland 于 1963 年开发出交互式图形后，才能交互地改变 Bézier 或 B 样条曲线曲面的控制网格。参数曲面的显示技术可追溯到 Gouraud 在 1971 年的工作[108]，后来分别由 Phong 在 1975 年[109]和 Blinn 在 1978 年[110]加以改进，他们均来自犹他大学。

Whitted 在 1980 年提出了一种基本的显示技术，被称为光线追踪[111]，它需要大量光线与待显示场景交点的计算。因此，高效的直线与曲面求交算法的发展成为图形学研究的重要内容。

在 CAD/CAM 的许多领域中，求交算法也是很重要的，在这些领域中，平面截面是显示或绘制三维实体的首选方法和传统方法，很多公司开发了这个求交的算法，并且大多是保密的。一些早期公开发表的工作分别是由 Carlson 在 1982 年[112]、Dokken 在 1985 年[113]和 Barnhill 等人[114]在 1987 年完成。

另一种重要类型的数值算法是等距曲线和曲面。早期工作包括 Farouki 在 1985 年[115]、Hoschek 在 1985 年[116]、Klass 在 1983 年[117]，以及 Tiller 和 Hanson 在 1984 年[118]发表的论文。最早的相关论文是 Sabin 在 1968 年发表的技术报告[119]。

参 考 文 献

[1] Farin G. A history of curves and surfaces in CAGD//Farin G, Hoschek J, Kim M S. Handbook of Computer Aided Geometric Design. Amsterdam: Elsevier, 2002: 1-21.

[2] 苏步青. 计算几何的兴起. 自然杂志, 1978, 1(7): 409-412.

[3] 苏步青, 刘鼎元. 计算几何的新发展. 自然杂志, 1981, 10(4): 729-734.

[4] 苏步青, 刘鼎元. 计算几何. 数学进展, 1981, 10(1): 35-47.

[5] 苏步青, 刘鼎元. 计算几何. 上海: 上海科技出版社, 1981.

[6] Su B Q, Liu D Y. Computational Geometry: Curve and Surface Modeling. San Diego: Academic Press, 1989.

[7] 孙家昶. 样条函数与计算几何. 北京: 科学出版社, 1982.

[8] Theilheimer F, Starkweather W. The fairing of ship lines on a high speed computer. Numerical Tables Aids Computation, 1961, 15: 338-355.

[9] Berger S, Webster A, Tapia R, et al. Mathematical ship lofting. Journal of Ship Research, 1966, 10: 203-222.

[10] Mehlum E, Sorenson P. Example of an existing system in the shipbuilding industry: The AUTOKON system. Proceedings of the Royal Society A: Mathematical, Physical and Engineering Sciences, 1971, 321: 219-233.

[11] Rogers D, Satterfield S. B-spline surfaces for ship hull design. Computer Graphics, 1980, 14(3): 211-217.

[12] Liming R. Practical Analytical Geometry with Applications to Aircraft. London: Macmillan, 1944.

[13] Sutherland I. Sketchpad, a man-machine graphical communication system. Cambridge: MIT Department of Electrical Engineering, 1963.

[14] Forrest A R. Interactive interpolation and approximation by Bézier polynomials. The Computer Journal, 1972, 15(1): 71-79.

[15] Farouki R, Rajan V. On the numerical condition of polynomials in Bernstein form. Computer Aided Geometric Design, 1987, 4(3): 191-216.

[16] Ramshaw L. Blossoming: A connect-the-dots approach to splines. Palo Alto: Digital Systems Research Center, 1987.

[17] de Casteljau P. Shape Mathematics and CAD. London: Kogan Page, 1986.

[18] Hosaka M, Kimura F. A theory and methods for three dimensional free-form shape construction. Journal of Information Processing, 1980, 3(3): 140-151.

[19] Bolton K. Biarc curves. Computer Aided Design, 1975, 7(2): 89-92.

[20] Sabin M. The use of piecewise forms for the numerical representation of shape. Budapest: Hungarian Academy of Sciences, 1976.

[21] Sharrock T. Biarcs in three dimensions//Martin R. The Mathematics of Surfaces II. Oxford: Oxford University Press, 1987: 395-412.

[22] de Boor C. Bicubic spline interpolation. Journal of Mathematical Physics, 1962, 41: 212-218.

[23] Kellogg O D. On bounded polynomials in several variables. Mathematische Zeitschrift, 1928, 27(1): 55-64.

[24] Thacher H. Derivation of interpolation formulas in several independent variables. Annals of the New York Academy of Sciences, 1960, 86: 758-775.

[25] Salzer H. Note on interpolation for a function of several variables. Bulletin of the American Mathematical Society, 1945, 51(4): 4570-4571.

[26] Ferguson J. Multivariable curve interpolation. Journal of the ACM, 1964, 11(2): 221-228.

[27] Coons S. Surfaces for computer aided design. Cambridge: MIT, 1964.

[28] Gordon W. Spline-blended surface interpolation through curve networks. Journal of Mathematics & Mechanics, 1969, 18(10): 931-952.

[29] Gregory J. Smooth interpolation without twist constraints//Barnhill R E, Riesenfeld R F. Computer Aided Geometric Design. New York: Academic Press, 1974: 71-88.

[30] Chiyokura H, Kimura F. Design of solids with free-form surfaces. Computer Graphics, 1983, 17(3): 289-298.

[31] Chiyokura H. Solid Modeling with DESIGNBASE. Boston: Addison-Wesley, 1988.

[32] Bézier P. General distortion of an ensemble of biparametric patches. Computer Aided Design, 1978, 10(2): 116-120.

[33] Sederberg T, Parry S. Free-form deformation of solid geometric models. Computer Graphics, 1986, 20(4): 151-160.

[34] Schoenberg I. Contributions to the problem of approximation of equidistant data by analytic functions. Quarterly of Applied Mathematics, 1946, 4: 45-99.

[35] Curry H. Review. Mathematical Tables and Aids to Computation, 1947, 2: 167-169.

[36] de Boor C. On calculating with B-splines. Journal of Approximation Theory, 1972, 6(1): 50-62.

[37] Cox M. The numerical evaluation of B-splines. IMA Journal of Applied Mathematics, 1972, 10(2): 134-149.

[38] de Boor C. A Practical Guide to Splines. Berlin: Springer, 1978.

[39] Gordon W, Riesenfeld R. B-spline curves and surfaces//Barnhill R E, Riesenfeld R F. Computer Aided Geometric Design. New York: Academic Press, 1974: 95-126.

[40] Boehm W. Cubic B-spline curves and surfaces in computer aided geometric design. Computing, 1977, 19(1): 29-34.

[41] Boehm W. Inserting new knots into B-spline curves. Computer Aided Design, 1980, 12(4): 199-201.

[42] Cohen E, Lyche T, Riesenfeld R. Discrete B-splines and subdivision techniques in computer aided geometric design and computer graphics. Computer Graphics and Image Processing, 1980, 14(2): 87-111.

[43] Versprille K. Computer aided design applications of the rational B-spline approximation form. Syracuse : Syracuse University, 1975.

[44] Coons S. Rational bicubic surface patches. Cambridge: MIT, 1968.

[45] Forrest A R. Curves and surfaces for computer-aided design. Cambridge: University of Cambridge, 1968.

[46] Riesenfeld R. Homogeneous coordinates and projective planes in computer graphics. IEEE Computer Graphics and Applications, 1981, 1(1): 50-55.

[47] Farin G. Algorithms for rational Bézier curves. Computer Aided Design, 1983, 15(2): 73-77.

[48] Hoschek J. Dual Bézier curves and surfaces//Barnhill R, Boehm W. Surfaces in Computer Aided Geometric Design. Amsterdam: North-Holland, 1983: 147-156.

[49] Farin G. Triangular Bernstein-Bézier patches. Computer Aided Geometric Design, 1986, 3(2): 83-128.

[50] Stancu D. Some Bernstein polynomials in two variables and their applications. Soviet Mathematics, 1960, 1: 1025-1028.

[51] Frederickson L. Triangular spline interpolation/generalized triangular splines. Thunder Bay: Lakehead University, 1971.

[52] Sabin M. Trinomial basis functions for interpolation in triangular regions (Bézier triangles). Weybridge: British Aircraft Corporation, 1971.

[53] Farin G. Subsplines ueber dreiecken. Braunschweig: Technical University Braunschweig, 1979.

[54] Farin G. Bézier polynomials over trianglcs and the construction of piecewise C^r polynomials. Uxbridge: Brunel University, 1980.

[55] Alfeld P, Schumaker L. The dimension of bivariate spline spaces of smoothness r and degree $d \geqslant 4r+1$. Constructive Approximation, 1987, 3: 189-197.

[56] Barnhill R, Birkhoff G, Gordon W. Smooth interpolation in triangles. Journal of Approximation Theory, 1973, 8(2): 114-128.

[57] Barnhill R, Gregory J. Polynomial interpolation to boundary data on triangles. Mathematics of Computation, 1975, 29(131): 726-735.

[58] Nielson G. The side-vertex method for interpolation in triangles. Journal of Approximation Theory, 1979, 25: 318-336.

[59] Chaikin G. An algorithm for high speed curve generation. Computer Graphics and Image Processing, 1974, 3: 346-349.

[60] de Boor C. Cutting corners always works. Computer Aided Geometric Design, 1987, 4(1/2): 125-131.

[61] de Rham G. Un peu de mathématiques à propos d'une courbe plane. Elemente der Math, 1947, 2: 73-76.

[62] de Rham G. Sur une courbe plane. Journal de Mathématiques Pures et Appliquées, 1956, 35(9): 25-42.

[63] Gregory J, Qu R. Nonuniform corner cutting. Computer Aided Geometric Design, 1996, 13(8): 763-772.

[64] Doo D, Sabin M. Behaviour of recursive division surfaces near extraordinary points. Computer Aided Design, 1978, 10(6): 356-360.

[65] Catmull E, Clark J. Recursively generated B-spline surfaces on arbitrary topological meshes. Computer Aided Design, 1978, 10(6): 350-355.

[66] Loop C. Smooth subdivision surfaces based on triangles. Logan: University of Utah, 1987.

[67] Boehm W. Subdividing multivariate splines. Computer Aided Design, 1983, 15(6): 345-352.

[68] Prautzsch H. Unterteilungsalgorithmen für multivariate splines, ein geometrischer zugang. Braunschweig: Technische Universität Braunschweig, 1984.

[69] Ball A, Storry D. A matrix approach to the analysis of recursively generated B-spline surfaces. Computer Aided Design, 1986, 18(8): 437-442.

[70] Dyn N, Levin D, Gregory J. A 4-point interpolatory subdivision scheme for curve design. Computer Aided Geometric Design, 1987, 4(4): 257-268.

[71] Dyn N, Gregory J, Levin D. A butterfly subdivision scheme for surface interpolation with tension control. ACM Transactions on Graphics, 1990, 9(2): 160-169.

[72] Gordon W, Wixom J. Shepard's method of "metric interpolation" to bivariate and multivariate interpolation. Mathematics of Computation, 1978, 32(141): 253-264.

[73] Barnhill R, Dube R, Little F. Properties of Shepard's surfaces. Rocky Mountain Journal of Mathematics, 1983, 13(2): 365-382.

[74] Shepard D. A two-dimensional interpolation function for irregularly-spaced data. Proceedings of ACM National Conference, Princeton, 1968: 517-524.

[75] Hardy R. Multiquadratic equations of topography and other irregular surfaces. Journal of Geophysical Research, 1971, 76(8): 1905-1915.

[76] Duchon J. Splines minimizing rotation-invariant semi-norms in Sobolev spaces//Schempp W, Zeller K. Constructive Theory of Functions of Several Variables. Berlin: Springer Verlag, 1977: 85-100.

[77] Sibson R. A vector identity for the Dirichlet tessellation. Mathematical Proceedings of the Cambridge Philosophical Society, 1980, 87(1): 151-155.

[78] Sibson R. A brief description of natural neighbour interpolation//Barnett V. Interpreting Multivariate Data. New York: John Wiley & Sons, 1981.

[79] Bézier P. Définition numérique des courbes et surfaces. Automatisme, 1966, 11: 625-632.

[80] Nutbourne A, McLellan P, Kensit R. Curvature profiles for plane curves. Computer Aided Design, 1972, 4(4): 176-184.

[81] Burchardt H, Ayers J, Frey W, et al. Approximation with aesthetic constraints//Sapidis N. Designing Fair Curves and Surfaces. Philadelphia: SIAM, 1994: 3-28.

[82] Mehlum E. A curve-fitting method based on a variational criterion for smoothness. Bit Numerical Mathematics, 1964, 4 (4): 213-223.

[83] Horn B. The curve of least energy. ACM Transactions on Mathematical Software, 1983, 9 (4): 441-460.

[84] Schweikert D. An interpolation curve using a spline in tension. Journal of Mathematics and Physics, 1966, 45 (1): 312-317.

[85] Kjellander J. Smoothing of cubic parametric splines. Computer Aided Design, 1983, 15 (3): 175-179.

[86] Hoschek J. Smoothing of curves and surfaces. Computer Aided Geometric Design, 1985, 2 (1/2/3): 97-105.

[87] Farin G, Rein G, Sapidis N, et al. Fairing cubic B-spline curves. Computer Aided Geometric Design, 1987, 4 (1/2): 91-104.

[88] Geise G. Über berührende kegelschnitte einer ebenen kurve. ZAMM-Zeitschrift fur Angewandte Mathematik und Mechanik, 1962, 42: 297-304.

[89] Manning J. Continuity conditions for spline curves. The Computer Journal, 1974, 17 (2): 181-186.

[90] Nielson G. Some piecewise polynomial alternatives to splines under tension//Barnhill R E, Riesenfeld R F. Computer Aided Geometric Design. New York: Academic Press, 1974: 209-235.

[91] Barsky B. The Beta-spline: A local representation based on shape parameters and fundamental geometric measures. Logan: University of Utah, 1981.

[92] Boehm W. Curvature continuous curves and surfaces. Computer Aided Design, 1986, 18 (2): 105-106.

[93] Hagen H. Geometric spline curves. Computer Aided Geometric Design, 1985, 2 (1/2/3): 223-228.

[94] Hayes J, Holladay J. The least-squares fitting of cubic splines to general data sets. IMA Journal of Applied Mathematics, 1974, 14 (1): 89-103.

[95] Powell M. The local dependence of least squares cubic splines. SIAM Journal on Numerical Analysis, 2006, 6 (3): 398-413.

[96] Wilf H. The stability of smoothing by least squares. Proceedings of the American Mathematical Society, 1964, 15 (6): 933-937.

[97] Schoenberg I. Spline functions and the problem of graduation. Proceedings of the National Academy of Sciences, 1964, 52 (4): 947-950.

[98] Reinsch C. Smoothing by spline functions. Numerische Mathematik, 1967, 10: 177-183.

[99] Powell M. Curve fitting by splines in one variable//Hayes G. Numerical Approximation to

Functions and Data. London: Athlone Press, 1970: 65-83.
[100] Forrest A R. On the rendering of surfaces. Computer Graphics, 1979, 13 (2) : 253-259.
[101] Klass R. Correction of local surface irregularities using reflection lines. Computer Aided Design, 1980, 12 (2) : 73-77.
[102] Faux I, Pratt M. Computational Geometry for Design and Manufacture. Chichester: Ellis Horwood, 1979.
[103] Preparata F, Shamos M. Computational Geometry: An Introduction. Berlin: Springer Verlag, 1985.
[104] Lawson C. Transforming triangulations. Discrete Mathematics, 1971, 3 (4) : 365-372.
[105] Green P, Sibson R. Computing Dirichlet tessellations in the plane. The Computer Journal, 1978, 21 (2) : 168-173.
[106] Watson D. Computing the *n*-dimensional Delaunay tessellation with application to Voronoi polytopes. The Computer Journal, 1981, 24 (2) : 167-172.
[107] Choi B, Sin H, Yoon Y, et al. Triangulation of scattered data in 3D-space. Computer Aided Design, 1988, 20 (5) : 239-248.
[108] Gouraud H. Computer display of curved surfaces. Communications of the ACM, 1971, 20 (6) : 623-629.
[109] Phong B. Illumination for computer-generated images. Communications of the ACM, 1975, 18 (6) : 311-317.
[110] Blinn J. Computer display of curved surfaces. Logan: University of Utah, 1978.
[111] Whitted T. An improved illumination model for shaded display. Communications of the ACM, 1980, 23 (6) : 343-349.
[112] Carlson W. An algorithm and data structure for 3D object synthesis using surface patch intersections. Computer Graphics, 1982, 16 (3) : 255-263.
[113] Dokken T. Finding intersections of B-spline represented geometries using recursive subdivision techniques. Computer Aided Geometric Design, 1985, 2 (1/2/3) : 189-195.
[114] Barnhill R, Farin G, Jordan M, et al. Surface/surface intersection. Computer Aided Geometric Design, 1987, 4 (1/2) : 3-16.
[115] Farouki R. Exact offset procedures for simple solids. Computer Aided Geometric Design, 1985, 2 (4) : 257-279.
[116] Hoschek J. Offset curves in the plane. Computer Aided Design, 1985, 17 (2) : 77-82.
[117] Klass R. An offset spline approximation for plane cubic splines. Computer Aided Design, 1983, 15 (5) : 297-299.
[118] Tiller W, Hanson E. Offsets of two-dimensional profiles. IEEE Computer Graphics and Applications, 1984, 4 (9) : 36-46.
[119] Sabin M. Offset parametric surfaces. Weybridge: British Aircraft Corporation, 1968.

第 2 章　Bézier 曲线曲面

Bézier 是法国 Renault 汽车制造公司的工程师，1962 年他提出了面向几何而不是代数的构造曲线曲面的方法，并以这种方法为基础，发展了一套自由型曲线曲面的设计制造系统，称为 UNISURF 系统，于 1972 年正式投入使用。虽然 de Casteljau 于 1959 年在法国 Citroen 汽车制造公司也创造了这一方法，但 Renault 汽车制造公司首先把以 Bézier 方法为基础的 UNISURF 汽车设计系统在杂志上发表出来[1]，影响较大，所以现在把该方法冠以 Bézier 的名字。Bézier 曲线的最初定义十分费解，包含一系列的高阶导数运算，直到 1972 年，Forrest[2]才提出它恰好就是 Bernstein 基与控制顶点的线性组合。

Bézier 曲线和 Bézier 曲面是计算机辅助几何设计的核心内容，是基础中的基础，是重中之重[3-5]。本章对 Bézier 曲线和 Bézier 曲面的定义和性质进行了较全面的介绍。

2.1　Bézier 曲线的原始定义

Bézier 曲线是由法国工程师 Bézier 于 1962 年提出的一种新型自由曲线，并成为法国 Renault 汽车制造公司的 UNISURF 自由曲线曲面造型系统的基础。

定义 2.1　Bézier 曲线原始定义表达式如下：

$$\boldsymbol{P}(t)=\sum_{i=0}^{n}A_i^n(t)\boldsymbol{a}_i,\quad 0\leqslant t\leqslant 1 \tag{2.1}$$

$$A_0^n(t)=1,\quad A_i^n(t)=\frac{(-t)^i}{(i-1)!}\frac{\mathrm{d}^{i-1}}{\mathrm{d}t^{i-1}}\frac{(1-t)^{n-1}-1}{t},\quad i=1,2,\cdots,n \tag{2.2}$$

$$\boldsymbol{a}_0=\boldsymbol{b}_0,\ \boldsymbol{a}_i=\boldsymbol{b}_i-\boldsymbol{b}_{i-1},\quad i=1,2,\cdots,n \tag{2.3}$$

其中，$\boldsymbol{b}_i(i=1,2,\cdots,n)$ 是控制顶点，$\boldsymbol{a}_i(i=1,2,\cdots,n)$ 是边向量，$A_i^n(t)$ 是基函数。

这一定义十分奇特，令人难以接受，有人评论这个定义好像是天上掉下来一样，令人摸不着头脑。直到 1972 年，英国的 Forrest 才提出更容易被理解的定义，指出它恰好就是经典的 Bernstein 多项式基与控制顶点的线性组合。为了引出 Forrest 提出的更容易被接受的定义，需要先介绍一下经典的 Bernstein 多项式及其性质。

2.2　Bernstein 多项式定义和性质

Bernstein 多项式是以俄国数学家 Bernstein 命名的多项式。

定义 2.2　$B_i^n(t)=\begin{pmatrix} n \\ i \end{pmatrix}(1-t)^{n-i}t^i(0\leqslant t\leqslant 1，i=0,1,\cdots,n)$ 称为 n 次 Bernstein 多项式。它恰好是二次项 $[t+(1-t)]^n$ 的展开式。

据此定义，Bernstein 多项式的前几项可以列举如下：

$$B_0^0(t)=1$$

$$B_0^1(t)=1-t,\quad B_1^1(t)=t$$

$$B_0^2(t)=(1-t)^2,\quad B_1^2(t)=2t(1-t),\quad B_2^2(t)=t^2$$

$$B_0^3(t)=(1-t)^3,\quad B_1^3(t)=3t(1-t)^2,\quad B_2^3(t)=3t^2(1-t),\quad B_3^3(t)=t^3$$

$$B_0^4(t)=(1-t)^4,\quad B_1^4(t)=4t(1-t)^3,\quad B_2^4(t)=6t^2(1-t)^2,\quad B_3^4(t)=4t^3(1-t),\quad B_4^4(t)=t^4$$

将 Bernstein 多项式函数族 $\{B_i^n\}$ 在 $[0,1]$ 上 n 次多项式全体张成的线性空间的一组基底，称为 Bernstein 基。可以得到 Bernstein 基具有下列性质[6,7]。

性质 2.1(非负性)　$B_i^n(t)\geqslant 0,\ 0\leqslant t\leqslant 1，i=0,1,\cdots,n$。

证明　$\because\ 0\leqslant t\leqslant 1$，　$\therefore\ 0\leqslant 1-t\leqslant 1$，从而 $B_i^n(t)=\begin{pmatrix} n \\ i \end{pmatrix}(1-t)^{n-i}t^i\geqslant 0$，证毕。

性质 2.2(规范性)　$\sum\limits_{i=0}^{n}B_i^n(t)=1,\ 0\leqslant t\leqslant 1$。

证明　由牛顿二项式定理知：

$$\sum_{i=0}^{n}B_i^n(t)=\sum_{i=0}^{n}\begin{pmatrix} n \\ i \end{pmatrix}(1-t)^{n-i}t^i=[(1-t)+t]^n=1^n=1,\quad 0\leqslant t\leqslant 1$$

证毕。

性质 2.3(对称性)　$B_i^n(t)=B_{n-i}^n(1-t),\ 0\leqslant t\leqslant 1$。

证明　$B_i^n(t)=\begin{pmatrix} n \\ i \end{pmatrix}(1-t)^{n-i}t^i=\begin{pmatrix} n \\ n-i \end{pmatrix}t^i(1-t)^{n-i}=B_{n-i}^n(1-t)$

证毕。

性质 2.4(函数递推公式)　$B_i^n(t)=(1-t)B_i^{n-1}(t)+tB_{i-1}^{n-1}(t)$。

证明　$\because\ B_i^{n-1}(t)=\begin{pmatrix} n-1 \\ i \end{pmatrix}(1-t)^{n-1-i}t^i=\dfrac{(n-1)!}{i!(n-1-i)!}(1-t)^{n-1-i}t^i$

$$B_{i-1}^{n-1}(t)=\frac{(n-1)!}{(i-1)!(n-1-i+1)!}(1-t)^{n-1-i+1}t^{i-1}=\frac{(n-1)!}{(i-1)!(n-i)!}(1-t)^{n-i}t^{i-1}$$

$$\begin{aligned}\therefore\ (1-t)B_i^{n-1}(t)+tB_{i-1}^{n-1}(t)&=\frac{(n-1)!}{i!(n-1-i)!}(1-t)^{n-i}t^i+\frac{(n-1)!}{(i-1)!(n-i)!}(1-t)^{n-i}t^i\\&=\frac{(n-1)!}{i!(n-i)!}(1-t)^{n-i}t^i\cdot[(n-i)+i]\\&=\frac{n!}{i!(n-i)!}(1-t)^{n-i}t^i=B_i^n(t)\end{aligned}$$

证毕。

性质 2.5（导数递推公式）　$\frac{\mathrm{d}}{\mathrm{d}t}B_i^n(t)=n[B_{i-1}^{n-1}(t)-B_i^{n-1}(t)]\ (i=1,2,\cdots,n)$。

证明　$$\begin{aligned}\frac{\mathrm{d}}{\mathrm{d}t}B_i^n(t)&=\frac{\mathrm{d}}{\mathrm{d}t}\left[\frac{n!}{i!(n-i)!}(1-t)^{n-i}t^i\right]=\frac{n!}{i!(n-i)!}[it^{i-1}(1-t)^{n-i}-(n-i)(1-t)^{n-i-1}t^i]\\&=n\left[\frac{(n-1)!}{(i-1)!(n-i)!}t^{i-1}(1-t)^{n-i}-\frac{(n-1)!}{i!(n-i-1)!}(1-t)^{n-i-1}t^i\right]\\&=n[B_{i-1}^{n-1}(t)-B_i^{n-1}(t)]\end{aligned}$$

证毕。

性质 2.6（最大值）　$B_i^n(t)$ 在 $t=\frac{i}{n}$ 处达到最大值。

证明　利用上面求导结果，令 $\frac{\mathrm{d}}{\mathrm{d}t}B_i^n(t)=0$，即 $nt=i$，解得 $t=\frac{i}{n}$。因为 $B_i^n(t)$ 在 $[0,1]$ 中连续，一定达到最大值，$B_i^n(0)=B_i^n(1)=0$，$B_i^n\left(\frac{i}{n}\right)>0$，从而 $B_i^n(t)$ 在 $t=\frac{i}{n}$ 处达到最大值，证毕。

为方便起见，规定当指标超出范围时，如 $B_{-1}^n(t)$ 和 $B_n^{n-1}(t)$ 都看成是零。

性质 2.7（升阶公式）　$B_i^n(t)=\frac{i+1}{n+1}B_{i+1}^{n+1}(t)+\left(1-\frac{i}{n+1}\right)B_i^{n+1}(t),\quad i=0,1,\cdots,n$。

2.3　Bézier 曲线的性质

Bézier 曲线表示形式可写成被广泛采用的用控制顶点定义的以 Bernstein 多项式为调配基函数的形式：

$$\boldsymbol{P}(t)=\boldsymbol{P}_n(\boldsymbol{b}_0,\boldsymbol{b}_1,\cdots,\boldsymbol{b}_n;t)=\sum_{i=0}^{n}\boldsymbol{b}_iB_i^n,\quad 0\leqslant t\leqslant 1 \tag{2.4}$$

由 2.2 节中 Bernstein 多项式的性质，可以得到以下 Bézier 曲线的性质。

性质 2.8(递推关系)　$\boldsymbol{P}_n(\boldsymbol{b}_0,\boldsymbol{b}_1,\cdots,\boldsymbol{b}_n;t)=(1-t)\boldsymbol{P}_{n-1}(\boldsymbol{b}_0,\boldsymbol{b}_1,\cdots,\boldsymbol{b}_{n-1};t)+t\boldsymbol{P}_{n-1}(\boldsymbol{b}_1,\boldsymbol{b}_2,\cdots,\boldsymbol{b}_n;t)$ 及 $\boldsymbol{P}_n(\boldsymbol{b}_0,\boldsymbol{b}_1,\cdots,\boldsymbol{b}_n;t)=\sum_{i=0}^{n-m}B_i^{n-m}(t)\boldsymbol{P}_m(\boldsymbol{b}_i,\cdots,\boldsymbol{b}_{i+m};t)$, $m=1,2,\cdots,n-1$。

证明　$\boldsymbol{P}_n(\boldsymbol{b}_0,\boldsymbol{b}_1,\cdots,\boldsymbol{b}_n;t)=\sum_{i=0}^{n}\boldsymbol{b}_iB_i^n$，由 Bernstein 基的性质 2.4 有：

$$B_i^n(t)=(1-t)B_i^{n-1}(t)+tB_{i-1}^{n-1}(t)$$

代入上式得：

$$\boldsymbol{P}_n(\boldsymbol{b}_0,\boldsymbol{b}_1,\cdots,\boldsymbol{b}_n;t)=(1-t)\sum_{i=0}^{n}\boldsymbol{b}_iB_i^{n-1}+t\sum_{i=0}^{n}\boldsymbol{b}_iB_{i-1}^{n-1}$$

注意，$B_n^{n-1}(t)=B_{-1}^{n-1}(t)=0$，则有 $\sum_{i=0}^{n}\boldsymbol{b}_iB_i^{n-1}=\sum_{i=0}^{n-1}\boldsymbol{b}_iB_i^{n-1}=\boldsymbol{P}_{n-1}(\boldsymbol{b}_0,\boldsymbol{b}_1,\cdots,\boldsymbol{b}_{n-1};t)$；$\sum_{i=0}^{n}\boldsymbol{b}_iB_{i-1}^{n-1}=\sum_{i=1}^{n}\boldsymbol{b}_iB_{i-1}^{n-1}=\boldsymbol{P}_{n-1}(\boldsymbol{b}_1,\boldsymbol{b}_2,\cdots,\boldsymbol{b}_n;t)$，得证前式。后式证明，可根据数学归纳法得出，这里就不再给出证明，证毕。

性质 2.9　端点性质。

(1) Bézier 曲线 $\boldsymbol{P}_n(\boldsymbol{b}_0,\boldsymbol{b}_1,\cdots,\boldsymbol{b}_n;t)$ 以 $\boldsymbol{b}_0$ 为起点，$\boldsymbol{b}_n$ 为终点，即 $\boldsymbol{P}_n(0)=\boldsymbol{b}_0$, $\boldsymbol{P}_n(i)=\boldsymbol{b}_n$。

(2) 记 $\boldsymbol{a}_0=\boldsymbol{b}_0$，$\boldsymbol{a}_i=\boldsymbol{b}_i-\boldsymbol{b}_{i-1}, i=1,2,\cdots,n$，Bézier 曲线以 $\boldsymbol{a}_0$ 与 $\boldsymbol{a}_n$ 为其起点与终点的切方向。

证明　(1) $\boldsymbol{P}_n(0)=\sum_{i=0}^{n}\boldsymbol{b}_i\binom{n}{i}(1-t)^{n-i}t^i\Big|_{t=0}=\boldsymbol{b}_0$, $\boldsymbol{P}_n(1)=\sum_{i=0}^{n}\boldsymbol{b}_i\binom{n}{i}(1-t)^{n-i}t^i\Big|_{t=1}=\boldsymbol{b}_1$。

(2) $\boldsymbol{P}_n'(t)=n\sum_{i=0}^{n}\boldsymbol{b}_i[B_{i-1}^{n-1}(t)-B_i^{n-1}(t)]=n\sum_{i=1}^{n}\boldsymbol{a}_iB_{i-1}^{n-1}(t)$，从而得到 $\boldsymbol{P}_n'(0)=n\boldsymbol{a}_1$，$\boldsymbol{P}_n'(1)=n\boldsymbol{a}_n$。

证毕。

性质 2.10(对称性)　把 Bézier 曲线各顶点 $\boldsymbol{b}_i$ ($i=1,2,\cdots,n$)完全颠倒过来，作为新的顶点，做出的 Bézier 曲线与原曲线重合，只不过方向相反，即有：$\boldsymbol{P}_n(\boldsymbol{b}_n,\boldsymbol{b}_{n-1},\cdots,\boldsymbol{b}_0;t)=\boldsymbol{P}_n(\boldsymbol{b}_0,\boldsymbol{b}_1,\cdots,\boldsymbol{b}_n;1-t)$。

证明　利用 Bernstein 多项式的对称性与 Bézier 曲线的定义，有：

$$\boldsymbol{P}_n(\boldsymbol{b}_n,\boldsymbol{b}_{n-1},\cdots,\boldsymbol{b}_0;t)=\sum_{i=0}^{n}\boldsymbol{b}_{n-i}B_i^n(t)=\sum_{i=n}^{0}\boldsymbol{b}_iB_{n-i}^n(t)=\sum_{i=0}^{n}\boldsymbol{b}_nB_i^n(1-t)=\boldsymbol{P}_n(\boldsymbol{b}_n,\boldsymbol{b}_{n-1},\cdots,\boldsymbol{b}_0;1-t)$$

证毕。

性质 2.11(凸包性质)　Bézier 曲线落在其控制顶点的凸包之中。

证明　由 Bernstein 多项式的性质 2.1 与性质 2.2，可得 $B_i^n(t) \geqslant 0$，$\sum_{i=0}^{n} B_i^n(t) = 1$，$0 \leqslant t \leqslant 1$，可取 $\lambda_i = B_i^n(t)$（$i = 1,2,\cdots,n$）。由凸包定义知 Bézier 曲线 $\boldsymbol{P}_n(\boldsymbol{b}_0, \boldsymbol{b}_1, \cdots, \boldsymbol{b}_n; t) = \sum_{i=0}^{n} \boldsymbol{b}_i B_i^n(t) = \sum_{i=0}^{n} B_i^n(t) \cdot \boldsymbol{b}_i$ 在其控制顶点 $\boldsymbol{b}_0, \boldsymbol{b}_1, \cdots, \boldsymbol{b}_n$ 的凸包之中，证毕。

性质 2.12（几何不变性与仿射不变性）　Bézier 曲线的形状仅与特征多边形的各顶点 $\boldsymbol{b}_0, \boldsymbol{b}_1, \cdots, \boldsymbol{b}_n$ 有关，而与坐标系的选取无关。同时，对控制多边形进行缩放或剪切等仿射变换后所对应的新曲线就是相同仿射变换后的曲线。

性质 2.13（变差缩减性）　平面 Bézier 曲线与此平面内任一直线的交点个数不会多于它的控制多边形与该直线的交点个数。空间 Bézier 曲线与任一平面的交点个数不会多于它的控制多边形与该平面的交点个数。

2.4　Bézier 曲线的 de Casteljau 算法

定义 2.1 与定义 2.2 给出了 Bézier 曲线的显式表示，这对于理论研究是非常有必要的。本节将介绍用 de Casteljau 算法递推地定义 Bézier 曲线，也就是 Bézier 曲线的几何作图。de Casteljau 算法把一个复杂的几何计算问题化解为一系列的线性运算，算法稳定可靠，易于在计算机上实现。从求 Bézier 曲线上一点的 de Casteljau 算法又可引出求 Bézier 曲线的导失、分割与延拓算法。

2.4.1　Bézier 曲线的递推定义

对于给定 $\tilde{t} \in (0,1)$，可以得出由控制顶点 $\boldsymbol{b}_i (i = 1,2,\cdots,n)$ 产生的 n 次的 Bézier 曲线上一点 $\boldsymbol{P}(\tilde{t})$ 的算法，称为 de Casteljau 算法[8]。

令 $\boldsymbol{b}_i^k = \boldsymbol{P}_k(\boldsymbol{b}_i, \boldsymbol{b}_{i+1}, \cdots, \boldsymbol{b}_n; t), k = 1,2,\cdots,n; i = 0,1,\cdots,n-k$，由 Bézier 曲线的性质 2.8 递推关系 $\boldsymbol{P}_n(\boldsymbol{b}_0, \boldsymbol{b}_1, \cdots, \boldsymbol{b}_n; t) = (1-t)\boldsymbol{P}_{n-1}(\boldsymbol{b}_0, \boldsymbol{b}_1, \cdots, \boldsymbol{b}_{n-1}; t) + t\boldsymbol{P}_{n-1}(\boldsymbol{b}_1, \boldsymbol{b}_2, \cdots, \boldsymbol{b}_n; t)$ 有：

$$\boldsymbol{b}_i^k = \begin{cases} \boldsymbol{b}_i, & k = 0 \\ (1-t)\boldsymbol{b}_{i-1}^{k-1} + t\boldsymbol{b}_i^{k-1}, & k = 1,2,\cdots,n; i = 0,1,\cdots,n-k \end{cases} \tag{2.5}$$

这就是算法的递推公式，$\boldsymbol{b}_i^k$ 给出了 k 次中间 Bézier 曲线上的中间控制顶点，上标 k 表示递推级数，每进行一级递推，控制顶点少一个。所得到的中间控制顶点都与参数 t 有关，这表明，当参数 t 从 0 变化到 1 时，第 k 级递推的每个中间顶点 $\boldsymbol{b}_i^k (i = 0,1,\cdots,n-k)$ 都各扫描出一条由原始顶点 $\boldsymbol{b}_{i+j}^k (j = 0,1,\cdots,k)$ 定义的 k 次中间 Bézier 曲线。这 $k+1$ 个原始顶点进行 k 级递推后，就生成由中间顶点 $\boldsymbol{b}_{i+j}^k$ 给出的一条 k 次中间 Bézier 曲线。这 $n-k+1$ 个中间顶点 $\boldsymbol{b}_i^k (i = 0,1,\cdots,n-k)$ 给出了 $n-k+1$ 条 $n-k$ 次中间 Bézier 曲线，它们再经 $n-k$ 级递推后，就得到了由 $n+1$ 个原始顶点定义的 n

次 Bézier 曲线。图 2.1 用三角列阵给出递推过程和生成的每级中间顶点。

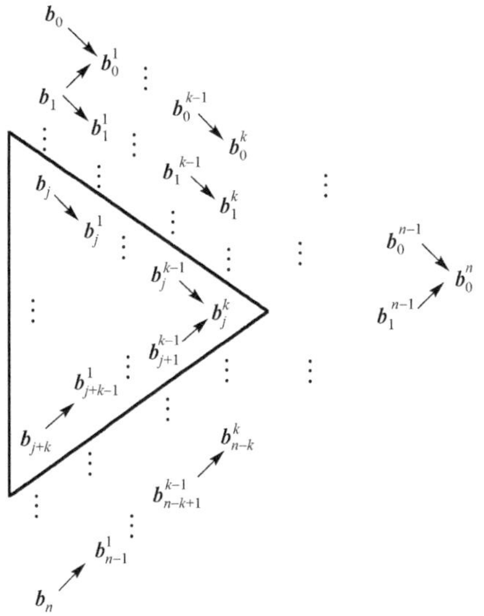

图 2.1　Bézier 曲线的 de Casteljau 递推定义与算法三角列阵

给定 $\tilde{t}\in(0,1)$，由 Bézier 曲线的定义与性质 2.8 递推关系，可得:

$$\boldsymbol{P}(\tilde{t})=\boldsymbol{P}_n(\boldsymbol{b}_0,\boldsymbol{b}_1,\cdots,\boldsymbol{b}_n;\tilde{t})=\boldsymbol{b}_0^n(\tilde{t})=(1-\tilde{t})\boldsymbol{b}_0^{n-1}(\tilde{t})+\tilde{t}\boldsymbol{b}_1^{n-1}(\tilde{t}) \tag{2.6}$$

式 (2.6) 是算法中递推式 $k=n$ 时的情形，下面有数学归纳法严格证明 $\boldsymbol{P}_n(\tilde{t})=\boldsymbol{b}_0^n(\tilde{t})$。

证明　当 $n=1$ 时，只有两个控制点 $\boldsymbol{b}_0$ 和 $\boldsymbol{b}_1$，则 $\boldsymbol{b}_0^1(\tilde{t})=(1-\tilde{t})\boldsymbol{b}_0^0(\tilde{t})+\tilde{t}\boldsymbol{b}_1^0(\tilde{t})=(1-\tilde{t})\boldsymbol{b}_0(\tilde{t})+\tilde{t}\boldsymbol{b}_1(\tilde{t})=\boldsymbol{P}_1(\tilde{t})$，显然成立。

假设 $n=l$ 算法成立，当 $n=l+1$ 时，需证 $\boldsymbol{P}_{l+1}(\tilde{t})=\boldsymbol{b}_0^{l+1}(\tilde{t})$，由于此时已得出:

$$\boldsymbol{P}_l(\tilde{t})=\boldsymbol{b}_0^l(\tilde{t})=\boldsymbol{P}_l(\boldsymbol{b}_0,\boldsymbol{b}_1,\cdots,\boldsymbol{b}_l;\tilde{t}),\quad \boldsymbol{b}_1^l(\tilde{t})=\boldsymbol{P}_l(\boldsymbol{b}_1,\cdots,\boldsymbol{b}_l;\tilde{t})$$

则当 $n=l+1$ 时，即算法中 $k=l+1$ 时有:

$$\boldsymbol{b}_0^{l+1}(\tilde{t})=(1-\tilde{t})\boldsymbol{b}_0^l(\tilde{t})+\tilde{t}\boldsymbol{b}_1^l(\tilde{t})=(1-\tilde{t})\boldsymbol{P}_l(\boldsymbol{b}_0,\boldsymbol{b}_1,\cdots,\boldsymbol{b}_l;\tilde{t})+\tilde{t}\boldsymbol{P}_l(\boldsymbol{b}_1,\cdots,\boldsymbol{b}_l;\tilde{t})$$

由 Bézier 曲线的性质 2.8 递推关系可得:

$$(1-\tilde{t})\boldsymbol{P}_l(\boldsymbol{b}_0,\boldsymbol{b}_1,\cdots,\boldsymbol{b}_l;\tilde{t})+\tilde{t}\boldsymbol{P}_l(\boldsymbol{b}_1,\cdots,\boldsymbol{b}_l,\boldsymbol{b}_{l+1};\tilde{t})=\boldsymbol{P}_{l+1}(\tilde{t})$$

证毕。

递推式 (2.5) 表明 $\boldsymbol{b}_i^k(\tilde{t})$ 在直线 $\boldsymbol{b}_{i-1}^{k-1}(\tilde{t})$ 与 $\boldsymbol{b}_i^{k-1}(\tilde{t})$ 两点连线上，可以得出:

$$(1-\tilde{t})(\boldsymbol{b}_i^k(\tilde{t})-\boldsymbol{b}_{i-1}^{k-1}(\tilde{t}))=\tilde{t}(\boldsymbol{b}_i^{k-1}(\tilde{t})-\boldsymbol{b}_i^k(\tilde{t})) \tag{2.7}$$

即

$$\frac{\boldsymbol{b}_i^k(\tilde{t})-\boldsymbol{b}_{i-1}^{k-1}(\tilde{t})}{\boldsymbol{b}_i^{k-1}(\tilde{t})-\boldsymbol{b}_i^k(\tilde{t})}=\frac{\tilde{t}}{1-\tilde{t}} \tag{2.8}$$

$\boldsymbol{b}_i^k(\tilde{t})$ 和 $\boldsymbol{b}_{i-1}^{k-1}(\tilde{t})$ 的连线与 $\boldsymbol{b}_i^{k-1}(\tilde{t})$ 和 $\boldsymbol{b}_i^k(\tilde{t})$ 的连线长度之比为 $\tilde{t}:1-\tilde{t}$，从而得到一种作图方法：依次对原始控制多边形每一边执行同样的定比分割，所得分点就是第一级递推生成的中间顶点 $\boldsymbol{b}_i^1(\tilde{t})(i=0,1,\cdots,n-1)$。对这些中间顶点构成的控制多边形各边再执行同样的定比分割，得第二级中间顶点 $\boldsymbol{b}_i^2(\tilde{t})(i=0,1,\cdots,n-2)$，重复进行下去，直到 n 级递推得到一个中间顶点 $\boldsymbol{b}_0^n(\tilde{t})$，即所求曲线上点 $\boldsymbol{P}(\tilde{t})$，如图 2.2 所示。

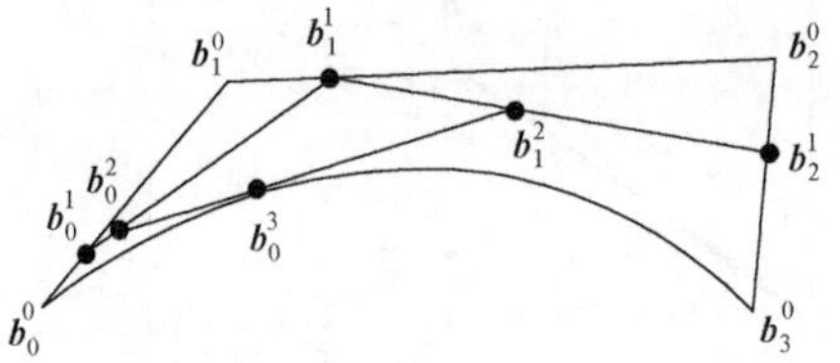

图 2.2　用几何作图法求 Bézier 曲线上一点（$n=3,\tilde{t}=1/4$）

2.4.2　Bézier 曲线的导矢

利用 Bernstein 多项式的性质 2.5 导数递推公式 $\frac{\mathrm{d}}{\mathrm{d}t}B_i^n(t)=n[B_{i-1}^{n-1}(t)-B_i^{n-1}(t)]$ $(i=1,2,\cdots,n)$，得到由式(2.4)定义的 Bézier 曲线的一阶导矢：

$$\frac{\mathrm{d}}{\mathrm{d}t}\boldsymbol{P}(t)=\frac{\mathrm{d}\sum_{i=0}^{n}\boldsymbol{b}_iB_i^n}{\mathrm{d}t}=n\sum_{i=0}^{n}[B_{i-1}^{n-1}(t)-B_i^{n-1}(t)]\boldsymbol{b}_i=n\sum_{i=0}^{n-1}(\boldsymbol{b}_{i+1}-\boldsymbol{b}_i)B_i^{n-1}(t)=n\boldsymbol{q}(t) \tag{2.9}$$

$$\boldsymbol{q}(t)=\frac{1}{n}\boldsymbol{P}'(t)=\sum_{i=0}^{n-1}\Delta\boldsymbol{b}_iB_i^{n-1}(t) \tag{2.10}$$

其中，向前差分矢量 $\Delta\boldsymbol{b}_i=\boldsymbol{b}_{i+1}-\boldsymbol{b}_i$ 就是控制多边形的边矢量 $\boldsymbol{a}_{i+1}$。可以看出 n 次 Bézier 曲线 $\boldsymbol{P}_n(t)$ 的切矢可表示为 $n-1$ 次 Bézier 曲线 $\boldsymbol{P}_{n-1}(t)$ 的 n 倍，且 $\boldsymbol{P}_{n-1}(t)$ 的 n 个控制顶点来自于 $\boldsymbol{P}_n(t)$ 的 n 条边矢量。曲线 $\boldsymbol{q}(t)$ 的位置矢量与 $\boldsymbol{P}(t)$ 的一阶导矢一一对应。

曲线 $\boldsymbol{q}(t)$ 称为原来 n 次 Bézier 曲线 $\boldsymbol{P}_n(t)$ 的速端曲线。

同样，二次导矢：

$$\boldsymbol{P}''(t)=n(n-1)\sum_{i=0}^{n-2}(\Delta\boldsymbol{b}_{i+1}-\Delta\boldsymbol{b}_i)B_i^{n-2}(t) \tag{2.11}$$

其中，$\Delta\boldsymbol{b}_{i+1}-\Delta\boldsymbol{b}_i$ 为一阶导矢的 Bézier 多边形的边矢，以 $\Delta\boldsymbol{b}_{i+1}-\Delta\boldsymbol{b}_i$ 为顶点的具有 $n-2$ 条边矢的 Bézier 曲线从几何上反映了二阶导矢的变化规律，线上每点的矢量和曲线

的二阶导矢一一对应。曲线 $\sum_{i=0}^{n-2}(\Delta \boldsymbol{b}_{i+1}-\Delta \boldsymbol{b}_i)B_i^{n-2}(t)$ 称为原来 n 次 Bézier 曲线的二阶速端曲线。

高阶向前差分矢量由低阶向前差分矢量递推地定义：

$$\Delta^k \boldsymbol{b}_i=\Delta^{k-1}\boldsymbol{b}_{i+1}-\Delta^{k-1}\boldsymbol{b}_i \tag{2.12}$$

据此定义，高阶向前差分矢量的前几项可以列举如下：

$$\Delta^0 \boldsymbol{b}_i=\boldsymbol{b}_i$$

$$\Delta^1 \boldsymbol{b}_i=\Delta \boldsymbol{b}_i=\boldsymbol{b}_{i+1}-\boldsymbol{b}_i$$

$$\Delta^2 \boldsymbol{b}_i=\Delta^1 \boldsymbol{b}_{i+1}-\Delta^1 \boldsymbol{b}_i=(\boldsymbol{b}_{i+2}-\boldsymbol{b}_{i+1})-(\boldsymbol{b}_{i+1}-\boldsymbol{b}_i)=\boldsymbol{b}_{i+2}-2\boldsymbol{b}_{i+1}-\boldsymbol{b}_i$$

$$\Delta^3 \boldsymbol{b}_i=\Delta^2 \boldsymbol{b}_{i+1}-\Delta^2 \boldsymbol{b}_i=(\boldsymbol{b}_{i+3}-2\boldsymbol{b}_{i+2}-\boldsymbol{b}_{i+1})-(\boldsymbol{b}_{i+2}-2\boldsymbol{b}_{i+1}-\boldsymbol{b}_i)=\boldsymbol{b}_{i+3}-3\boldsymbol{b}_{i+2}-3\boldsymbol{b}_{i+1}-\boldsymbol{b}_i$$

可见其右边各项中矢量所乘因子就是二次项系数。一般地：

$$\Delta^k \boldsymbol{b}_i=\sum_{j=0}^{k}(-1)^{k-j}C_k^j \boldsymbol{b}_{i+j} \tag{2.13}$$

对式(2.9)重复求导，可以得出 Bézier 曲线高阶导矢公式：

$$\boldsymbol{P}^{(k)}(t)=\frac{n!}{(n-k)!}\sum_{i=0}^{n-k}\Delta^k \boldsymbol{b}_i B_i^{n-k}(t) \tag{2.14}$$

式(2.14)的右边曲线 $\sum_{i=0}^{n-k}\Delta^k \boldsymbol{b}_i B_i^{n-k}(t)$ 称为原来 n 次 Bézier 曲线的 k 阶速端曲线。

可用数学归纳法证明 Bézier 曲线高阶导矢公式，这里就不给出证明过程。

又因为 $\Delta^k \boldsymbol{b}_i=\Delta^{k-1}\boldsymbol{a}_i$，可将式(2.14)改写为：

$$\boldsymbol{P}^{(k)}(t)=\frac{n!}{(n-k)!}\sum_{i=0}^{n-k}\Delta^{k-1}\boldsymbol{a}_i B_i^{n-k}(t) \tag{2.15}$$

分别取 $t=0$ 与 $t=1$，可以得到首末端点的导矢：

$$\begin{cases}\boldsymbol{P}^{(k)}(0)=\dfrac{n!}{(n-k)!}\Delta^k \boldsymbol{b}_0=\dfrac{n!}{(n-k)!}\Delta^{k-1}\boldsymbol{a}_1\\[2ex]\boldsymbol{P}^{(k)}(1)=\dfrac{n!}{(n-k)!}\Delta^k \boldsymbol{b}_{n-k}=\dfrac{n!}{(n-k)!}\Delta^{k-1}\boldsymbol{a}_{n-k+1}\end{cases} \tag{2.16}$$

可以看出前面给出的 Bézier 曲线的端点性质是式(2.16)的特例。

由微分几何中的曲率公式 $\boldsymbol{\kappa}=\dfrac{|\boldsymbol{P}'\times \boldsymbol{P}''|}{|\boldsymbol{P}'|^3}$，可得 n 次 Bézier 曲线在首末端点的曲率公式：

$$\begin{cases} \boldsymbol{\kappa}(0) = \dfrac{(n-1)\left|\Delta \boldsymbol{b}_0 \times \Delta \boldsymbol{b}_1\right|}{n\left|\Delta \boldsymbol{b}_0\right|^3} \\ \boldsymbol{\kappa}(1) = \dfrac{(n-1)\left|\Delta \boldsymbol{b}_{n-2} \times \Delta \boldsymbol{b}_{n-1}\right|}{n\left|\Delta \boldsymbol{b}_{n-1}\right|^3} \end{cases} \tag{2.17}$$

2.4.3 Bézier 曲线的分割

2.4.2 节给出了求 Bézier 曲线上一点的方法。给定 $\tilde{t} \in (0,1)$，$\boldsymbol{P}(\tilde{t})$ 将 Bézier 曲线分成两段，每段仍为 n 次 Bézier 曲线。怎样求出定义这两子曲线段的控制顶点，就是 Bézier 曲线的二分分割问题。$\boldsymbol{P}(t), t \in [0,\tilde{t}]$ 这一段的控制顶点为 $\boldsymbol{b}_0^0, \boldsymbol{b}_0^1, \boldsymbol{b}_0^2, \cdots, \boldsymbol{b}_0^n$，$\boldsymbol{P}(t), t \in [\tilde{t},1]$ 这一段的控制顶点为 $\boldsymbol{b}_0^n, \boldsymbol{b}_1^{n-1}, \cdots, \boldsymbol{b}_n^0$。它也可由执行 de Casteljau 算法时同时得到。

定理 2.1　当 $t \in [0,\tilde{t}]$ 时，$\boldsymbol{P}(t) = \boldsymbol{P}_n(\boldsymbol{b}_0, \boldsymbol{b}_1, \cdots, \boldsymbol{b}_n; t) = \boldsymbol{P}_n\left(\boldsymbol{b}_0^0, \boldsymbol{b}_0^1, \cdots, \boldsymbol{b}_0^n; \dfrac{t}{\tilde{t}}\right)$，当 $t \in [\tilde{t},1]$ 时，$\boldsymbol{P}(t) = \boldsymbol{P}_n(\boldsymbol{b}_0, \boldsymbol{b}_1, \cdots, \boldsymbol{b}_n; t) = \boldsymbol{P}_n\left(\boldsymbol{b}_0^n, \boldsymbol{b}_1^{n-1}, \cdots, \boldsymbol{b}_n^0; \dfrac{1-t}{1-\tilde{t}}\right)$。

证明　用数学归纳法证明。令 $\dfrac{t}{\tilde{t}} = u$，则变换 u 将 $t \in [0,\tilde{t}]$ 变成 $u \in [0,1]$，$t = \tilde{t}u$，$1 - t = 1 - \tilde{t}u$。

当 $n = 1$ 时，有：

$$\begin{aligned} \boldsymbol{P}_1(\boldsymbol{b}_0, \boldsymbol{b}_1; t) &= (1-t)\boldsymbol{b}_0 + t\boldsymbol{b}_1 = \boldsymbol{b}_0(1-\tilde{t}u) + \boldsymbol{b}_1 \cdot \tilde{t}u = \boldsymbol{b}_0[(1-u) + (1-\tilde{t})u] + \boldsymbol{b}_1 \cdot \tilde{t}u \\ &= \boldsymbol{b}_0(1-u) + [(1-\tilde{t})\boldsymbol{b}_0 + \tilde{t}\boldsymbol{b}_1] \cdot u = \boldsymbol{b}_0^0(1-u) + \boldsymbol{b}_0^1 \cdot u = P_1(\boldsymbol{b}_0^0, \boldsymbol{b}_0^1; u) = P_1\left(\boldsymbol{b}_0^0, \boldsymbol{b}_0^1; \frac{t}{\tilde{t}}\right) \end{aligned}$$

结论成立。

假设次数为 l 时，$\boldsymbol{P}_l(\boldsymbol{b}_0, \boldsymbol{b}_1, \cdots, \boldsymbol{b}_l; t) = \boldsymbol{P}_l\left(\boldsymbol{b}_0^0, \boldsymbol{b}_0^1, \cdots, \boldsymbol{b}_0^l; \dfrac{t}{\tilde{t}}\right)$ 成立。则当次数为 $l+1$ 时，需证 $\boldsymbol{P}_{l+1}(\boldsymbol{b}_0, \boldsymbol{b}_1, \cdots, \boldsymbol{b}_{l+1}; t) = \boldsymbol{P}_{l+1}\left(\boldsymbol{b}_0^0, \boldsymbol{b}_0^1, \cdots, \boldsymbol{b}_0^{l+1}; \dfrac{t}{\tilde{t}}\right)$。

$$\begin{aligned} \boldsymbol{P}_{l+1}(\boldsymbol{b}_0, \boldsymbol{b}_1, \cdots, \boldsymbol{b}_{l+1}; t) &= (1-t)\boldsymbol{P}_l(\boldsymbol{b}_0, \boldsymbol{b}_1, \cdots, \boldsymbol{b}_l; t) + t\boldsymbol{P}_l(\boldsymbol{b}_1, \boldsymbol{b}_2, \cdots, \boldsymbol{b}_{l+1}; t) \\ &= (1-t)\boldsymbol{P}_l\left(\boldsymbol{b}_0^0, \boldsymbol{b}_0^1, \cdots, \boldsymbol{b}_0^l; \frac{t}{\tilde{t}}\right) + t\boldsymbol{P}_l\left(\boldsymbol{b}_1^0, \boldsymbol{b}_1^1, \cdots, \boldsymbol{b}_1^l; \frac{t}{\tilde{t}}\right) \\ &= (1-\tilde{t}u)\boldsymbol{P}_l(\boldsymbol{b}_0^0, \boldsymbol{b}_0^1, \cdots, \boldsymbol{b}_0^l; u) + \tilde{t}u\boldsymbol{P}_l(\boldsymbol{b}_1^0, \boldsymbol{b}_1^1, \cdots, \boldsymbol{b}_1^l; u) \\ &= [(1-u) + (1-\tilde{t})u]\boldsymbol{P}_l(\boldsymbol{b}_0^0, \boldsymbol{b}_0^1, \cdots, \boldsymbol{b}_0^l; u) + \tilde{t}u\boldsymbol{P}_l(\boldsymbol{b}_1^0, \boldsymbol{b}_1^1, \cdots, \boldsymbol{b}_1^l; u) \\ &= (1-u)\boldsymbol{P}_l(\boldsymbol{b}_0^0, \boldsymbol{b}_0^1, \cdots, \boldsymbol{b}_0^l; u) + u[(1-\tilde{t})\boldsymbol{P}_l(\boldsymbol{b}_0^0, \boldsymbol{b}_0^1, \cdots, \boldsymbol{b}_0^l; u) \\ &\quad + \tilde{t}\boldsymbol{P}_l(\boldsymbol{b}_1^0, \boldsymbol{b}_1^1, \cdots, \boldsymbol{b}_1^l; u)] \end{aligned}$$

$$
\begin{aligned}
&= (1-u)\boldsymbol{P}_l(\boldsymbol{b}_0^0,\boldsymbol{b}_0^1,\cdots,\boldsymbol{b}_0^l;u) + u\boldsymbol{P}_l(\boldsymbol{b}_0^1,\boldsymbol{b}_0^2\cdots,\boldsymbol{b}_0^{l+1};u) \\
&= \boldsymbol{P}_{l+1}(\boldsymbol{b}_0^0,\boldsymbol{b}_0^1,\cdots,\boldsymbol{b}_0^{l+1};u) \\
&= \boldsymbol{P}_{l+1}\left(\boldsymbol{b}_0^0,\boldsymbol{b}_0^1,\cdots,\boldsymbol{b}_0^{l+1};\frac{t}{\tilde{t}}\right)
\end{aligned}
$$

结论也成立。

同理可证当 $t\in[\tilde{t},1]$ 时，$\boldsymbol{P}(t)=\boldsymbol{P}_n(\boldsymbol{b}_0,\boldsymbol{b}_1,\cdots,\boldsymbol{b}_n;t)=\boldsymbol{P}_n\left(\boldsymbol{b}_0^n,\boldsymbol{b}_1^{n-1},\cdots,\boldsymbol{b}_n^0;\dfrac{1-t}{1-\tilde{t}}\right)$，证毕。

给定两个参数值 $0\leqslant t_1<t_2\leqslant 1$，求原 Bézier 曲线 $\boldsymbol{P}(t)(t\in[0,1])$ 上由两点 $\boldsymbol{P}(t_1)$ 与 $\boldsymbol{P}(t_2)$ 所界定的那个子曲线段 $\boldsymbol{P}(t)(t\in[t_1,t_2])$ 的控制顶点，就是 Bézier 曲线的任意分割问题，可以看作 Bézier 曲线的二分分割问题的推广。它可以由执行两次二分分割实现。第一步，先用 $t=t_2$ 对原 Bézier 曲线 $\boldsymbol{P}(t)(t\in[0,1])$ 做一分为二的分割，取 $t\in[0,t_2]$ 那个子曲线的控制点为中间控制点，置局部参数 u，则这些中间 Bézier 点定义了 Bézier 曲线 $\boldsymbol{P}(u)(u\in[0,1])$；第二步，用 $u=\dfrac{t_1}{t_2}$ 对中间 Bézier 点定义的 Bézier 曲线 $\boldsymbol{P}(u)(u\in[0,1])$ 做一分为二的分割，所得子曲线段 $\boldsymbol{P}(u)(u\in[t_1/t_2,1])$ 的控制点即为所求原 Bézier 曲线的子曲线段 $\boldsymbol{P}(t)(t\in[t_1,t_2])$ 的控制点。

2.4.4　Bézier 曲线的延拓

如果给定一参数 $t^*\notin[0,1]$，仍用给定控制顶点定义的 Bézier 曲线（式(2.4)）表示，则所得一点 $\boldsymbol{P}(t^*)$ 将不位于该 Bézier 曲线上，而位于与该 Bézier 曲线所属同一条参数多项式曲线上。怎样求出该点及相应的参数多项式曲线段的 Bézier 点就是 Bézier 曲线的延拓问题。

仍可用 de Casteljau 算法求出该点。不失一般性，现设所给参数 $t^*>0$，它决定了参数 t 轴上两区间 $[0,1]$ 与 $[1,t^*]$ 的长度比为 $1:(t^*-1)$，按此比例，依次对原控制多边形各边进行线性外插，得一级中间顶点，构成中间多边形。重复这一过程，直到 n 级递推得一个中间顶点 $\boldsymbol{b}_0^n$，即为所求点 $\boldsymbol{P}(t^*)$，如图 2.3 所示。由 Bézier 曲线的一分为二分割算法可知顶点 $\boldsymbol{b}_0^0,\boldsymbol{b}_1^0,\cdots,\boldsymbol{b}_n^0$ 定义了一条 Bézier 曲线 $\boldsymbol{P}(u),u\in[0,1]$，它是原

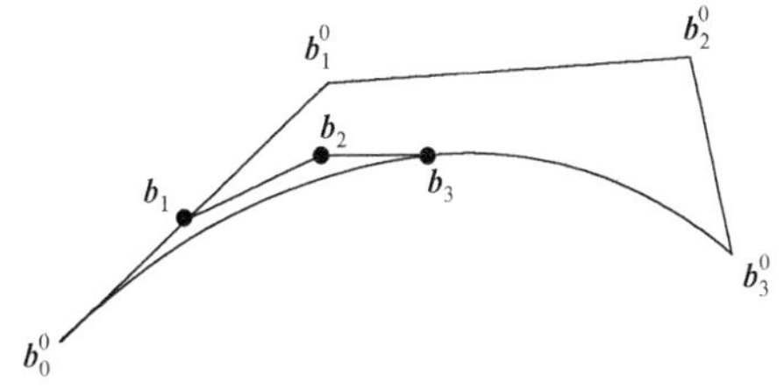

图 2.3　de Casteljau 算法用于 Bézier 曲线延拓(n=3)

Bézier 曲线 $\boldsymbol{P}(t), t\in[0,1]$ 的延伸，原 Bézier 曲线 $\boldsymbol{P}(t)$ 成了 $\boldsymbol{P}(u)$ 的一个子曲线段。其间有参数变换 $u=\dfrac{t}{t^*}$，这也可看作 Bézier 曲线的一种特殊分割。

2.4.5 Bézier 曲线的计算举例

例 2.1 给定控制顶点 $\boldsymbol{b}_0=(0,0), \boldsymbol{b}_1=(1,1), \boldsymbol{b}_2=(2,1)$，定义了一条 2 次 Bézier 曲线 $\boldsymbol{P}(t)(t\in[0,1])$。试求：(1)用 de Casteljau 算法与几何作图法求曲线上 $\tilde{t}=0.2$ 时的点 $\boldsymbol{P}(0.2)$；(2)计算出该点的一阶导矢 $\boldsymbol{P}'(\tilde{t})$。

解 (1)用 de Casteljau 算法可求出：

$$\boldsymbol{b}_0^0(\tilde{t})=\boldsymbol{b}_0=(0,0),\quad \boldsymbol{b}_1^0(\tilde{t})=\boldsymbol{b}_1=(1,1),\quad \boldsymbol{b}_2^0(\tilde{t})=\boldsymbol{b}_2=(2,1)$$

$$\boldsymbol{b}_0^1(\tilde{t})=(1-0.2)\boldsymbol{b}_0^0(\tilde{t})+0.2\boldsymbol{b}_1^0(\tilde{t})=(0.2,0.2),\quad \boldsymbol{b}_1^1(\tilde{t})=(1-0.2)\boldsymbol{b}_1^0(\tilde{t})+0.2\boldsymbol{b}_2^0(\tilde{t})=(1.2,0.8)$$

$$\boldsymbol{b}_0^2(\tilde{t})=(1-0.2)\boldsymbol{b}_0^1(\tilde{t})+0.2\boldsymbol{b}_1^1(\tilde{t})=(0.4,0.32)$$

$$\boldsymbol{P}(0.2)=\boldsymbol{b}_0^2(\tilde{t})=(0.4,0.32)$$

几何作图法与 de Casteljau 递推定义与算法三角列阵如图 2.4 与图 2.5 所示。

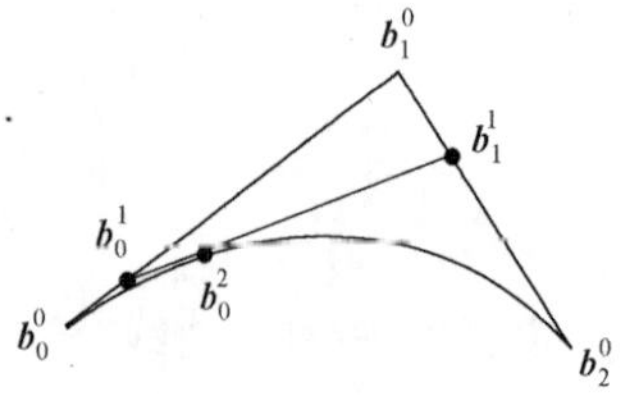

图 2.4　几何作图法

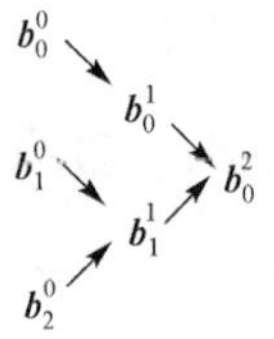

图 2.5　de Casteljau 递推定义与算法三角列阵

(2) $\boldsymbol{P}'(\tilde{t})=2(\boldsymbol{b}_1^1(\tilde{t})-\boldsymbol{b}_0^1(\tilde{t}))=(2,1.2)$。

2.5 Bézier 曲线的其他表现形式

2.5.1 用边矢量表示的 Bézier 曲线

由式(2.3)可以得出顶点矢量与边矢量有如下关系：

$$\boldsymbol{b}_0=\boldsymbol{a}_0$$
$$\boldsymbol{b}_1=\boldsymbol{a}_0+\boldsymbol{a}_1$$
$$\boldsymbol{b}_2=\boldsymbol{a}_0\boldsymbol{a}_1+\boldsymbol{a}_2$$
$$\cdots$$
$$\boldsymbol{b}_n=\boldsymbol{a}_0+\boldsymbol{a}_1+\cdots+\boldsymbol{a}_n$$

用矩阵形式来描述顶点矢量与边矢量的关系：

$$\begin{bmatrix} \boldsymbol{b}_0 \\ \boldsymbol{b}_1 \\ \vdots \\ \boldsymbol{b}_n \end{bmatrix} = \begin{bmatrix} 1 & 0 & 0 & \cdots & 0 \\ 1 & 1 & 0 & \cdots & 0 \\ \vdots & \vdots & \vdots & & \vdots \\ 1 & 1 & 1 & \cdots & 1 \end{bmatrix} \cdot \begin{bmatrix} \boldsymbol{a}_0 \\ \boldsymbol{a}_1 \\ \vdots \\ \boldsymbol{a}_n \end{bmatrix} \tag{2.18}$$

Bézier 曲线的定义：

$$\boldsymbol{P}(t) = \boldsymbol{P}_n(\boldsymbol{b}_0, \boldsymbol{b}_1, \cdots, \boldsymbol{b}_n; t) = \sum_{i=0}^{n} \boldsymbol{b}_i B_i^n, \quad 0 \leqslant t \leqslant 1$$

可被写成矩阵形式：

$$\boldsymbol{P}(t) = [B_0^n, B_1^n, \cdots, B_n^n] \begin{bmatrix} \boldsymbol{b}_0 \\ \boldsymbol{b}_1 \\ \vdots \\ \boldsymbol{b}_n \end{bmatrix}, \quad 0 \leqslant t \leqslant 1 \tag{2.19}$$

将式(2.18)代入式(2.19)，则有：

$$\boldsymbol{P}(t) = [B_0^n, B_1^n, \cdots, B_n^n] \begin{bmatrix} 1 & 0 & 0 & \cdots & 0 \\ 1 & 1 & 0 & \cdots & 0 \\ \vdots & \vdots & \vdots & & \vdots \\ 1 & 1 & 1 & \cdots & 1 \end{bmatrix} \cdot \begin{bmatrix} \boldsymbol{a}_0 \\ \boldsymbol{a}_1 \\ \vdots \\ \boldsymbol{a}_n \end{bmatrix} = [A_0^n, A_1^n, \cdots, A_n^n] \begin{bmatrix} \boldsymbol{a}_0 \\ \boldsymbol{a}_1 \\ \vdots \\ \boldsymbol{a}_n \end{bmatrix}$$

$$= \sum_{i=0}^{n} A_i^n(t) \boldsymbol{a}_i, \quad 0 \leqslant t \leqslant 1 \tag{2.20}$$

式(2.20)就是 Bézier 曲线的边矢量表示形式。其中：

$$A_0^n = \sum_{i=0}^{n} B_i^n(t) = 1, \quad A_i^n = 1 - \sum_{j=1}^{i-1} B_j^n(t), \quad A_n^n = B_n^n(t) \tag{2.21}$$

可以看出 Bézier 曲线的边矢量表示形式与 Bernstein 多项式有关，所以有以下定理。

定理 2.2　(1) $A_i^n - A_{i+1}^n = B_i^n$，$i = 0, 1, \cdots, n$；(2) $\dfrac{\mathrm{d}A_i^n(t)}{\mathrm{d}t} = nB_{i-1}^{n-1}(t) = \dfrac{i}{t} B_i^n(t) = \dfrac{i}{t}[B_i^n(t) - B_{i+1}^n(t)]$。

证明　(1) 由式(2.21)可得：

$$A_i^n - A_{i+1}^n = 1 - \sum_{j=1}^{i-1} B_j^n(t) - \left(1 - \sum_{j=1}^{i} B_j^n(t)\right) = \sum_{j=1}^{i} B_j^n(t) - \sum_{j=1}^{i-1} B_j^n(t) = B_i^n(t), \quad i = 0, 1, \cdots, n$$

(2) $$\frac{\mathrm{d}A_i^n(t)}{\mathrm{d}t} = \frac{\mathrm{d}\left(1 - \sum\limits_{j=1}^{i-1} B_j^n(t)\right)}{\mathrm{d}t} = -\frac{\mathrm{d}\sum\limits_{j=1}^{i-1} B_j^n(t)}{\mathrm{d}t} = -\sum_{j=1}^{i-1} \frac{\mathrm{d}B_j^n(t)}{\mathrm{d}t}$$

$$=-n\sum_{j=1}^{i-1}[B_{j-1}^{n-1}(t)-B_j^{n-1}(t)]=nB_{i-1}^{n-1}(t)=\frac{i}{t}\frac{n(n-1)!}{i!(n-i)!}(1-t)^{n-i}t^i=\frac{i}{t}B_i^n(t)$$

证毕。

定理 2.3 $\sum_{i=1}^{n}A_i^n(t)=1+nt$ 。

证明 由式(2.21)有：

$$\sum_{i=1}^{n}A_i^n(t)=\sum_{i=0}^{n}B_i^n(t)+\sum_{i=1}^{n}B_i^n(t)+\cdots+\sum_{i=n}^{n}B_i^n(t)=1+\sum_{i=1}^{n}iB_i^n(t)$$

而

$$\sum_{i=1}^{n}iB_i^n(t)=\sum_{i=1}^{n}i\frac{n!}{i!(n-1)!}(1-t)^{n-i}t^i=\sum_{i=1}^{n}\frac{n!}{(i-1)!(n-i)!}(1-t)^{n-i}t^i$$

$$=nt\sum_{i=1}^{n}\frac{(n-1)!}{(i-1)!(n-i)!}(1-t)^{n-i}t^{i-1}$$

$$=nt\sum_{i=0}^{n-1}\frac{n!}{i!(n-1-i)!}(1-t)^{n-1-i}t^i=nt[(1-t)+t]^{n-1}=nt$$

所以 $\sum_{i=1}^{n}A_i^n(t)=1+nt$ ，证毕。

2.5.2 Bézier 曲线的幂基表示

这一小节推导 Bézier 曲线与幂基(monomial basis)形式表示的 Ferguson[9]曲线之间的互化公式。后者名称的由来是 Ferguson 于 1963 年首次在飞机设计中使用了 $(1,t,t^2,t^3)$ 为基函数的三次参数曲线。利用算子表示可得：

$$\boldsymbol{P}(t)=\sum_{i=0}^{n}B_i^n(t)\boldsymbol{b}_i=\sum_{i=0}^{n}\binom{n}{i}\Delta^i\boldsymbol{b}_i t^i \tag{2.22}$$

$$\Delta^i=(E-I)^i=\sum_{j=0}^{i}(-1)^{i+j}\binom{i}{j}E^j \tag{2.23}$$

其中， E 、 I 和 Δ 分别是控制顶点 $\boldsymbol{b}_i$ 的移位算子、恒等算子和向前差分算子，有 $E\boldsymbol{b}_i=\boldsymbol{b}_{i+1}$ ， $I\boldsymbol{b}_i=\boldsymbol{b}_i$ ， $\Delta\boldsymbol{b}_i=(E-I)\boldsymbol{b}_i=\boldsymbol{b}_{i+1}-\boldsymbol{b}_i$ 。

由幂基的线性无关性可推知 Ferguson 曲线的表示唯一性，因而 n 次 Bézier 曲线 $\boldsymbol{P}(t)$ 所对应的 n 次 Ferguson 曲线：

$$\boldsymbol{F}(t)=\sum_{i=0}^{n}t^i\boldsymbol{N}_i,\quad 0\leqslant t\leqslant 1 \tag{2.24}$$

控制顶点为：

$$\boldsymbol{N}_i = \sum_{j=0}^{i} (-1)^{i+j} \binom{n}{i} \binom{i}{j} \boldsymbol{b}_j, \quad i = 0,1,\cdots,n \tag{2.25}$$

即

$$(B_0^n(t), B_1^n(t), \cdots, B_n^n(t))(\boldsymbol{b}_0, \boldsymbol{b}_1, \cdots, \boldsymbol{b}_n)^{\mathrm{T}} = (1, t, \cdots, t^n)(b_{ij}^F)_{(n+1)\times(n+1)}(\boldsymbol{b}_0, \boldsymbol{b}_1, \cdots, \boldsymbol{b}_n)^{\mathrm{T}} \tag{2.26}$$

$$b_{ij}^F = \begin{cases} 0, & i < j \\ (-1)^{i+j} \binom{n}{i} \binom{i}{j}, & i \geqslant j \end{cases} \quad i, j = 0,1,\cdots,n \tag{2.27}$$

于是根据控制顶点的任意性，可得：

$$(B_0^n(t), B_1^n(t), \cdots, B_n^n(t)) = (1, t, \cdots, t^n)(b_{ij}^F)_{(n+1)\times(n+1)} \tag{2.28}$$

另一方面，利用表达式：

$$1 = [(1-t)+t]^{n-j} = \sum_{i=0}^{n-j} \binom{n-j}{i} (1-t)^{n-i-j} t^i, \quad j = 0,1,\cdots,n$$

可把幂基 t^j 表示为 n 次 Bernstein 基的线性组合：

$$t^j = \sum_{i=0}^{n-j} \binom{n-j}{i} (1-t)^{n-i-j} t^{i+j} = \sum_{i=j}^{n} B_i^n(t) \binom{n-j}{i-j} \Big/ \binom{n}{i}, \quad j = 0,1,\cdots,n$$

$$(1, t, \cdots, t^n) = (B_0^n(t), B_1^n(t), \cdots, B_n^n(t))(f_{ij}^B)_{(n+1)\times(n+1)} \tag{2.29}$$

$$f_{ij}^B = \begin{cases} 0, & i < j \\ \binom{n-j}{i-j} \Big/ \binom{n}{i}, & i \geqslant j \end{cases} \quad i, j = 0,1,\cdots,n \tag{2.30}$$

这里，矩阵 (f_{ij}^B) 与 (b_{ij}^F) 互逆。

2.6　Bézier 曲线的合成和几何连续性、Bézier 样条曲线

2.6.1　平面 Bézier 曲线的合成

用 Bézier 曲线段可以合成分段参数多项式曲线，假设 $x(u) = \boldsymbol{b}_0 B_0^n(t) + \boldsymbol{b}_1 B_1^n(t) + \cdots + \boldsymbol{b}_n B_n^n(t) = \boldsymbol{P}_n(\boldsymbol{b}_0, \boldsymbol{b}_1, \cdots, \boldsymbol{b}_n; t)$ 为定义在 $u \in [u_0, u_1]$ 上的 n 次 Bézier 曲线，其中，t 是局部参数，$u = u_0 + t(u_1 - u_0)$。$y(u) = \boldsymbol{b}_n B_0^n(s) + \boldsymbol{b}_{n+1} B_1^n(s) + \cdots + \boldsymbol{b}_{2n} B_n^n(s) = \boldsymbol{P}_n(\boldsymbol{b}_n, \boldsymbol{b}_{n+1}, \cdots, \boldsymbol{b}_{2n}; s)$ 是 $u \in [u_1, u_2]$ 上的 Bézier 曲线，其中，s 是局部参数，$u = u_1 + s(u_2 - u_1)$。

定理 2.4　曲线 $x(u)$ 与 $y(u)$ 在 $\boldsymbol{b}_n$ 处 C^1 连续的充要条件是 $\boldsymbol{b}_{n-1},\boldsymbol{b}_n,\boldsymbol{b}_{n+1}$ 共线，且 $\dfrac{\boldsymbol{b}_{n+1}-\boldsymbol{b}_n}{\boldsymbol{b}_n-\boldsymbol{b}_{n-1}}=\dfrac{u_2-u_1}{u_1-u_0}$。

证明　曲线 $x(u)$ 与 $y(u)$ 在 $\boldsymbol{b}_n$ 处 C^1 连续的充要条件是 $x(u_1)=y(u_1)$ 且 $x'(u_1)=y'(u_1)$。

因为 $x(u_1)=\boldsymbol{P}_n(\boldsymbol{b}_0,\boldsymbol{b}_1,\cdots,\boldsymbol{b}_n;1)=\boldsymbol{b}_n$，$y(u_1)=\boldsymbol{P}_n(\boldsymbol{b}_n,\boldsymbol{b}_{n+1},\cdots,\boldsymbol{b}_{2n};0)=\boldsymbol{b}_n$，而

$$
\begin{aligned}
x'(u)&=\sum_{i=0}^{n}\boldsymbol{b}_i\binom{n}{i}\frac{\mathrm{d}}{\mathrm{d}u}\left[\left(\frac{u_1-u}{u_1-u_0}\right)^{n-i}\left(\frac{u-u_0}{u_1-u_0}\right)^{i}\right]\\
&=n\boldsymbol{b}_0\frac{1}{u_0-u_1}\left(\frac{u_1-u}{u_1-u_0}\right)^{n-1}+\sum_{i=1}^{n-1}\boldsymbol{b}_i\binom{n}{i}\left[i\left(\frac{u-u_0}{u_1-u_0}\right)^{i-1}\left(\left(\frac{u-u_0}{u_1-u_0}\right)^{i-1}\right)^{n-i}\right.\\
&\quad\left.-(n-i)\left(\frac{u_1-u}{u_1-u_0}\right)^{n-i-1}\left(\frac{u-u_0}{u_1-u_0}\right)^{i}\right]\cdot\frac{1}{u_1-u_0}+n\boldsymbol{b}_n\cdot\frac{1}{u_1-u_0}\cdot\left(\frac{u-u_0}{u_1-u_0}\right)^{n-1}
\end{aligned}
$$

所以 $x'(u_1)=\dfrac{n}{u_1-u_0}(\boldsymbol{b}_n-\boldsymbol{b}_{n-1})$。

同理可得 $y'(u_1)=\dfrac{n}{u_2-u_1}(\boldsymbol{b}_{n+1}-\boldsymbol{b}_n)$，约去 n 得 $\dfrac{\boldsymbol{b}_{n+1}-\boldsymbol{b}_n}{\boldsymbol{b}_n-\boldsymbol{b}_{n-1}}=\dfrac{u_2-u_1}{u_1-u_0}$，证毕。

定理 2.5　曲线 $x(u)$ 与 $y(u)$ 在 $\boldsymbol{b}_n$ 处 C^2 连续的充要条件是：若 $\boldsymbol{b}_{n-2}$ 和 $\boldsymbol{b}_{n-1}$ 的连线与 $\boldsymbol{b}_{n+2}$ 和 $\boldsymbol{b}_{n+1}$ 交于 $\hat{\boldsymbol{b}}_n$，那么 $\dfrac{\boldsymbol{b}_{n-1}-\boldsymbol{b}_{n-2}}{\hat{\boldsymbol{b}}_n-\boldsymbol{b}_{n-1}}=\dfrac{\boldsymbol{b}_{n+1}-\hat{\boldsymbol{b}}_n}{\boldsymbol{b}_{n+2}-\boldsymbol{b}_{n+1}}=\dfrac{u_1-u_0}{u_2-u_1}$。

曲线 $x(u)$ 与 $y(u)$ 在 $\boldsymbol{b}_n$ 处 C^3 连续的充要条件是：若按比例 $\dfrac{u_1-u_0}{u_2-u_1}$ 把 $\boldsymbol{b}_{n-3}$ 和 $\boldsymbol{b}_{n-2}$ 的连线延长做出 $\hat{\boldsymbol{b}}_{n-1}$，把 $\boldsymbol{b}_{n+3}$ 和 $\boldsymbol{b}_{n+2}$ 交于 $\hat{\boldsymbol{b}}_{n+1}$，则它们与 $\hat{\boldsymbol{b}}_n$ 共线且有关系：

$$
\frac{\boldsymbol{b}_{n-2}-\boldsymbol{b}_{n-3}}{\hat{\boldsymbol{b}}_{n-1}-\boldsymbol{b}_{n-2}}=\frac{\hat{\boldsymbol{b}}_n-\hat{\boldsymbol{b}}_{n-1}}{\hat{\boldsymbol{b}}_{n+1}-\hat{\boldsymbol{b}}_n}=\frac{\boldsymbol{b}_{n+2}-\hat{\boldsymbol{b}}_{n+1}}{\boldsymbol{b}_{n+3}-\boldsymbol{b}_{n+2}}=\frac{u_1-u_0}{u_2-u_1}
$$

C^1、C^2 与 C^3 连续条件也可用图 2.6 与图 2.7 表示。

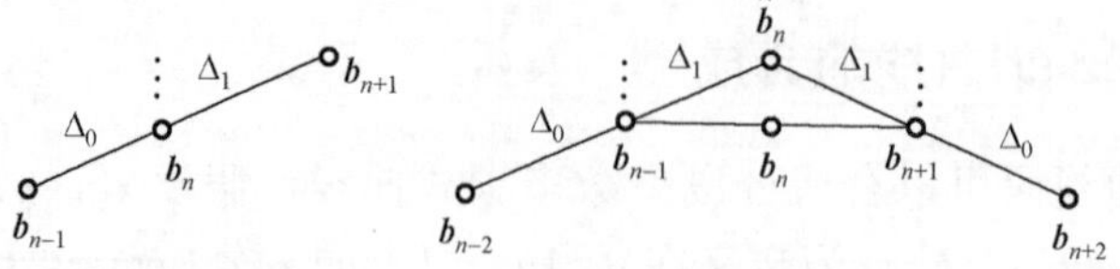

(a) C^1 连续条件　　(b) C^2 连续条件

图 2.6　C^1 和 C^2 连续条件

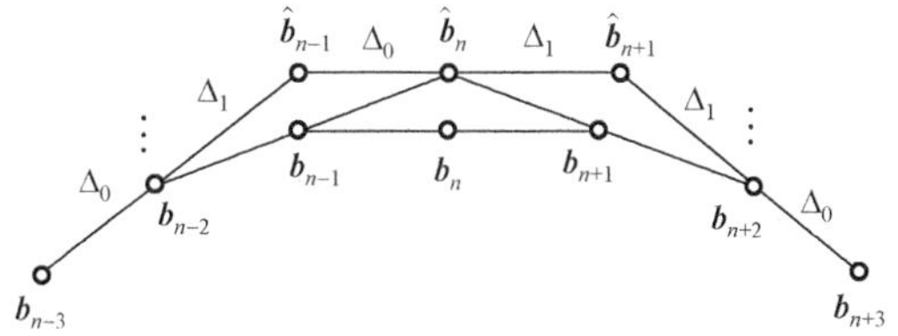

图 2.7　C^3 连续条件

这种连续性条件还可以完全推广到不同阶数的 Bézier 曲线的连接上，与定理 2.4 类似，有定理 2.6。

定理 2.6　曲线 $\boldsymbol{P}_n(\boldsymbol{b}_0,\boldsymbol{b}_1,\cdots,\boldsymbol{b}_n;t)$ 与 $\boldsymbol{P}_m(\boldsymbol{b}_n,\boldsymbol{b}_{n+1},\cdots,\boldsymbol{b}_{n+m};s)$ 在 $\boldsymbol{b}_n$ 处 C^2 连续的充要条件是：$\boldsymbol{b}_{n-1},\boldsymbol{b}_n,\boldsymbol{b}_{n+1}$ 共线，且 $n\dfrac{\boldsymbol{b}_n-\boldsymbol{b}_{n-1}}{u_1-u_0}=m\dfrac{\boldsymbol{b}_{n+1}-\boldsymbol{b}_n}{u_2-u_1}$。

2.6.2　几何连续性

显然，只要 $\boldsymbol{b}_{n-1},\boldsymbol{b}_n,\boldsymbol{b}_{n+1}$ 共线，$\boldsymbol{P}_n(t)$ 与 $\boldsymbol{P}_m(s)$ 在 $\boldsymbol{b}_n$ 处就有共同的切线，这种连接直观上是光滑的，称为几何 C^1 连续。同样，若两个曲线段在连接处曲率也连续，则称几何 C^2 连续。n 次 Bézier 曲线段在端点处的曲率为：

$$\kappa=\frac{n-1}{n}\cdot\frac{h}{a^2}$$

其中，a 为 $\boldsymbol{b}_0,\boldsymbol{b}_1$ 之间的距离，h 是 $\boldsymbol{b}_2$ 到直线 $\boldsymbol{b}_0\boldsymbol{b}_1$ 的距离。若使两个 Bézier 曲线段在连接处几何 C^2 连续，只需 $\dfrac{a_1}{a_2}=\left(\dfrac{h_1}{h_2}\right)^{1/2}$。本书第 6 章会给出几何连续性的更详细介绍。

2.6.3　Bézier 样条曲线

把一段一段 Bézier 曲线段光滑地连接起来，做出的曲线称为 Bézier 样条曲线。在 2.6.1 节中已经讨论过平面 Bézier 曲线合成的条件，现在讨论空间曲线。

给定两条空间 Bézier 曲线 $\boldsymbol{P}_n(t)$ 与 $\boldsymbol{P}_m(s)$，它们特征多边形的边矢分别为 $\boldsymbol{a}_1,\boldsymbol{a}_2,\cdots,\boldsymbol{a}_n$ 与 $\boldsymbol{a}_1^*,\boldsymbol{a}_2^*,\cdots,\boldsymbol{a}_n^*$，并假设 $\boldsymbol{P}_n(t)$ 的终点与 $\boldsymbol{P}_m(s)$ 的起点相同。在连接处达到几何 C^1 连续性的充要条件与平面曲线类似，只要：$\boldsymbol{a}_1^*=\alpha\boldsymbol{a}_n(\alpha>0)$。

如果两条空间 Bézier 曲线 $\boldsymbol{P}_n(t)$ 与 $\boldsymbol{P}_m(s)$ 在连接点处要达到几何 C^2 连续性，就要再满足下列两个条件：

(1) 在连接点处切平面重合，副法线向量方向相同；

(2) 在连接点处曲率相等。

由端点性质可知，$\boldsymbol{P}_n(t)$ 在终点副法线向量为 $\boldsymbol{\gamma}(1)=n^2(n-1)(\boldsymbol{a}_{n-1}\times\boldsymbol{a}_n)$，$\boldsymbol{P}_m(s)$ 在起点的副法线向量为 $\boldsymbol{\gamma}^*(0)=m^2(m-1)(\boldsymbol{a}_1^*\times\boldsymbol{a}_2^*)$。条件 (1) 要求四向量 $\boldsymbol{a}_{n-1},\boldsymbol{a}_n,\boldsymbol{a}_1^*,\boldsymbol{a}_2^*$ 共

面，由于 $\boldsymbol{a}_1^* = \alpha \boldsymbol{a}_n$，有：

$$\boldsymbol{a}_2^* = -\beta \boldsymbol{a}_{n-1} + \eta \boldsymbol{a}_n, \quad \beta > 0, \quad \eta \text{ 任意}$$

求出它们的曲率：

$$\kappa(1) = \frac{|\gamma(1)|}{|\boldsymbol{P}_n'(1)|^3} = \frac{n^2(n-1)|\boldsymbol{a}_{n-1} \times \boldsymbol{a}_n|}{n^3|\boldsymbol{a}_n|^3} = \frac{(n-1)|\boldsymbol{a}_{n-1} \times \boldsymbol{a}_n|}{n|\boldsymbol{a}_n|^3}$$

$$\kappa^*(0) = \frac{|\gamma^*(0)|}{|\boldsymbol{P}_m'(0)|^3} = \frac{m^2(m-1)|\boldsymbol{a}_1^* \times \boldsymbol{a}_2^*|}{m^3|\boldsymbol{a}_1^*|^3} = \frac{(m-1)|\alpha \boldsymbol{a}_n \times (-\beta \boldsymbol{a}_{n-1} + \eta \boldsymbol{a}_n)|}{m\alpha^3|\boldsymbol{a}_n|^3} = \frac{(m-1)\beta|\boldsymbol{a}_{n-1} \times \boldsymbol{a}_n|}{m\alpha^2|\boldsymbol{a}_n|^3}$$

由 $\kappa(1) = \kappa^*(0)$，得到 $\beta = \dfrac{m(n-1)}{n(m-1)}\alpha^2$，它与 $\boldsymbol{a}_1^* = \alpha \boldsymbol{a}_n (\alpha > 0)$ 和 $\boldsymbol{a}_2^* = -\beta \boldsymbol{a}_{n-1} + \eta \boldsymbol{a}_n$（$\beta > 0, \eta$ 任意）一起组成了几何 C^2 连续的充要条件。

2.7 Bézier 曲线的修改、反推顶点插值 Bézier 曲线、升阶公式

2.7.1 Bézier 曲线的修改

对于 Bézier 曲线 $\boldsymbol{P}(t) = \boldsymbol{P}_n(\boldsymbol{b}_0, \boldsymbol{b}_1, \cdots, \boldsymbol{b}_n; t) = \sum_{i=0}^{n} \boldsymbol{b}_i B_i^n$ 的控制顶点 $\boldsymbol{b}_0, \boldsymbol{b}_1, \cdots, \boldsymbol{b}_n$，若将顶点 $\boldsymbol{b}_j$ 沿矢量 $\Delta \boldsymbol{b}_j$ 移动到 $\boldsymbol{b}_j^*$，新的控制顶点 $\boldsymbol{b}_0, \boldsymbol{b}_1, \cdots, \boldsymbol{b}_j^*, \cdots, \boldsymbol{b}_n$ 决定的 Bézier 曲线为：

$$\boldsymbol{Q}(t) = \boldsymbol{P}_n(\boldsymbol{b}_0, \boldsymbol{b}_1, \cdots, \boldsymbol{b}_j^*, \cdots, \boldsymbol{b}_n; t) = \sum_{\substack{i=0 \\ i \neq j}}^{n} \boldsymbol{b}_i B_i^n + \boldsymbol{b}_j^* B_j^n \tag{2.31}$$

由于 $\boldsymbol{b}_j^* = \boldsymbol{b}_j + \Delta \boldsymbol{b}_j$，可以得到 $\boldsymbol{P}(t)$ 与 $\boldsymbol{Q}(t)$ 的关系：

$$\boldsymbol{Q}(t) = \boldsymbol{P}(t) + \Delta \boldsymbol{b}_j B_j^n(t) \tag{2.32}$$

也就是说，改变特征多边形的某个顶点 $\boldsymbol{b}_j$ 为 $\boldsymbol{b}_j^*$，只需要求出原顶点到现顶点的位移矢量 $\Delta \boldsymbol{b}_j$，然后乘上相应的 Bernstein 多项式，再与原曲线相加，就可以得出新的 Bézier 曲线。

2.7.2 反推顶点插值 Bézier 曲线

给定 $n+1$ 个型值点 $\boldsymbol{p}_0, \boldsymbol{p}_1, \cdots, \boldsymbol{p}_n$，求出一条 Bézier 曲线通过这些型值点，这是一个 Bézier 曲线插值问题。解决这个问题的方法是：利用这 $n+1$ 个型值点求出它们的 Bézier 曲线对应的 $n+1$ 控制顶点，这个过程称为反推顶点。

那么如何确定特征多边形的顶点呢？

首先反推顶点的解释不唯一，这是因为同一条 Bézier 曲线可以有不同特征多边形，也就是要 $\boldsymbol{P}_n(t_i)=\boldsymbol{p}_i(i=0,1,\cdots,n)$，中间的 t_i 在 [0,1] 中任意取。一般取 $t_i=\dfrac{i}{n}(i=0,1,\cdots,n)$，这样就有：

$$\boldsymbol{P}_n\left(\frac{i}{n}\right)=\boldsymbol{p}_i,\quad i=0,1,\cdots,n$$

可列出以下方程组：

$$\begin{cases}\displaystyle\sum_{i=0}^{n}\binom{n}{i}\left(1-\frac{j}{n}\right)^{n-i}\left(\frac{j}{n}\right)^{i}\cdot\boldsymbol{b}_i=\boldsymbol{p}_i,\quad i=0,1,\cdots,n-1\\ \boldsymbol{b}_0=\boldsymbol{p}_0\\ \boldsymbol{b}_n=\boldsymbol{p}_n\end{cases}\tag{2.33}$$

通过解方程就可以求得控制顶点。

2.7.3　Bézier 曲线升阶公式与降阶公式

n 次 Bézier 曲线可形式上看作 $n+1$ 次 Bézier 曲线，即

$$\boldsymbol{P}(t)=\sum_{i=0}^{n}B_i^n(t)\boldsymbol{b}_i=\sum_{i=0}^{n+1}B_i^{n+1}(t)\hat{\boldsymbol{b}}_i,\quad \hat{\boldsymbol{b}}_i=\left[\left(1-\frac{i}{n+1}\right)\boldsymbol{b}_i+\frac{i}{n+1}\boldsymbol{b}_i\right],\ \boldsymbol{b}_{-1}=\boldsymbol{b}_{n+1}=0\tag{2.34}$$

换言之，利用升阶算子 $\boldsymbol{A}=\boldsymbol{A}_{n+1}$ 可把曲线（式(2.34)）升阶到 $n+1$ 次，其控制顶点可表示为：

$$\boldsymbol{A}_{n+1}(\boldsymbol{b}_0,\boldsymbol{b}_1,\cdots,\boldsymbol{b}_n)^{\mathrm{T}}=(\hat{\boldsymbol{b}}_0,\hat{\boldsymbol{b}}_1,\cdots,\hat{\boldsymbol{b}}_{n+1})^{\mathrm{T}}\tag{2.35}$$

$$\boldsymbol{A}_{n+1}=\begin{pmatrix}1&0&0&\cdots&0&0\\ \dfrac{1}{n+1}&\dfrac{n}{n+1}&0&\cdots&0&0\\ 0&\dfrac{2}{n+1}&\dfrac{n-1}{n+1}&\cdots&0&0\\ \vdots&\vdots&\vdots&&\vdots&\vdots\\ 0&0&0&\cdots&\dfrac{n}{n+1}&\dfrac{1}{n+1}\\ 0&0&0&\cdots&0&1\end{pmatrix}_{(n+2)\times(n+1)}\tag{2.36}$$

升阶公式(2.34)可由 Bernstein 多项式的升阶公式直接推导出。

降阶是升阶的逆过程。其问题是：一条 n 次 Bézier 曲线能否表示成 $n-1$ 次呢？若取升阶的逆过程为降阶，式(2.35)右边的顶点 $\hat{\boldsymbol{b}}_0,\hat{\boldsymbol{b}}_1,\cdots,\hat{\boldsymbol{b}}_{n+1}$ 就反过来成为降阶前的已知的原顶点，而左端的顶点 $\boldsymbol{b}_0,\boldsymbol{b}_1,\cdots,\boldsymbol{b}_n$ 成为待求的降阶后的新顶点。Watkins 和 Worsey[10]给出了有效简单的 Bézier 曲线降阶方法。

在平面或空间中给定 $n+1$ 个顶点 $\boldsymbol{b}_0,\boldsymbol{b}_1,\cdots,\boldsymbol{b}_n$ 以及 $n+1$ 个实数 $\omega_i(i=0,1,\cdots,n)$，称下列曲线为 n 次有理 Bézier 曲线：

$$\boldsymbol{P}(t)=\frac{\sum_{i=0}^{n}\omega_i B_i^n(t)\boldsymbol{b}_i}{\sum_{i=0}^{n}\omega_i B_i^n(t)},\quad 0\leqslant t\leqslant 1$$

其中，$B_i^n(t)$ 是 Bernstein 基；ω_i 为权因子(weights)，当 $\omega_i=1$ 时，就是本章介绍的 Bézier 曲线，对于 n 次有理 Bézier 曲线在第 3 章中会进一步研究。

2.8　矩形域上的 Bézier 曲面及其几何性质

2.8.1　张量积 Bézier 曲面

当选取矩形参数域 $[0,1]\times[0,1]$ 后，可以采取张量积的方法将 Bézier 曲线推广到 Bézier 曲面[4]。

对于 m 次 Bézier 曲线：

$$\boldsymbol{P}(u)=\sum_{i=0}^{m}B_i^m(u)\boldsymbol{b}_i,\quad 0\leqslant u\leqslant 1$$

定义它的 $m+1$ 个控制顶点分别沿着空间的 $m+1$ 条曲线运动。又假设这 $m+1$ 条曲线都是以 v 为参数的 n 次 Bézier 曲线，如图 2.8(a)所示，即

$$\boldsymbol{b}_i=\sum_{j=0}^{n}B_j^m(v)\boldsymbol{b}_{i,j},\quad 0\leqslant v\leqslant 1 \tag{2.37}$$

将这两个方程组合在一起，就可以得到张量积曲面(图 2.8(b))：

$$\boldsymbol{P}(u,v)=\sum_{i=0}^{m}\sum_{j=0}^{n}B_j^n(v)B_i^m(u)\boldsymbol{b}_{i,j},\quad 0\leqslant u,v\leqslant 1 \tag{2.38}$$

其中，$\boldsymbol{b}_{i,j}(i=0,1,\cdots,m;\ j=0,1,\cdots,n)$ 称为曲面的控制顶点或 Bézier 点，矩阵 $(\boldsymbol{b}_{i,j})_{m\times n}$ 称为网格顶点矩阵或顶点矩阵。

可见张量积 Bézier 曲面就是两组基都是 Bernstein 基的张量积曲面。控制顶点沿 u 向和 v 向分别构成 $m+1$ 个和 $n+1$ 个控制多边形，一起组成曲面的控制网格，也称 Bézier 网格，由式(2.38)表示的张量积 Bézier 曲面被称为 $m\times n$ 次的。

与 Bézier 曲线类似，张量积 Bézier 曲面也可以写成矩阵形式：

$$\boldsymbol{P}(u,v)=\left[B_0^m(u),B_1^m(u),\cdots,B_m^m(u)\right]\begin{bmatrix}\boldsymbol{b}_{0,0} & \cdots & \boldsymbol{b}_{0,n}\\ \vdots & & \vdots\\ \boldsymbol{b}_{m,0} & \cdots & \boldsymbol{b}_{m,n}\end{bmatrix}\begin{bmatrix}B_0^n(v)\\ \vdots\\ B_n^n(v)\end{bmatrix},\quad 0\leqslant u,v\leqslant 1 \tag{2.39}$$

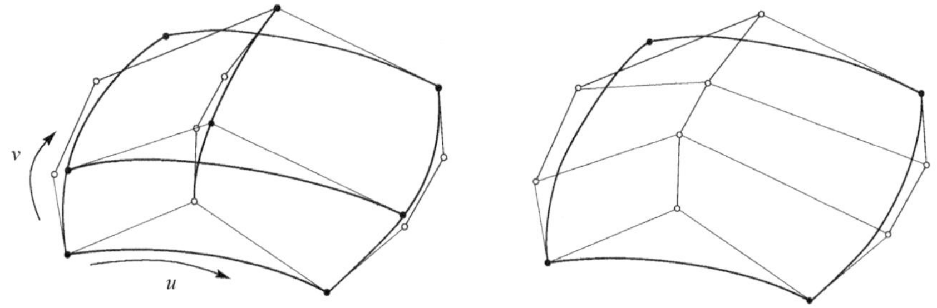

(a) 曲面的生成　　(b) 曲面的控制网格

图 2.8　张量积 Bézier 曲面（$m=2,n=3$）

根据幂基与 Bernstein 基的关系，式(2.39)也可改写为用幂基表示：

$$P(u,v)=\left[1,u,\cdots,u^m\right](b_{ij}^F)_{(m+1)\times(m+1)}\begin{bmatrix} \boldsymbol{b}_{0,0} & \cdots & \boldsymbol{b}_{0,n} \\ \vdots & & \vdots \\ \boldsymbol{b}_{m,0} & \cdots & \boldsymbol{b}_{m,n} \end{bmatrix}(b_{ij}^F)_{(n+1)\times(n+1)}\begin{bmatrix} 1 \\ \vdots \\ v^n \end{bmatrix},\quad 0\leqslant u,v\leqslant 1 \tag{2.40}$$

2.8.2　de Casteljau 算法

与 Bézier 曲线可由一系列线性插值定义一样，Bézier 曲面也可由一系列线性插值定义。Bézier 曲面也可用 de Casteljau 算法求出曲面上一点。

给定呈拓扑矩形阵列的控制顶点 $\boldsymbol{b}_{i,j}(i=0,1,\cdots,m;\ j=0,1,\cdots,n)$ 和一对参数值 (u,v)，则

$$\boldsymbol{P}(u,v)=\sum_{i=0}^{m}\sum_{j=0}^{n}\boldsymbol{b}_{i,j}B_j^n(v)B_i^m(u),\quad 0\leqslant u,v\leqslant 1 \tag{2.41}$$

其中：

$$\boldsymbol{b}_{i,j}^{k,l}=\begin{cases} \boldsymbol{b}_{i,j}, & k=l=0 \\ (1-u)\boldsymbol{b}_{i,j}^{k-1,0}+u\boldsymbol{b}_{i+1,j}^{k-1,0}, & k=1,2,\cdots,m;l=0 \\ (1-v)\boldsymbol{b}_{0,j}^{m,l-1}+v\boldsymbol{b}_{0,j+1}^{m,l-1}, & k=m;l=1,2,\cdots,n \end{cases} \tag{2.42}$$

或者：

$$\boldsymbol{b}_{i,j}^{k,l}=\begin{cases} \boldsymbol{b}_{i,j}, & k=l=0 \\ (1-u)\boldsymbol{b}_{i,j}^{0,l-1}+u\boldsymbol{b}_{i,j+1}^{0,l-1}, & k=0;l=1,2,\cdots,n \\ (1-v)\boldsymbol{b}_{i,0}^{k-1,n}+v\boldsymbol{b}_{i+1,0}^{k-1,n}, & k=1,2,\cdots,m;l=n \end{cases} \tag{2.43}$$

式(2.42)与式(2.43)就是 de Casteljau 算法的递推公式，给出了确定 Bézier 曲面的两种不同方案。当按照式(2.42)执行时，首先以 u 参数值对控制网格沿 u 向的 $n+1$ 个多

边形执行曲线的 de Casteljau 算法，m 级递推后，得到沿 v 向由 $n+1$ 个顶点 $\boldsymbol{b}_{0,j}^{m,0}(j=0,1,\cdots,n)$ 构成的中间多边形；再以 v 参数值对它执行曲线的 de Casteljau 算法，n 级递推后，得到一个点 $\boldsymbol{b}_{0,0}^{m,n}$，即为所求曲面上的一点 $\boldsymbol{P}(u,v)$。当按照式(2.43)执行时，首先以 v 参数值对控制网格沿 v 向的 $m+1$ 个多边形执行曲线的 de Casteljau 算法，n 级递推后，得到沿 u 向由 $m+1$ 个顶点 $\boldsymbol{b}_{i,0}^{0,n}(i=0,1,\cdots,m)$ 构成的中间多边形；再以 u 参数值对它执行曲线的 de Casteljau 算法，m 级递推后，得到一个点 $\boldsymbol{b}_{0,0}^{m,n}$，即为所求曲面上的一点 $\boldsymbol{P}(u,v)$。这两种方案所得结果完全相同。

2.8.3 Bézier 曲面的性质

Bézier 曲面具有与 Bézier 曲线类似的诸多性质。

(1) 控制网格的 4 个角点正好是 Bézier 曲面的 4 个角点，即

$$\boldsymbol{P}(0,0)=\boldsymbol{b}_{0,0},\quad \boldsymbol{P}(1,0)=\boldsymbol{b}_{m,0},\quad \boldsymbol{P}(0,1)=\boldsymbol{b}_{0,n},\quad \boldsymbol{P}(1,1)=\boldsymbol{b}_{m,n}$$

(2) 控制网格最外一圈顶点定义 Bézier 曲面的 4 条边界；Bézier 曲面边界的切矢只与定义该边界的顶点及其相邻一排顶点有关；其二阶导矢只与定义该边界的顶点及其相邻两排顶点有关。

(3) 对称性。

(4) 凸包性。

(5) 几何不变性与仿射不变性。

2.8.4 Bézier 曲面的偏导矢与法矢

2.4.2 节介绍了 Bézier 曲线的导矢，本节将 Bézier 曲线的导矢推广到 Bézier 曲面的偏导矢。

Bézier 曲面的单向偏导矢为：

$$\frac{\partial^k}{\partial u^k}\boldsymbol{P}(u,v)=\frac{m!}{(m-k)!}\sum_{j=0}^{n}\sum_{i=0}^{m-k}\Delta^{k,0}\boldsymbol{b}_{i,j}B_i^{m-k}(u)B_j^n(v) \tag{2.44}$$

$$\frac{\partial^l}{\partial v^l}\boldsymbol{P}(u,v)=\frac{m!}{(n-l)!}\sum_{i=0}^{m}\sum_{j=0}^{n-l}\Delta^{0,l}\boldsymbol{b}_{i,j}B_i^{m}(u)B_j^{n-l}(v) \tag{2.45}$$

其中，向前差分矢量的递推定义为：

$$\begin{cases}\Delta^{1,0}\boldsymbol{b}_{i,j}=\boldsymbol{b}_{i+1,j}-\boldsymbol{b}_{i,j}\\ \Delta^{k,0}\boldsymbol{b}_{i,j}=\boldsymbol{b}_{i+1,j}^{k-1,0}-\boldsymbol{b}_{i,j}^{k-1,0}\end{cases} \tag{2.46}$$

$$\begin{cases}\Delta^{0,1}\boldsymbol{b}_{i,j}=\boldsymbol{b}_{i,j+1}-\boldsymbol{b}_{i,j}\\ \Delta^{0,l}\boldsymbol{b}_{i,j}=\boldsymbol{b}_{i,j+1}^{0,l-1}-\boldsymbol{b}_{i,j}^{0,l-1}\end{cases} \tag{2.47}$$

Bézier 曲面的混合偏导矢为：

$$\frac{\partial^{k+l}}{\partial u^k \partial v^l}\boldsymbol{P}(u,v)=\frac{m!n!}{(m-k)!(n-l)!}\sum_{j=0}^{n-l}\sum_{i=0}^{m-k}\Delta^{k,l}\boldsymbol{b}_{i,j}B_i^{m-k}(u)B_j^{n-l}(v) \tag{2.48}$$

其中：

$$\Delta^{k,l}\boldsymbol{b}_{i,j}=\begin{cases}\Delta^{k-1,l}\boldsymbol{b}_{i+1,j}-\Delta^{k-1,l}\boldsymbol{b}_{i+1,j}\\ \Delta^{k,l-1}\boldsymbol{b}_{i,j+1}-\Delta^{k,l-1}\boldsymbol{b}_{i,j}\end{cases}$$

与 Bézier 曲线的速端曲线类似，Bézier 曲面的单向偏导矢公式(式(2.44)和式(2.45))与混合偏导矢(式(2.48))均可分别表示为$(m-k)\times n$、$m\times(n-l)$与$(m-k)\times(n-l)$次 Bézier 曲面的位置矢量，将其乘以适当的因子，就得到作为相对矢量的偏导矢。分别对式(2.44)、式(2.45)与式(2.48)的等号右端项中给出的那些较低次的 Bézier 曲面应用 Bézier 曲面的 de Casteljau 算法，可以得到 Bézier 曲面的偏导矢计算公式：

$$\frac{\partial^k}{\partial u^k}\boldsymbol{P}(u,v)=\frac{m!}{(m-k)!}\Delta^{k,0}\boldsymbol{b}_{0,0}^{m-k,n} \tag{2.49}$$

$$\frac{\partial^l}{\partial v^l}\boldsymbol{P}(u,v)=\frac{n!}{(n-l)!}\Delta^{0,l}\boldsymbol{b}_{0,0}^{m,n-l} \tag{2.50}$$

$$\frac{\partial^{k+l}}{\partial u^k \partial v^l}\boldsymbol{P}(u,v)=\frac{m!n!}{(m-k)!(n-l)!}\Delta^{k,k}\boldsymbol{b}_{0,0}^{m-k,n-l} \tag{2.51}$$

曲面片在一点处的两等参数线的切矢决定了曲面片在该点的法矢：

$$\boldsymbol{n}(u,v)=\frac{\boldsymbol{p}_u(u,v)\times\boldsymbol{p}_v(u,v)}{\left|\boldsymbol{p}_u(u,v)\times\boldsymbol{p}_v(u,v)\right|} \tag{2.52}$$

由 Bézier 曲面的性质知道 4 个角点的两个边界切矢仅与该网格点在两个方向的一阶差分有关，所以角点的法矢可以简单给出，如 $\boldsymbol{n}(0,0)=\dfrac{\Delta^{1,0}\boldsymbol{b}_{0,0}\times\Delta^{0,1}\boldsymbol{b}_{0,0}}{\left|\Delta^{1,0}\boldsymbol{b}_{0,0}\times\Delta^{0,1}\boldsymbol{b}_{0,0}\right|}$。

2.8.5　Bézier 曲面的分割、升阶与降阶

用等参数线对 Bézier 曲面进行的分割是 Bézier 曲线分割的推广。本节将介绍两种方案对 Bézier 曲面进行分割。

方案一：给定一对参数值(u^*,v^*)，意味着给定在 uv 参数平面上单位正方形域中 $u=u^*$ 与 $v=v^*$ 两条直线，它们到 Bézier 曲面的映射得到两条等参数线，应用 de Casteljau 算法于 Bézier 曲面，求出曲面上一点 $\boldsymbol{P}(u^*,v^*)=\boldsymbol{b}_{0,0}^{m,n}$，过该点的两条等参数线把曲面一分为四，它们的 Bézier 点可同时得出。

方案二：首先用其中一个参数值如 u 对控制网格沿 u 向的 $n+1$ 排顶点分别进行一分为二的分割，原始控制网格顶点沿 v 向就从原来 $m+1$ 排变成 $2m+1$ 排；再对这 $2m+1$ 排顶点分别进行一分为二的分割；最后得到沿 u 向 $2m+1$ 排、沿 v 向 $2n+1$ 排的控制网格顶点 $\boldsymbol{b}_{i,j}^{*}(i=0,1,\cdots,2m;j=0,1,\cdots,2n)$，其中 $\boldsymbol{b}_{m,j}^{*}(j=0,1,\cdots,2n)$ 与 $\boldsymbol{b}_{i,n}^{*}(i=0,1,\cdots,2m)$ 为定义四块子曲面片的公共边界的控制顶点。其余网格顶点被划分成四部分，连同公共边界的有关部分控制顶点，分别就是定义四块子曲面片的控制网格顶点。这种方案对 Bézier 曲面进行分割所得结果与方案一所得结果是一样的。

Bézier 曲面的升阶同样也是 Bézier 曲线的升阶的推广。假设要对 Bézier 曲面 $\boldsymbol{P}(u,v)=\sum_{i=0}^{m}\sum_{j=0}^{n}B_j^n(v)B_i^m(u)\boldsymbol{b}_{i,j}(0\leqslant u,v\leqslant 1)$ 进行 u 向升阶，也就是要把 $m\times n$ 次 Bézier 曲面改写为 $(m+1)\times n$ 次，则有：

$$\boldsymbol{P}(u,v)=\sum_{j=0}^{n}\left[\sum_{i=0}^{m+1}\boldsymbol{b}_{i,j}^{*}B_i^{m+1}(u)\right]B_j^n(v) \tag{2.53}$$

其中，$\boldsymbol{b}_{i,j}^{*}$ 就是升阶之后的控制顶点，$\sum_{i=0}^{m+1}\boldsymbol{b}_{i,j}^{*}B_i^{m+1}(u)$ 就是单参数 Bézier 曲线 $\sum_{i=0}^{m}\boldsymbol{b}_{i,j}B_i^m(u)$ 的升阶。升阶后的 Bézier 点可由下式给出：

$$\boldsymbol{b}_{-1,j}=\boldsymbol{b}_{n+1,j}=0,\quad \boldsymbol{b}_{i,j}^{*}=\left(1-\frac{i}{m+1}\right)\boldsymbol{b}_{i,j}+\frac{i}{m+1}\boldsymbol{b}_{i,j-1},\quad i=0,1,\cdots,m+1;j=0,1,\cdots,n \tag{2.54}$$

沿 v 向升阶，把 $m\times n$ 次 Bézier 曲面改写为 $m\times(n+1)$ 次的，可以用同样的方法进行。如果既沿 u 向又沿 v 向升阶，则可以先 u 向再沿 v 向或者先 v 向再沿 u 向进行。

$$\boldsymbol{b}_{i,j}^{*}=\begin{bmatrix}\dfrac{i}{m+1} & 1-\dfrac{i}{m+1}\end{bmatrix}\begin{bmatrix}\boldsymbol{b}_{i-1,j-1} & \boldsymbol{b}_{i-1,j}\\ \boldsymbol{b}_{i,j-1} & \boldsymbol{b}_{i,j}\end{bmatrix}\begin{bmatrix}\dfrac{j}{n+1}\\ 1-\dfrac{j}{n+1}\end{bmatrix},\quad i=0,1,\cdots,m+1;j=0,1,\cdots,n+1$$

其中，$\boldsymbol{b}_{-1,j}=\boldsymbol{b}_{m+1,j}=\boldsymbol{b}_{i,-1}=\boldsymbol{b}_{i,n+1}=0$。

与 Bézier 曲线类似，Bézier 曲面降阶也是升阶的逆过程。将式(2.54)求得的控制点作为已知点，求出原始 Bézier 点，这里就不再详细阐述了。

本章主要介绍在矩形域上的 Bézier 曲面，对于三角域 Bézier 曲面读者可参考本书的第 7 章。

参 考 文 献

[1] Bézier P E. Mathematical and practical possibilities of UNISURF//Barnhill R E, Riesenfeld R F. Computer Aided Geometric Design. New York: Academic Press, 1974: 127-152.

[2] Forrest A R. Interactive interpolation and approximation by Bézier polynomials. The Computer Journal, 1972, 15(1): 71-79.

[3] 王国瑾, 汪国昭, 郑建民. 计算机辅助几何设计. 北京: 高等教育出版社, 2001.

[4] 施法中. 计算机辅助几何设计与非均匀有理 B 样条. 2 版. 北京: 高等教育出版社, 2013.

[5] 关履泰, 罗笑南, 黎罗罗, 等. 计算机辅助几何图形设计. 北京: 高等教育出版社, 1999.

[6] Lorentz G G. Bernstein Polynomials. 2nd ed. New York: AMS Chelsea Publishing, 1986.

[7] Davis P J. Interpolation and Approximation. New York : Dover Publications, 1975.

[8] Farin G E, Hansford D. The essentials of CAGD. Mathematical Gazette, 2000, 27(1):86-100.

[9] Ferguson J. Multivariable curve interpolation. Journal of Association for Computing Machinery, 1964, 11(2): 221-228.

[10] Watkins M A, Worsey A. Degree reduction for Bézier curves. Computer-Aided Design, 1988, 20(8): 499-502.

第 3 章　有理 Bézier 曲线曲面

有理 Bézier 方法早在 B 样条方法出现之前就已经引起了人们的注意，这是出于工程实际中精确表示二次曲线曲面的需要[1]。前面介绍的 Bézier 方法不能精确地表示除抛物线面外的二次曲线曲面，而是只能给出近似表示。但在工程实际中，机械零件中的圆柱面、圆锥面、圆环面比比皆是。这些形状在设计中都由图纸准确无误地给出，在制造上往往又有较高的精度要求。有理 Bézier 方法先在二次曲线弧的有理二次 Bézier 表示及有理二次 Bézier 曲线性质的研究上取得突破，进而扩展到有理三次以至有理 n 次 Bézier 曲线和推广到有理 Bézier 曲面[2]。

3.1　有理 Bézier 曲线定义

有理 Bézier 曲线的有理分式表示为：

$$\boldsymbol{p}(u)=\frac{\sum_{i=0}^{n}\omega_i\boldsymbol{b}_iB_{i,n}(u)}{\sum_{i=0}^{n}\omega_iB_{i,n}(u)},\quad 0\leqslant u\leqslant 1 \tag{3.1}$$

其中，$B_{i,n}(u)(i=0,1,\cdots,n)$ 为 Bernstein 基函数；$\boldsymbol{b}_i(i=0,1,\cdots,n)$ 为控制多边形顶点；$\omega_i(i=0,1,\cdots,n)$ 为与控制多边形顶点对应的权因子。

式(3.1)中，如果所有权因子等于 1，根据 Bernstein 基函数的权性，方程中分母就等于 1，则转化为非有理 n 次 Bézier 曲线。如果某些权因子是负的，则将可能发生奇异情况，这在工程中是不希望出现的。为此，所有权因子取为非负值。在这种情况下，有理 Bézier 曲线就保持了非有理 Bézier 曲线的所有性质：端点插值、对称性、凸包性质、变差缩减性质、仿射不变性等。

3.2　有理一次 Bézier 曲线

有理一次 Bézier 曲线的有理分式表示为：

$$\boldsymbol{p}(u)=\frac{\sum_{i=0}^{1}\omega_i\boldsymbol{b}_iB_{i,1}(u)}{\sum_{i=0}^{1}\omega_iB_{i,1}(u)}=\frac{\omega_0\boldsymbol{b}_0(1-u)+\omega_1\boldsymbol{b}_1u}{\omega_0(1-u)+\omega_1u},\quad 0\leqslant u\leqslant 1 \tag{3.2}$$

其中，一次 Bernstein 基函数为：

$$B_{0,1}(u)=1-u,\quad B_{1,1}(u)=u \tag{3.3}$$

从式(3.2)较难看出表示的是一条怎样形状的曲线，如果做有理线性参数变换：

$$t=\frac{\omega_1 u}{\omega_0(1-u)+\omega_1 u},\quad 0\leqslant u\leqslant 1 \tag{3.4}$$

则方程(3.2)可改写为：

$$\boldsymbol{p}(t)=(1-t)\boldsymbol{b}_0+t\boldsymbol{b}_1,\quad 0\leqslant t\leqslant 1 \tag{3.5}$$

上式表示一条连接首末顶点 $\boldsymbol{b}_0$ 与 $\boldsymbol{b}_1$ 的非有理一次 Bézier 曲线。从曲线参数化表达形状上看，有理一次 Bézier 曲线与非有理一次 Bézier 曲线是相同的。

3.3　二次曲线弧的有理 Bézier 表示

3.3.1　二次曲线的隐式方程表示

二次曲线是平面曲线，在解析几何里可以用隐函数：

$$S=S(x,y)=Ax^2+2Bxy+Cy^2+2Dx+2Ey+F=0 \tag{3.6}$$

表示。但是在实际工程应用中，采用隐式方程显然是不方便的。

1944 年，Liming[3]首先改进式(3.6)使其几何意义鲜明，以适合于工程的应用。他以 λ 为族参数的二次隐式方程：

$$(1-\lambda)S_1(x,y)+\lambda S_2(x,y)=(1-\lambda)S_1+\lambda S_2=0 \tag{3.7}$$

表示通过二次曲线 $S_1(x,y)=0,\ S_2(x,y)=0$ 交点的二次曲线束，λ 值由交点坐标决定，$\lambda=0$ 和 $\lambda=1$ 分别为 $S_1=0$ 和 $S_2=0$ 。再令 $l=l(x,y)=0$ 为直线方程，则 $(1-\lambda)l_1l_2+\lambda l_3l_4=0$ 表示通过直线对 (l_1,l_2) 与 (l_3,l_4) 两两相交的四个交点的二次曲线束。这是因为直线对可看作退化的圆锥曲线。

3.3.2　二次曲线弧的有理 Bézier 形式

由于二次曲线弧是整体解析的单一曲线弧，我们试着把它表示为有理二次 Bézier 曲线。

Faux 与 Pratt[4]首先通过非有理二次 Bézier 曲线的 de Casteljau 算法向有理形式推广，导出了二次曲线弧的有理 Bézier 形式[5]。

显然，有理二次 Bézier 曲线的隐式方程包含 6 个系数，只有 5 个是独立的，因此隐含 5 个独立条件。

由三顶点 $\boldsymbol{b}_0,\boldsymbol{b}_1,\boldsymbol{b}_2$ 与 $\boldsymbol{p}$ 四点共面条件，二次曲线弧的 Bézier 可以写出如下的线性组合：

$$\boldsymbol{p}=\boldsymbol{b}_1+\alpha(\boldsymbol{b}_0-\boldsymbol{b}_1)+\beta(\boldsymbol{b}_2-\boldsymbol{b}_1) \tag{3.8}$$

其中，α 与 β 可看成以 $\boldsymbol{b}_1$ 为原点及 $\boldsymbol{b}_0-\boldsymbol{b}_1,\boldsymbol{b}_2-\boldsymbol{b}_1$ 为两坐标轴矢量的斜坐标系中 $\boldsymbol{p}$ 点的两个坐标。

上式又可改写为：

$$\boldsymbol{p}=\alpha\boldsymbol{b}_0+(1-\alpha-\beta)\boldsymbol{b}_1+\beta\boldsymbol{b}_2$$

设 $\triangle\boldsymbol{b}_0\boldsymbol{b}_1\boldsymbol{b}_2$ 的面积 $S_{\triangle\boldsymbol{b}_0\boldsymbol{b}_1\boldsymbol{b}_2}=1$，则 $\boldsymbol{p}$ 点与 $\boldsymbol{b}_0,\boldsymbol{b}_1,\boldsymbol{b}_2$ 三顶点连线把该三角形分成 3 个子三角形(图 3.1)的面积分别为：

$$S_{\triangle\boldsymbol{p}\boldsymbol{b}_0\boldsymbol{b}_1}=\beta,\quad S_{\triangle\boldsymbol{p}\boldsymbol{b}_1\boldsymbol{b}_2}=\alpha\ ,\quad S_{\triangle\boldsymbol{p}\boldsymbol{b}_2\boldsymbol{b}_0}=1-\alpha-\beta$$

其中，α、β、$1-\alpha-\beta$ 为 $\boldsymbol{p}$ 点的面积坐标或重心坐标。

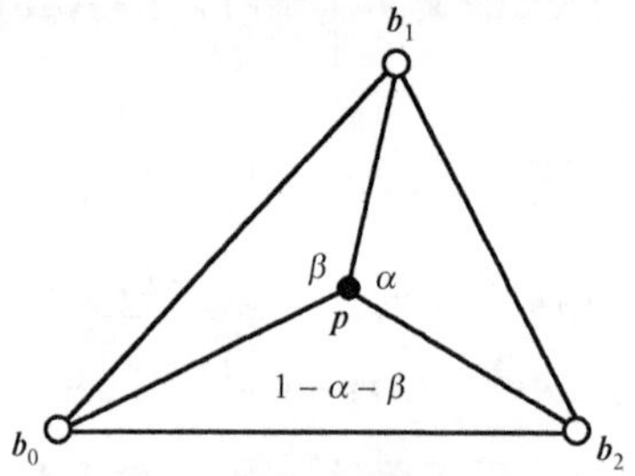

图 3.1 $\boldsymbol{p}$ 点的重心坐标

可以导出下面有理二次 Bézier 曲线表示形式：

$$\boldsymbol{p}=\boldsymbol{p}(u)=\frac{(1-u)^2\omega_0\boldsymbol{b}_0+2u(1-u)\omega_1\boldsymbol{b}_1+u^2\omega_2\boldsymbol{b}_2}{(1-u)^2\omega_0+2u(1-u)\omega_1+u^2\omega_2},\quad 0\leqslant u\leqslant 1 \tag{3.9}$$

其中，$\boldsymbol{b}_0,\boldsymbol{b}_1,\boldsymbol{b}_2$ 正是三控制顶点，$\omega_0,\omega_1,\omega_2$ 为相对应的三个权因子。

3.3.3 有理二次 Bézier 曲线的递推定义

将方程(3.9)右端的分子分母同除以 $u(1-u)\omega_1$，并令

$$g_1=\frac{(1-u)\omega_0}{u\omega_1},\quad g_2=\frac{u\omega_2}{(1-u)\omega_1}$$

此时方程(3.9)可以改写为：

$$\boldsymbol{p}(u)=\frac{g_1\boldsymbol{b}_0+2\boldsymbol{b}_1+g_2\boldsymbol{b}_2}{g_1+2+g_2} \tag{3.10}$$

若将 g_1 代入有理一次 Bézier 曲线方程(3.2)，则前两控制顶点 $\boldsymbol{b}_0,\boldsymbol{b}_1$ 与权因子 ω_0,ω_1 定义的有理一次 Bézier 曲线 $\boldsymbol{b}_0^1(u)$ 可表示为：

$$\boldsymbol{b}_0^1(u) = \frac{g_1\boldsymbol{b}_0 + \boldsymbol{b}_1}{g_1 + 1} \tag{3.11}$$

它表示前两控制顶点 $\boldsymbol{b}_0, \boldsymbol{b}_1$ 与权因子 ω_0, ω_1 定义的有理一次 Bézier 曲线，即控制多边形的前一条边。同理，后两控制顶点 $\boldsymbol{b}_1, \boldsymbol{b}_2$ 与权因子 ω_1, ω_2 定义的有理一次 Bézier 曲线 $\boldsymbol{b}_1^1(u)$ 可表示为：

$$\boldsymbol{b}_1^1(u) = \frac{\boldsymbol{b}_1 + g_2\boldsymbol{b}_2}{g_2 + 1} \tag{3.12}$$

它们分别表示了控制二边形的两条边。此时，有理二次 Bézier 曲线可改写为：

$$\boldsymbol{p}(u) = \boldsymbol{b}_0^2(u) = \frac{(g_1 + 1)\boldsymbol{b}_0^1(u) + (1 + g_2)\boldsymbol{b}_1^1(u)}{g_1 + 2 + g_2} \tag{3.13}$$

可以见到，当 u 从 0 变化到 1 时，式(3.11)和式(3.12)分别表示了控制二边形的前后两条边，它们都以有理一次 Bézier 曲线形式给出。式(3.13)表明，有理二次 Bézier 曲线可由两条有理一次 Bézier 曲线递推生成，前者可以表示为后者的线性组合。此时，式(3.11)～式(3.13)给出了有理二次 Bézier 曲线的递推定义。

3.3.4　有理二次 Bézier 曲线的形状分类

对于标准型有理二次 Bézier 曲线，我们令首末权因子 $\omega_0 = \omega_2 = 1$，则内权因子 ω_1 是唯一可变的权因子。此时可以根据内权因子 ω_1 的取值来判别有理二次 Bézier 曲线的形状类别：

$$\omega_1 \begin{cases} \to +\infty, & \text{退化的二次曲线} \\ \in (1, \infty), & \text{双曲线弧} \\ = 1, & \text{抛物线弧} \\ \in (0, 1), & \text{椭圆弧} \\ = 0, & \text{连接}b_0\text{与}b_2\text{两点的直线段} \\ \in (-\infty, 0), & \text{凸包三角形外的补弧} \end{cases}$$

对于标准型，ω_1 在取值范围 $\omega_1 \in (-1, +\infty)$ 内，曲线方程(3.9)的右端分母恒为正，表示在首末顶点之间一段连续的曲线弧。这一范围的曲线弧正是在工程实际中应用的二次曲线弧。若将 ω_1 取为上述范围以外的负权因子，则有理二次 Bézier 曲线将出现奇异的情况。

对于非标准型的有理二次 Bézier 曲线，可以先转换成标准型，再按以上准则判别类型。也可以根据形状不变因子 $k = \dfrac{\omega_0\omega_2}{(\omega_1)^2}$ 的取值范围进行类型划分，因 $\omega_0, \omega_2 > 0$，所以 k 恒正。其形状分类如下：

$$k\begin{cases}=0, & 一对直线段即\overline{b_0b_1}与\overline{b_1b_2}，极限为内顶点b_1\\ \in(0,1), & 双曲线弧\\ =1, & 抛物线弧\\ \in(1,+\infty), & 椭圆弧\\ \to+\infty, & 连接b_0与b_2两点的直线段\end{cases}$$

而在工程上：

$$\rho=\frac{\omega_1}{1+\omega_1}$$

被称为形状因子，又称 ρ 因子。工程上也常用 ρ 值来判别二次曲线弧的类型：

$$\rho\begin{cases}\in(1,\infty), & 凸包三角形外的双曲线弧\\ =1, & 一对直线段即\overline{b_0b_1}与\overline{b_1b_2}\\ \in(1/2,1), & 双曲线弧\\ =1/2, & 抛物线弧\\ \in(0,1/2), & 椭圆弧(-\rho/(1-2\rho)的补弧)\\ =0, & 连接b_0与b_2两点的直线段\\ \in(-\infty,0), & 凸包外的椭圆弧\end{cases}$$

当曲线位于凸包 $\triangle\boldsymbol{b}_0\boldsymbol{b}_1\boldsymbol{b}_2$ 以内时，ρ 值的大小表示了曲线弧的丰满度，为工程实践中常用类型。反之，已知 ρ 因子，也可求出标准型下的内权因子 $\omega_1=\dfrac{\rho}{1-\rho}$，于是二次曲线弧的有理 Bézier 形式也可写成为

$$\boldsymbol{p}(u)=\boldsymbol{H}\left\{\begin{bmatrix}1 & u & u^2\end{bmatrix}\begin{bmatrix}1 & & \\ -2 & 2 & \\ 1 & -2 & 1\end{bmatrix}\begin{bmatrix}\boldsymbol{b}_0 & 1\\ \dfrac{\rho}{1-\rho}\boldsymbol{b}_1 & \dfrac{\rho}{1-\rho}\\ \boldsymbol{b}_2 & 1\end{bmatrix}\right\},\quad 0\leqslant u\leqslant 1$$

其中，$\boldsymbol{H}[\ ]$ 是三维欧氏空间的齐次坐标到二维欧氏空间的中心投影变换。用有理分式表示时，其分母是 $\omega(u)=\dfrac{1}{1-p}[(1-p)+2(2p-1)u+2(1-2p)u^2]$。

3.4　有理三次 Bézier 曲线

有理二次 Bézier 曲线能精确表示平面二次曲线弧，而有理三次 Bézier 曲线则在二次曲线的基础上，由平面推广到三维空间上，可以是平面的，可以有拐点，也可以是空间的，因此除了可以用它来描述三次抛物线，还可描述扭曲的三次曲线。Forrest[6]首先采用独立参数化的方法，来构造有理三次 Bézier 曲线。

同有理二次 Bézier 曲线类似，有理三次 Bézier 曲线可以用有理分式表示为：

$$p(u)=\frac{1}{\omega(u)}[(1-u)^3\omega_0 b_0+3u(1-u)^2\omega_1 b_1+3u^2(1-u)\omega_2 b_2+u^3\omega_3 b_3],\quad 0\leqslant u\leqslant 1 \tag{3.14}$$

其中：

$$\omega(u)=(1-u)^3\omega_0+3u(1-u)^2\omega_1+3u^2(1-u)\omega_2+u^3\omega_3 \tag{3.15}$$

Forrest 首先指出方程中 16 个定义数据中只有 14 个是独立的。一旦 14 个数据给定，曲线参数化就完全确定，即曲线形状及曲线上的点与定义域内的点的对应关系就完全确定。这意味着，四控制顶点给定后，在 4 个权因子中就只有两个是独立的。

现讨论方程(3.14)等号右边分母 $\omega(u)$ 即式(3.15)无限趋向于零的情况。

对于标准型有理三次 Bézier 曲线，式(3.15)可改写为

$$\begin{aligned}\omega(u)&=(1-u)^3\omega_0+\frac{2\sigma}{1-\sigma-\tau}u(1-u)^2+\frac{2\tau}{1-\sigma-\tau}u^2(1-u)+u^3\\&=1+\frac{5\sigma+3\tau-3}{1-\sigma-\tau}u+\frac{3-7\sigma-\tau}{1-\sigma-\tau}u^2+\frac{2(\sigma-\tau)}{1-\sigma-\tau}u^3\end{aligned}$$

此时，有：

$$\begin{cases}\sigma=\dfrac{3\omega_1}{2+3(\omega_1+\omega_2)}\\ \tau=\dfrac{3\omega_2}{2+3(\omega_1+\omega_2)}\end{cases}$$

令上式为零，可得三次方程的判别式：

$$D=\frac{[3-4(\sigma+\tau)]^2-[3+2(\sigma+\tau)]^2(\sigma-\tau)^2+[27-(\sigma-\tau)^2](\sigma-\tau)^2}{1728(\sigma-\tau)}$$

由此可以确定渐近方向的性质[7]。

若 $D=0$，则有两个相重的渐近方向，是三次双曲抛物线。

若 $D>0$，则有一个不位于 $u\in[0,1]$ 内的实渐近方向，是三次椭圆[8]。

若 $D<0$，则有三个渐近方向，是三次双曲线。

3.5　有理 n 次 Bézier 曲线

有理 n 次 Bézier 曲线方程用有理分式写为：

$$p(u) = \frac{\sum_{i=0}^{n} \omega_i \boldsymbol{b}_i B_{i,n}(u)}{\sum_{i=0}^{n} \omega_i B_{i,n}(u)}, \quad 0 \leqslant u \leqslant 1 \tag{3.16}$$

其中，$i = 0,1,\cdots,n$。它是非有理 Bézier 曲线在 $\omega = 1$ 超平面上的投影，如果所有权因子等于 1，方程中分母就等于 1，就得到非有理 n 次 Bézier 曲线。如果存在权因子为负，则可能发生奇异情况，那是在工程实践中所不希望出现的。因此，取所有权因子为非负值，且使首末权因子 $\omega_0, \omega_n > 0$。在这种情况下，有理 Bézier 曲线就保留了非有理 Bézier 曲线的所有性质：端点插值、对称性、凸包性质、变差减少性质、仿射不变性等。

3.5.1 有理 de Casteljau 算法

由于有理 Bézier 曲线在投影前是带权控制顶点定义的非有理 Bézier 曲线，因此非有理 Bézier 曲线的 de Casteljau 算法可直接推广到有理 Bézier 曲线上，最后取其在 $\omega = 1$ 超平面上的投影即得所求[9]。

Farin 在上述算法的基础上，把生成的中间带权控制顶点投影到 $\omega = 1$ 超平面上，这给出了有理 de Casteljau 算法：

$$\boldsymbol{p}(u) = \frac{\sum_{i=0}^{n-k} \omega_i^k \boldsymbol{b}_i^k B_{i,n-k}(u)}{\sum_{i=0}^{n-k} \omega_i^k B_{i,n-k}(u)} = \cdots = \boldsymbol{b}_0^n$$

其中，权因子与控制顶点分别表示为：

$$\omega_i^k = \begin{cases} \omega_i, & k = 0 \\ (1-u)\omega_i^{k-1} + u\omega_{i+1}^{k-1}, & k = 1,2,\cdots,n; i = 0,1,\cdots,n-k \end{cases} \tag{3.17}$$

$$\boldsymbol{b}_i^k = \begin{cases} \boldsymbol{b}_i, & k = 0 \\ (1-u)\dfrac{\omega_i^{k-1}}{\omega_i^k}\boldsymbol{b}_i^{k-1} + u\dfrac{\omega_{i+1}^{k-1}}{\omega_i^k}\boldsymbol{b}_{i+1}^{k-1}, & k = 1,2,\cdots,n; i = 0,1,\cdots,n-k \end{cases} \tag{3.18}$$

此时控制顶点可导出为：

$$\boldsymbol{b}_i^k = \frac{\sum_{j=0}^{k} \omega_{i+j} \boldsymbol{b}_{i+j} B_{j,k}(u)}{\sum_{j=0}^{k} \omega_{i+j} B_{j,k}(u)}, \quad i = 0,1,\cdots,k$$

由于权因子非负，则递推所得的控制顶点 $\boldsymbol{b}_i^k (i = 0,1,2,\cdots,k)$ 都位于原来控制顶点

$\boldsymbol{b}_i(i=0,1,\cdots,n)$ 的凸包内，因此保证了数值稳定性。

3.5.2　有理 *n* 次 Bézier 曲线的权因子变换与参数变换

把有理二次 Bézier 曲线的权因子变换与参数变换推广到如方程(3.16)表示的有理 n 次 Bézier 曲线。则权因子 $\omega_i(i=0,1,\cdots,n)$ 也相应被改变成为新的权因子 $\bar{\omega}_i(i=0,1,\cdots,n)$。这里，我们应用参数变换，令：

$$u=u(\bar{u})=\frac{\bar{u}}{\lambda(1-\bar{u})+\bar{u}} \tag{3.19}$$

代入 n 次 Bernstein 基函数 $B_{i,n}(u)=C_n^i u^i(1-u)^{n-i}$，可得新的参数 $\bar{u}$ 为：

$$B_{i,n}(u)=\frac{\lambda^{n-i}}{[\lambda(1-\bar{u})+\bar{u}]^n}B_{i,n}(\bar{u})$$

相应原来的有理 n 次 Bézier 曲线方程(3.16)表示为：

$$\boldsymbol{p}(u)=\frac{\sum_{i=0}^{n}\lambda^{n-i}\omega_i\boldsymbol{b}_iB_{i,n}(\bar{u})}{\sum_{i=0}^{n}\lambda^{n-i}\omega_iB_{i,n}(\bar{u})},\quad 0\leqslant\bar{u}\leqslant 1$$

此时，我们令上式右端分子分母同时乘以 $\dfrac{\bar{\omega}_n}{\bar{\omega}_n}$，于是上面方程中的权因子 ω_i 可替换为新的权因子 $\bar{\omega}_i$。

$$\boldsymbol{p}(\bar{u})=\frac{\sum_{i=0}^{n}\bar{\omega}_i\boldsymbol{b}_iB_{i,n}(\bar{u})}{\sum_{i=0}^{n}\bar{\omega}_iB_{i,n}(\bar{u})},\quad 0\leqslant\bar{u}\leqslant 1 \tag{3.20}$$

其中：

$$\bar{\omega}_i=\frac{\bar{\omega}_n}{\omega_n}\lambda^{n-i}\omega_i,\quad i=0,1,\cdots,n \tag{3.21}$$

取 i=0，可得：

$$\lambda=\sqrt[n]{\frac{\omega_n\bar{\omega}_0}{\omega_0\bar{\omega}_n}} \tag{3.22}$$

代入式(3.19)，可得：

$$u = u(\bar{u}) = \frac{\bar{u}}{\sqrt[n]{\frac{\omega_n \bar{\omega}_0}{\omega_0 \bar{\omega}_n}(1-\bar{u}) + \bar{u}}} \tag{3.23}$$

由上式可知，与权因子变换相联系的参数变换只与首末权因子之比有关，与内权因子无关。

3.6 有理 Bézier 曲面

将有理 Bézier 曲线(式(3.16))推广到曲面，得到有理 Bézier 曲面方程：

$$\boldsymbol{p}(u,v) = \frac{\sum_{i=0}^{m}\sum_{j=0}^{n} \omega_{ij} \boldsymbol{b}_{ij} B_{i,m}(u) B_{j,n}(v)}{\sum_{i=0}^{m}\sum_{j=0}^{n} \omega_{ij} B_{i,m}(u) B_{j,n}(v)}, \quad 0 \leqslant u,v \leqslant 1 \tag{3.24}$$

其中，控制顶点 $\boldsymbol{b}_{ij}(i=0,1,\cdots,m; j=0,1,\cdots,n)$ 呈拓扑矩形阵列，形成一个控制网格；ω_{ij} 是与顶点 $\boldsymbol{b}_{ij}$ 联系的权因子，规定四角顶点处用正权因子即 $\omega_{00},\omega_{m0},\omega_{0n},\omega_{mn}>0$，其余 $\omega_{ij} \geqslant 0$； $B_{i,m}(u)(i=0,1,\cdots,m)$ 和 $B_{j,n}(u)(j=0,1,\cdots,n)$ 分别为 u 向 m 次和 v 向 n 次的 Bernstein 基函数。相应所定义的曲面在 u 向是有理 m 次的，在 v 向是有理 n 次的。四角顶点处用正权因子即 $\omega_{00},\omega_{m0},\omega_{0n},\omega_{mn}>0$，就使有理 Bézier 曲面保留了非有理 Bézier 曲面的所有性质：端点插值、对称性、凸包性质、变差减少性质、仿射不变性等。特殊地，若所有权因子等于 1 或所有权因子都相等，则所定义的曲面就是非有理 Bézier 曲面。

双一次有理 Bézier 曲面是最简单的有理 Bézier 曲面。四个控制顶点不变，生成的曲面形状总是与非有理的双一次 Bézier 曲面即双线性曲面相同。差别仅在于曲面上点与定义域内点的映射关系不同。对于后者定义域内均匀分布的点(未绘出)映射到曲面上仍是均匀分布的。对于前者则不然，定义域内均匀分布的点映射到曲面上则是不均匀分布的。

有理 Bézier 曲线上的点与导矢的计算都可推广到有理 Bézier 曲面。利用张量积曲面的性质，有理 Bézier 曲面上点与偏导矢的计算可化解为一系列有理 Bézier 曲线上的点与导矢的计算。同样的，有理 Bézier 曲线的基本几何算法可推广到有理 Bézier 曲面。这些计算与算法都将统一到第 5 章 NURBS 曲线曲面的相应算法中，这里不另介绍。

参 考 文 献

[1] 施法中. 计算机辅助几何设计与非均匀有理 B 样条. 2 版. 北京: 高等教育出版社, 2013.

[2] 王国瑾, 汪国昭, 郑建民. 计算机辅助几何设计. 北京: 高等教育出版社, 2001.

[3] Liming R. Practical Analytical Geometry with Applications to Aircraft. London: Macmillan, 1944.

[4] Faux I D, Pratt M J. Computational Geometry for Design and Manufacture. Chichester: Ellis Horwood Limited, 1981.

[5] 施法中. 从二次曲线到有理二次 Bézier 曲线的转换. 工程图学学报, 1989, 9(2): 8-16.

[6] Forrest A R. The twisted cubic curve: A computer aided geometric design approach. Computer-Aided Design, 1980, 12(4): 165-172.

[7] Rowin M S. Conic, cubic and T-conic segments. Seattle: The Boeing Company, 1964.

[8] 范劲松. 用三次 NURBS 表示圆弧与整圆的算法研究. 计算机辅助设计与图形学学报, 1997, 9(5): 391-395.

[9] Farin G. Curvature continuity and offsets for piecewise conics. ACM Transactions on Graphics, 1989, 8(2):89-99.

第 4 章　B 样条曲线曲面

第 2 章中展示了 Bézier 曲线的许多优点，但 Bézier 曲线也存在一些缺点[1-5]。

(1) 为了满足大量的约束条件，需要很高的次数，例如，要让多项式 Bézier 曲线通过 n 个数据点，需要 $n-1$ 次。然而，高次曲线处理效率低，数值不稳定。

(2) Bézier 曲线通过控制顶点来塑形，但不具有局部修改性。

为克服 Bézier 曲线的缺点，Schoenberg 提出了 B 样条方法，且能保留 Bézier 方法的优点[6-10]。目前，B 样条方法已成为关于工业产品几何定义国际标准的有理 B 样条方法的基础。只有在熟练掌握 B 样条方法原理与算法的基础上才能进一步学习有理 B 样条方法。

4.1　B 样条基函数

B 样条曲线是由 B 样条基函数和特征顶点线性组合而确定的。B 样条基函数有多种定义方法，如 de Boor-Cox 递推定义、截幂函数的差商定义、磨光法定义等，下面只介绍最容易理解的 de Boor-Cox 递推定义。

4.1.1　B 样条基函数的递推定义

定义 4.1　给定参数 u 轴的一个分割 $\boldsymbol{U}:\{u_i\}_{i=-\infty}^{+\infty}, u_i \leqslant u_{i+1}, i=0,\pm1,\cdots$，构造 B 样条基函数：

$$
\begin{cases}
N_{i,0}(u)=\begin{cases}1, & u\in[u_i,u_{i+1})\\ 0, & \text{其他}\end{cases}\\
N_{i,k}(u)=\dfrac{u-u_i}{u_{i+k}-u_i}N_{i,k-1}(u)+\dfrac{u_{i+k+1}-u}{u_{i+k+1}-u_{i+1}}N_{i+1,k-1}(u), \quad k\geqslant 2\\
\text{规定}\dfrac{0}{0}=0
\end{cases}
\tag{4.1}
$$

其中，$\boldsymbol{U}$ 称为节点序列或节点向量；u_i 称为节点(knot)，且若 $u_{j-1}<u_j=u_{j+1}=\cdots=u_{j+l-1}<u_{j+l}$，则称 $u_j,u_{j+1},\cdots,u_{j+l-1}$ 为 $\boldsymbol{U}$ 的 l 重节点。B 样条基函数 $N_{i,k}(u)$ 的第一个下标 i 表示序号，第二个下标 k 表示次数。该递推公式表明，欲确定第 i 个 k 次 B 样条基 $N_{i,k}(u)$，需要用到 $u_i,u_{i+1},\cdots,u_{i+k+1}$ 共 $k+2$ 个节点。称区间 $[u_i,u_{i+k+1}]$ 为 $N_{i,k}(u)$ 的支承区间，也就是说 $N_{i,k}(u)$ 仅在这个区间内的值不为零。

4.1.2　B 样条基函数的递推过程

1. 零次(一阶)B 样条

当 $k=0$ 时，由式(4.1)可直接得到零次 B 样条，即式(4.1)的第一式：

$$N_{i,0}(u)=\begin{cases}1, & u\in[u_i,u_{i+1})\\ 0, & \text{其他}\end{cases} \tag{4.2}$$

零次(一阶)B 样条形状如平台，故又称平台函数。

2. 一次(二阶)B 样条

由式(4.2)的 $N_{i,0}(u)$ “移位”，可得：

$$N_{i+1,0}(u)=\begin{cases}1, & u\in[u_{i+1},u_{i+2})\\ 0, & \text{其他}\end{cases}$$

当 $k=1$ 时，将两个零次 B 样条 $N_{i+1,0}(u)$ 和 $N_{i,0}(u)$ 代入递推公式(4.1)，有：

$$N_{i,1}(u)=\begin{cases}\dfrac{u-u_i}{u_{i+1}-u_i}, & u\in[u_i,u_{i+1})\\ \dfrac{u_{i+2}-u}{u_{i+2}-u_{i+1}}, & u\in[u_{i+1},u_{i+2}]\\ 0, & \text{其他}\end{cases} \tag{4.3}$$

一次(二阶)B 样条形状如山形，故又称山型函数。

同理，可由两个零次 B 样条 $N_{i+1,0}(u)$ 和 $N_{i+2,0}(u)$ 递推得到下一个一次 B 样条 $N_{i+1,1}(u)$：

$$N_{i+1,1}(u)=\begin{cases}\dfrac{u-u_{i+1}}{u_{i+2}-u_{i+1}}, & u\in[u_{i+1},u_{i+2})\\ \dfrac{u_{i+3}-u}{u_{i+3}-u_{i+2}}, & u\in[u_{i+2},u_{i+3}]\\ 0, & \text{其他}\end{cases}$$

3. 二次(三阶)B 样条

由两个一次 B 样条 $N_{i+1,1}(u)$ 和 $N_{i,1}(u)$ 递推得到二次 B 样条 $N_{i,2}(u)$：

$$N_{i,2}(u)=\begin{cases}\dfrac{u-u_i}{u_{i+2}-u_i}\cdot\dfrac{u-u_i}{u_{i+1}-u_i}, & u\in[u_i,u_{i+1})\\ \dfrac{u-u_i}{u_{i+2}-u_i}\cdot\dfrac{u_{i+2}-u}{u_{i+2}-u_{i+1}}+\dfrac{u_{i+3}-u}{u_{i+3}-u_{i+1}}\cdot\dfrac{u-u_{i+1}}{u_{i+2}-u_{i+1}}, & u\in[u_{i+1},u_{i+2}]\\ \dfrac{(u_{i+3}-u)^2}{(u_{i+3}-u_{i+1})(u_{i+3}-u_{i+2})}, & u\in[u_{i+2},u_{i+3}]\\ 0, & \text{其他}\end{cases}\tag{4.4}$$

同理，平移一个节点后可得到下一个二次 B 样条基函数，以此类推，下面不再赘述。

递推公式表明 k 次 B 样条 $N_{i,k}(u)$ 可由两个 $k-1$ 次 B 样条 $N_{i,k-1}(u)$ 与 $N_{i+1,k-1}(u)$ 递推得到。在重节点的情况下，递推公式右端线性组合系数可能出现分子分母都为零的情况，这时按规定该系数取为零。

由 de Boor-Cox 递推定义可知，只要知道零次 B 样条基函数，即可得到任意次的 B 样条基函数。它不仅适合于等距节点，也适合于非等距节点。

4.1.3　B 样条基函数的性质

性质 4.1　递推性。

由递推公式(4.1)可以明了。

性质 4.2　正性与局部支承性。

$$N_{i,k}(u)\begin{cases}\geqslant 0, & u\in[u_i,u_{i+k+1}]\\ =0, & u\notin[u_i,u_{i+k+1}]\end{cases}\tag{4.5}$$

局部支承性表明 B 样条基函数 $N_{i,k}(u)$ 是定义在整个参数轴 u 上，但仅在支承区间 $[u_i,u_{i+k+1}]$ 上有正值，在这个区间外均为零。B 样条基函数 $N_{i,k}(u)$ 由其支承区间内的所有节点决定。

性质 4.3　规范性。

$$\sum_{i=r-(k-1)}^{s-1}N_{i,k}(u)\equiv\sum_{i=-\infty}^{+\infty}N_{i,k}(u)\equiv 1,\quad u\in(u_r,u_s),\quad s>r\tag{4.6}$$

性质 4.4　可微性。

在节点区间内它是无限次可微的，在节点处它是 $k-r$ 次可微的，即 C^{k-r} 的，这里 r 是节点重复度。

4.2　B 样条曲线

4.2.1　B 样条曲线的定义

定义 4.2　假设 $\{\boldsymbol{d}_i\}_{i=0}^{n} \in \mathbf{R}^3$，$N_{i,k}(u)$ 是相应于参数 u 轴上不均匀分割 $\boldsymbol{U}=\{u_j\}_{j=-\infty}^{+\infty}$ 的 k 次（$k+1$阶）B 样条基函数，则称：

$$\boldsymbol{p}(u)=\sum_{i=0}^{n}\boldsymbol{d}_i N_{i,k}(u),\quad u_k \leqslant u \leqslant u_{n+1},\quad n \geqslant k \tag{4.7}$$

为相应于节点向量 $\boldsymbol{U}$ 的 k 次（$k+1$阶）非均匀(Non-uniform)B 样条曲线，称 $\boldsymbol{d}_i$ 为控制顶点，称 $\boldsymbol{d}_0,\boldsymbol{d}_1,\cdots,\boldsymbol{d}_n$ 为控制多边形。

4.2.2　B 样条曲线的性质

性质 4.5　局部调整性。

根据 B 样条基函数的局部支承性，改动一个控制顶点 $\boldsymbol{d}_i(1\leqslant i\leqslant n)$，曲线(式(4.7))上仅有点 $\boldsymbol{d}_i$ 参加控制的那 l 段 $(l \leqslant k)$ 曲线（其参数$u\in[u_i,u_{i+k})$）的形状发生变化。反之，曲线上每点 $\boldsymbol{p}(u)$（$u\in[u_j,u_{j+1})$）仅与 k 个控制顶点 $\boldsymbol{p}_{j-k+1},\boldsymbol{p}_{j-k+2},\cdots,\boldsymbol{p}_j$ 有关。这有利于交互设计。

性质 4.6　可微性或参数连续性。

在定义域内，节点具有最高重复度为 r 的 k 次 B 样条基函数是 $k-r$ 次可微的，即是 C^{k-r} 的，则由其所定义的 k 次 B 样条曲线也是 C^{k-r} 的(或具有 $k-r$ 阶参数连续性)。准确地说，k 次 B 样条曲线在其定义域内的非零节点区间内或在每一曲线段内部是无限次可微的，即 C^{∞} 的(或具有无穷阶参数连续性)；在定义域内重复度为 r 的节点处则是 $k-r$ 次可微的，即 C^{k-r} 的(或具有 $k-r$ 阶参数连续性)。因此，B 样条曲线简单地解决了 Bézier 方法在描述复杂形状时遇到的连接问题。

性质 4.7　表示唯一性。

以 $\{\boldsymbol{d}_i\}_{i=1}^{n}$ 为控制顶点的 k 次（$k+1$阶）B 样条曲线可唯一地表示为式(4.7)，即若：

$$\boldsymbol{p}(u)=\sum_{i=0}^{n}\boldsymbol{d}_i N_{i,k}(u)=\sum_{i=0}^{n}\boldsymbol{q}_i N_{i,k}(u),\quad u_k \leqslant u \leqslant u_{n+1}$$

则必有 $\boldsymbol{d}_i=\boldsymbol{q}_i$，$i=0,1,\cdots,n$。

推论 4.1　B 样条基函数 $\{N_{i,k}(u)\}_{i=0}^{n}$ 线性无关。

性质 4.8　凸包性。

B 样条曲线的凸包是定义各曲线段的控制顶点的凸包的并集。凸包性质导致：顺序 $k+1$ 个顶点重合时，由该 $k+1$ 个顶点定义的 k 次 B 样条曲线段退化到这一重合点；顺序 $k+1$ 个顶点共线时，由该 $k+1$ 个顶点定义的 k 次 B 样条曲线段为一直线段。

性质 4.9　变差减少性质(variation-diminishing properties，VD)。

VD 性质与凸包性质都保证顶点重新生成直线。特别地，当出现有 $k+1$ 个顶点相重时，所定义的那一曲线段就退化为那个重合点，而前后邻段又因 $k+1$ 个顶点共线形成两直线段，从而在退化点处形成尖角，如图 4.1 所示[11]。这一现象的出现与参数连续性并不矛盾。因曲线出现退化点，已非正则曲线。已知在非正则点处切矢消失，参数连续性与曲线的光滑度可能出现不一致。用参数连续性来度量曲线段间连接的光滑度是不客观的，所以不提倡采用重顶点方法构造尖角。

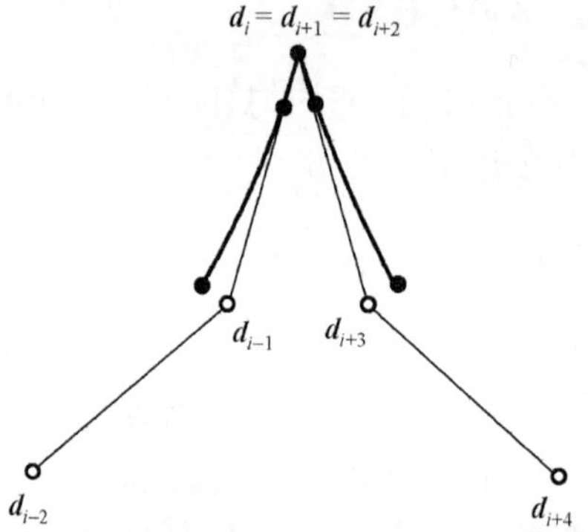

图 4.1　B 样条曲线由重顶点形成尖角($k=3$)

性质 4.10　几何不变性和仿射不变性。

B 样条曲线(式(4.7))的形状和位置与坐标系的选择无关；曲线做仿射变换，只需把其控制多边形做此仿射变换。

4.2.3　B 样条曲线的分类

B 样条曲线按定义基函数的节点序列是否等距(均匀)分为均匀 B 样条曲线与非均匀 B 样条曲线。根据节点矢量中节点的分布情况，可划分为如下 4 种类型。

(1) 均匀 B 样条曲线(uniform B-spline curve)。

节点矢量中节点为沿参数轴均匀或等距分布，所有节点区间长度 $\Delta_i = u_{i+1} - u_i =$ 常数 >0 $(i=0,1,\cdots,n+k)$。这样的节点矢量定义了均匀 B 样条基。

(2) 准均匀 B 样条曲线(quasi-uniform B-spline curve)。

其节点矢量中两端节点具有重复 $k+1$，即 $u_0 = u_1 = \cdots = u_k, u_{n+1} = u_{n+2} = \cdots = u_{n+k+1}$，而所有内节点均匀分布，具有重复度 1。

(3) 分段 Bézier 曲线(piecewise Bézier curve)。

其节点矢量中两端节点重复度与类型(2)相同，为 $k+1$。所不同的是，所有内节点重复度为 k。选用该类型有个限制条件，控制顶点数减 1 必须等于次数的正整数倍，即 $n/k=$ 正整数。这样的节点矢量定义了分段 Bernstein 基。

(4)一般非均匀 B 样条曲线(general non-uniform B-spline curve)。

在这种类型里，任意分布的节点矢量 $\boldsymbol{U}=[u_0,u_1,\cdots,u_{n+k+1}]$，只要在数学上成立(其中节点序列非递减，两端节点重复度 $\leqslant k+1$，内节点重复度 $\leqslant k$)，就都可选取。这样的节点矢量定义了一般非均匀 B 样条基。可见，前三种类型都可作为特例被包括在这种类型里。对于开曲线包括非周期闭曲线，通常为使其具有同次 Bézier 曲线的端点几何性质，两端节点取成重复度 $k+1$。

均匀、准均匀和非均匀三种类型早就存在，STEP 标准支持把分段 Bézier 曲线作为一种特殊类型。1991 年 Vergeest[12]介绍了 STEP 标准关于 B 样条曲线的上述类型划分。下面将重点介绍非均匀 B 样条曲线。

4.3 非均匀 B 样条曲线

定义一条 k 次非均匀 B 样条曲线，除需要给定控制顶点 $\boldsymbol{d}_i$ $(i=0,1,\cdots,n)$，还必须确定它的节点矢量 $\boldsymbol{U}=[u_0,u_1,\cdots,u_{n+k+1}]$ 中具体的节点值。

为使非均匀 B 样条曲线具有同次 Bézier 曲线的端点几何性质，建议将两端节点取重复度 $k+1$，便于人们对曲线在端点的行为有较好的控制。且通常将曲线的定义域取为规范参数域，即使 $u\in[u_k,u_{n+1}]=[0,1]$。于是，$u_0=u_1=\cdots=u_k=0$，$u_{n+1}=u_{n+2}=\cdots=u_{n+k+1}=1$，剩下的只需要确定 $u_{k+1},u_{k+2},\cdots,u_n$ 的内节点值，共有 $n-k$ 个。

4.3.1 计算节点矢量

1. Riesenfeld 算法

Riesenfeld 算法[13](算法 4.1)把控制多边形近似看作样条曲线的外接多边形，并使曲线的分段连接点与控制多边形的顶点或边对应起来，然后使其展直，并规范化，得到节点矢量的参数序列。下面将以偶次 B 样条和奇次 B 样条两种情况展开。

令控制多边形的各边长依次为 $l_i=\left|\boldsymbol{d}_i-\boldsymbol{d}_{i-1}\right|(i=1,2,\cdots,n)$，总的边长为 $L=\sum\limits_{i=1}^{n}l_i$。节点矢量分别确定如下。

1)偶次 B 样条曲线的节点矢量

曲线的 $n-k$ 个分段连接点对应于控制多边形上除两端各 $k/2$ 条边外其余 $n-k$ 条边的中点。计算时，将各边展直作为参数轴，以各分段连接点对应边的中点作为中间节点，将其规范化后构成节点矢量。

二次 B 样条曲线的节点矢量为：

$$U = \left[0,0,0,\frac{l_1+\frac{l_2}{2}}{L},\frac{l_1+l_2+\frac{l_3}{2}}{L},\cdots,\frac{l_1+l_2+\cdots+l_{n-2}+\frac{l_{n-1}}{2}}{L},1,1,1\right]$$

四次 B 样条曲线的节点矢量为：

$$U = \left[0,0,0,0,0,\frac{l_1+l_2+\frac{l_3}{2}}{L},\frac{l_1+l_2+l_3+\frac{l_4}{2}}{L},\cdots,\frac{l_1+l_2+\cdots+l_{n-3}+\frac{l_{n-2}}{2}}{L},1,1,1,1,1\right]$$

类推地，可知高偶次（k 次）B 样条曲线的节点矢量为：

$$U = \left[\underbrace{0,0,\cdots,0}_{k+1个},\frac{\sum_{i=1}^{k/2} l_i+\frac{l_{k/2+1}}{2}}{L},\frac{\sum_{i=1}^{k/2+1} l_i+\frac{l_{k/2+2}}{2}}{L},\cdots,\frac{\sum_{i=1}^{n-k/2-1} l_i+\frac{l_{n-k/2}}{2}}{L},\underbrace{1,1,\cdots,1}_{k+1个}\right] \tag{4.8}$$

2) 奇次 B 样条曲线的节点矢量

曲线的 $n-k$ 个分段连接点对应于控制多边形上除两端各 $(k+1)/2$ 条边外其余 $n-k$ 条边的中点。计算时，将各边展直作为参数轴，以各分段连接点对应边的中点作为中间节点，将其规范化后构成节点矢量。

三次 B 样条曲线的节点矢量为：

$$U = \left[0,0,0,0,\frac{l_1+l_2}{L},\frac{l_1+l_2+l_3}{L},\cdots,\frac{l_1+l_2+\cdots+l_{n-2}}{L},1,1,1,1\right]$$

五次 B 样条曲线的节点矢量为：

$$U = \left[0,0,0,0,0,0,\frac{l_1+l_2+l_3}{L},\frac{l_1+l_2+l_3+l_4}{L},\cdots,\frac{l_1+l_2+\cdots+l_{n-3}}{L},1,1,1,1,1,1\right]$$

类推地，可知高奇次（k 次）B 样条曲线的节点矢量为：

$$U = \left[\underbrace{0,0,\cdots,0}_{k+1个},\frac{\sum_{i=1}^{(k+1)/2} l_i}{L},\frac{\sum_{i=1}^{(k+1)/2+1} l_i}{L},\cdots,\frac{\sum_{i=1}^{n-(k+1)/2} l_i}{L},\underbrace{1,1,\cdots,1}_{k+1个}\right] \tag{4.9}$$

2. Hartley-Judd 算法

1978 年，Hartley 和 Judd[14]注意到 k 次 B 样条曲线要插值一个顶点，无论采用重节点还是重顶点，都必须是 k 重的。而 Riesenfeld 算法中认为：相邻分段连接点的参数值之差与相邻顶点间的距离成正比，这与实际有相当的出入。一个明显的替代是采用相应控制多边形顺序 k 条边的和，然后再予以规范化。Hartley-Judd 算法(算法 4.2)定义域内节点区间长度按如下公式计算：

$$u_i - u_{i-1} = \frac{\sum_{j=i-k}^{i-1} l_j}{\sum_{i=k+1}^{n+1} l_i \sum_{j=i-k}^{i-1} l_j}, \quad i = k+1, k+2, \cdots, n+1 \tag{4.10}$$

其中，l_j 为控制多边形的边长，$l_j = |\boldsymbol{d}_i - \boldsymbol{d}_{i-1}|, j = 1,2,\cdots,n$，于是得到节点值：

$$\begin{cases} u_k = 0 \\ u_i = \sum_{j=k+1}^{i} (u_j - u_{j-1}), \quad i = k+1, k+2, \cdots, n \\ u_{n+1} = 1 \end{cases} \tag{4.11}$$

Hartley-Judd 算法与曲线次数的奇偶性无关，可采用统一的计算公式。该方法的合理性在于利用了 B 样条曲线的局部性质：构成 k 条边的 $k+1$ 个顶点定义相应的 B 样条曲线段，其他顶点对该曲线段没有影响，不予考虑。相比于只考虑和控制多边形上个别点的对应关系的 Riesenfeld 算法，该方法更显得合理。

4.3.2　B 样条曲线求值和求导的 de Boor 算法

k 阶 B 样条曲线(式(4.7))的求值与求导是 CAGD 中的基本运算。基于式(4.7)，de Boor 递归地把它转化为低阶 B 样条曲线的求值。

把参数 u 固定在区间 $[u_j, u_{j+1})$，$k \leqslant j \leqslant n+1$，则 k 阶 B 样条曲线的求值(算法 4.3)公式为：

$$\begin{cases} \boldsymbol{p}(u) = \sum_{i=0}^{n} \boldsymbol{d}_i N_{i,k}(u) = \sum_{i=j-k+l}^{j} \boldsymbol{d}_i^l N_{i,k}(u) = \cdots = \boldsymbol{d}_i^k, \ u_j \leqslant u < u_{j+1} \\ \boldsymbol{d}_i^l = \begin{cases} \boldsymbol{d}_i, & l = 0 \\ (1-\alpha_i^l)\boldsymbol{d}_{i-1}^{l-1} + \alpha_i^l \boldsymbol{d}_i^{l-1}, & i = j-k+l, j-k+l+1, \cdots, j; l = 1,2,\cdots,k \end{cases} \\ \alpha_i^l = \dfrac{u - u_i}{u_{i+k-l-1} - u_i} \\ \text{规定} \dfrac{0}{0} = 0 \end{cases} \tag{4.12}$$

该算法表明，其几何意义是从控制多边形 $\boldsymbol{d}_{j-k+1}\boldsymbol{d}_{j-k+2}\cdots\boldsymbol{d}_j$ 开始进行 $k-1$ 层割角，如第 1 层割角是用线段 $\boldsymbol{d}_i^1(u)\boldsymbol{d}_{i+1}^1(u)$ 割去角 $\boldsymbol{d}_i^0$（$i = 1,2,\cdots$）。第 r 层割角是用线段 $\boldsymbol{d}_i^r(u)\boldsymbol{d}_{i+1}^r(u)$ 割去角 $\boldsymbol{d}_i^0$（$r = 1,2,\cdots,k-1$; $i = j-k+r+1, j-k+r+2, \cdots, j-1$）。割角系数(内分边长的

比例数）不仅与求值参数u有关，且与节点值有关，最后得到的割角点$\boldsymbol{d}_j^{k-1}(u)$就是所求的$\boldsymbol{p}(u)$，由此可得出点$\boldsymbol{p}(u)$的几何作图法，这个割角过程比 Bézier 曲线 de Casteljau 求值的割角过程复杂。但因是割角算法，计算仍是简单、稳定的。k阶 B 样条曲线的l $(l<k-1)$阶求导（算法 4.4）公式为：

$$\begin{cases} \boldsymbol{p}^{(l)}(u)=\dfrac{\mathrm{d}^l}{\mathrm{d}u^l}\displaystyle\sum_{i=0}^{n}\boldsymbol{d}_iN_{i,k}(u)=\sum_{i=j-k}^{j-l}\boldsymbol{d}_i^{(l)}N_{i,k-l}(u),\ u_j\leqslant u<u_{j+1} \\ \boldsymbol{d}_j^{(l)}=\begin{cases}\boldsymbol{d}_i, & l=0 \\ (k-l+1)\dfrac{(\boldsymbol{d}_{j+1}^{l-1}-\boldsymbol{d}_j^{l-1})}{u_{j+k+1}-u_{j+l}}, & j=i-k,i-k+1,\cdots,i-l;l=1,2,\cdots,r\end{cases}\end{cases} \tag{4.13}$$

算法 4.4 表明，k阶 B 样条曲线（式(4.7)）的$l(l<k-1)$阶求导可简化为$k-l$阶曲线的求值，较好地降低了基函数的次数。基函数次数越低，其非零区域就越小，计算也就越简单。同时此算法避免了直接求导，确保计算的稳定性和精度。

4.4 B 样条插值曲线的反算

在 CAGD 实践过程中，经常遇到要求构造插值曲线与插值曲面，以用于曲线曲面的形状表示。对于形状设计，B 样条插值方案也有其实际意义。通过大致给定位于曲线上的一些点，反算出 B 样条曲线的控制顶点，作为曲线设计的初始控制顶点，要比直接给出不位于曲线上的控制顶点，显然更符合设计员的意愿，也容易给出。将反算插值曲线的 B 样条控制顶点称为 B 样条曲线的逆过程或逆问题。

4.4.1 三次 B 样条插值曲线节点矢量的确定

在实际构造 B 样条插值曲线时，高次插值开曲线将带来更多的难以给出边界条件等问题及实际工程问题，实践中广泛采用C^2连续的三次 B 样条曲线：

$$\boldsymbol{p}(u)=\sum_{j=0}^{n}\boldsymbol{d}_jN_{j,3}(u)=\sum_{j=i-3}^{i}\boldsymbol{d}_jN_{j,3}(u),\ \ u\in[u_i,u_{i+1}]\subset[u_3,u_{n+1}];i=3,4,\cdots,n+1 \tag{4.14}$$

作为插值曲线。

给定$n+1$个数据点$\boldsymbol{p}_i(i=0,1,\cdots,n)$，像正算一样，该三次 B 样条插值曲线同样由$n+1$个控制顶点$\boldsymbol{d}_i(i=0,1,\cdots,n)$和节点矢量$[u_0,u_1,\cdots,u_{n+4}]$定义。反算过程一般使曲线的首末端点分别作为首末数据点，把内数据点依次作为样条曲线的分段连接点，从而与定义域内节点一一对应。上述三次 B 样条插值曲线包含$n-2$段和$n-3$个分段连接点，加上首末数据点，应有$n-1$个数据点$\boldsymbol{p}_i(i=0,1,\cdots,n-2)$，比控制顶点数少两个。数据点$\boldsymbol{p}_i$有节点值$\tilde{u}_i$ $(i=0,1,\cdots,n-2)$。对于三次 B 样条插值开曲线，若要求插值端点，使其具有 Bézier 曲线那样的端点性质，就应取四重节点端点的固支条件。取规范定义域，于是有：

$$u_0 = u_1 = u_2 = u_3 = 0, \quad u_{n+1} = u_{n+2} = u_{n+3} = u_{n+4} = 1$$

接下来是用规范积累弦长参数化或向心参数化方法确定定义域的内节点值。使从 u_3 起的定义域内节点值 $u_{3+i}(i=0,1,\cdots,n-2)$，依次等于数据点 $\boldsymbol{p}_i(i=0,1,\cdots,n-2)$ 的参数值，即 $u_{3+i}=\tilde{u}_i\ (i=0,1,\cdots,n-2)$。

Piegl 和 Tiller[10]推荐下列平均技术(the averaging technique，AVG)：

$$\begin{cases} u_0 = u_1 = \cdots = u_k = 0 \\ u_{k+j} = \dfrac{1}{k}\displaystyle\sum_{i=j}^{j+k-1} \tilde{u}_i, \quad j = 1,2,\cdots,n-k \\ u_{n+1} = u_{n+2} = \cdots = u_{n+k+1} = 1 \end{cases}$$

这个技术适用于任意次数 k。采用该技术，节点反映了数据点参数值 $\tilde{u}_i$ 的分布。进而将平均技术与弦长参数化或向心参数化方法结合计算参数值 $\tilde{u}_i$，导致一个方程组的系数矩阵是全正的和带状的具有半带宽小于 k。因此，它能由没有主元的高斯消元法求解。

特殊地，若给出的数据点数 $n-1 \leqslant 4$，即仅有 2,3,4 个数据点，且又未给出边界条件要求时，可不采用一般的三次 B 样条曲线作为插值曲线，而采用特殊的 B 样条曲线即 Bézier 曲线作为插值曲线，依次相应得到一次 Bézier 曲线(直线段)、二次 Bézier 曲线(抛物线段)、三次 Bézier 曲线。

4.4.2　反算三次 B 样条插值曲线的控制顶点

将曲线定义域 $u \in [u_i, u_{i+1}] \subset [u_3, u_{n+1}]$ 内的节点值依次代入式(4.14)，应满足下列插值条件：

$$\begin{cases} \boldsymbol{p}(u_i) = \displaystyle\sum_{j=i-3}^{i-1} \boldsymbol{d}_j N_{j,3}(u_i) = \boldsymbol{p}_{i-3}, \quad i = 3,4,\cdots,n \\ \boldsymbol{p}(u_{n+1}) = \displaystyle\sum_{j=n-2}^{n} \boldsymbol{d}_j N_{j,3}(u_{n+1}) = \boldsymbol{p}_{n-2} \end{cases} \tag{4.15}$$

上式共含有 $n-1$ 个方程与 $n+1$ 个未知控制顶点。对于 C^2 连续的三次 B 样条闭曲线，因具有周期性，首末数据点相重，即 $\boldsymbol{p}_0 = \boldsymbol{p}_{n-2}$，不计重复，则方程数减少一个，剩余 $n-2$ 个方程。$n+1$ 个控制顶点中，首末三个依次相重，即 $\boldsymbol{d}_{n-2} = \boldsymbol{d}_0$，$\boldsymbol{d}_{n-1} = \boldsymbol{d}_1, \boldsymbol{d}_n = \boldsymbol{d}_2$，则未知控制顶点减少 3 个，剩余 $n-2$ 个未知数。因此，就可从 $n-2$ 个方程直接求解 $n-2$ 个未知数，写为矩阵形式：

$$\begin{bmatrix} N_{0,3}(u_3) & N_{1,3}(u_3) & N_{2,3}(u_3) & \cdots & 0 & 0 & 0 \\ 0 & N_{1,3}(u_4) & N_{2,3}(u_4) & \cdots & 0 & 0 & 0 \\ 0 & 0 & N_{2,3}(u_5) & \cdots & 0 & 0 & 0 \\ \vdots & \vdots & \vdots & & \vdots & \vdots & \vdots \\ 0 & 0 & 0 & \cdots & N_{n-5,3}(u_{n-2}) & N_{n-4,3}(u_{n-2}) & N_{n-3,3}(u_{n-2}) \\ N_{0,3}(u_{n-1}) & 0 & 0 & \cdots & 0 & N_{n-4,3}(u_{n-1}) & N_{n-3,3}(u_{n-1}) \\ N_{0,3}(u_n) & N_{1,3}(u_n) & 0 & \cdots & 0 & 0 & N_{n-3,3}(u_n) \end{bmatrix} \begin{bmatrix} \boldsymbol{d}_0 \\ \boldsymbol{d}_1 \\ \boldsymbol{d}_2 \\ \vdots \\ \boldsymbol{d}_{n-5} \\ \boldsymbol{d}_{n-4} \\ \boldsymbol{d}_{n-3} \end{bmatrix} = \begin{bmatrix} \boldsymbol{p}_0 \\ \boldsymbol{p}_1 \\ \boldsymbol{p}_2 \\ \vdots \\ \boldsymbol{p}_{n-5} \\ \boldsymbol{p}_{n-4} \\ \boldsymbol{p}_{n-3} \end{bmatrix} \tag{4.16}$$

其中，系数矩阵中的元素均为 B 样条基函数的值，只与节点值有关。

对于三次 B 样条插值开曲线以及不要求在首末相重数据点 $\boldsymbol{p}_0 = \boldsymbol{p}_{n-2}$ 处 C^2 连续的三次 B 样条插值闭曲线控制顶点的反算方法可以进一步参考文献[1]。

4.5　B 样条曲线逼近

B 样条曲线逼近是早已在 CAGD 领域被确立的经典问题之一，也是 B 样条方法的另一类反算问题[10,15,16]。一般地，在逆向工程(reverse engineering，RE)中由数字测量装置得到的大量数据点，常常是稠密的、噪声的和带误差的。用单个参数多项式曲线(如 Bézier 曲线)是难以逼近的，必须用 B 样条曲线逼近。20 世纪 90 年代中期起，B 样条曲线逼近已成为 CAGD 领域的研究热点，并取得不错的研究进展[17-38]。

逼近的过程相比插值是更复杂的。插值问题中控制顶点数是由选择次数和数据点数自动地确定，节点矢量则由数据点的参数化直接决定，不存在误差问题。而在逼近问题中，曲线误差界 E 与要被拟合的数据点一起给出，需要通过迭代过程逐步达到要求的逼近精度。其中关键的问题是怎样给定一个控制顶点数 $n+1$，以便拟合一条给定数据点的逼近曲线。进一步说，就是怎样确定合适的节点矢量，即节点配置问题。下面介绍 B 样条曲线逼近的一般步骤。

1. 数据点的参数化

设给定 $m+1$ 个数据点 $\boldsymbol{p}_0, \boldsymbol{p}_1, \cdots, \boldsymbol{p}_m (m \geqslant n)$，逼近曲线次数 $k \geqslant 1$。采用弦长参数化法来确定数据点的参数值 $\tilde{u}_i (i = 0,1,\cdots,m)$，也有采用规范向心参数化法的[10]。接近均匀分布的数据点也可采用规范均匀化法。

2. 节点配置以确定节点矢量

在给定数据点 $\boldsymbol{p}_i$ 的情况下，B 样条基函数 $N_{j,k}(u)$ 对方程解起决定作用，而 B 样条基函数 $N_{j,k}(u)$ 由隐含次数 k、顶点数 $n+1$ 的节点矢量 $\boldsymbol{U}$ 所决定，故该步骤较为关键。

一般地，常取次数 $k=3$，而控制顶点数 $n+1$ 是未知的。依据端点插值与曲线定义域要求，节点矢量 $\boldsymbol{U} = [u_0, u_1, \cdots, u_{n+k+1}]$ 常采用定义域两端节点为 $k+1$ 重的重节点端点条件，即固支条件。于是有 $u_0 = u_1 = \cdots = u_k = 0$ 和 $u_{n+1} = u_{n+2} = \cdots = u_{n+k+1} = 1$。

节点的选择对生成的逼近曲线的形状有很大的影响，目前已有许多确定节点配置的方法：①平均技术+节点配置(the knot placement，KTP)技术，即 AVG+KTP 技术[39]；②新节点配置(the new knot placement，NKTP)技术[18]；③节点消去技术(knot removal methed)[40,41]；④支配点或特征点方法[26,35-37]；⑤遗传算法(genetic algorithm，GA)[29,30]；⑥修正的节点配置(the modified knot placement，MKTP)技术[1]；⑦统一平均(the united averaging，UAVG)技术[1]。但如何优化配置节点依然需要进一步研究发展[26]。

下面详细介绍相对表现较好的 UAVG 技术：

$$\begin{cases} u_j = 0, & j = 0,1,\cdots,k \\ u_{k+j} = \dfrac{1}{m-n+k}\displaystyle\sum_{i=j}^{m-n+k-1+j}\tilde{u}_i, & j = 1,2,\cdots,n-k \\ u_{n+j} = 1, & j = 1,2,\cdots,k+1 \end{cases} \tag{4.17}$$

其中，k 为逼近曲线次数；m 为数据点下标上界；n 为控制顶点下标上界；$\tilde{u}_i$ 为数据点参数值。

由式(4.17)可见，包括逼近和插值在内的 B 样条曲线拟合中节点矢量的确定仅与数据点参数值 $\tilde{u}_i$、次数 k、数据点数 m 和控制顶点数 n 有关。UAVG 技术是将捕捉形状特征信息的任务用方法自身去完成，而不是预先从外面去捕捉后，再赋予它。

3. 解最小二乘最小化(the least-squares minimization)求未知控制顶点

1) 最小二乘曲线逼近

为了避免非线性问题，先计算数据点的参数值 $\tilde{u}_i$ 和节点矢量 $\boldsymbol{U}$，再建立求解未知控制顶点的线性最小二乘问题[10]。设给定 $m+1$ 个有序数据点 $\boldsymbol{p}_0, \boldsymbol{p}_1, \cdots, \boldsymbol{p}_m (m \geqslant n)$，逼近曲线次数 $k \geqslant 1$，试图寻找一条 k 次 B 样条曲线：

$$\boldsymbol{p}(u) = \sum_{j=0}^{n}\boldsymbol{d}_j N_{j,k}(u),\ \ u \in [0,1] \tag{4.18}$$

满足端点约束即插值两端数据点 $\boldsymbol{p}_0 = \boldsymbol{p}(0), \boldsymbol{p}_m = \boldsymbol{p}(1)$；其余数据点 $\boldsymbol{p}_i (i = 1,2,\cdots,m-1)$ 在最小二乘意义上被逼近，即目标函数：

$$f = \sum_{i=1}^{m-1}(\boldsymbol{p}_i - \boldsymbol{p}(\tilde{u}_i))^2 \tag{4.19}$$

是关于 $n-1$ 个控制顶点 $\boldsymbol{d}_j (j = 1,2,\cdots,n-1)$ 的一个最小值。

由此生成的逼近曲线一般不精确过内数据点 $\boldsymbol{p}_i (i = 1,2,\cdots,m-1)$，且 $\boldsymbol{p}(\tilde{u}_i)$ 不是在曲线上距离 $\boldsymbol{p}_i$ 的最近点。设：

$$\boldsymbol{r}_i = \boldsymbol{p}_i - \boldsymbol{p}_0 N_{0,k}(\tilde{u}_i) - \boldsymbol{p}_m N_{m,k}(\tilde{u}_i),\ \ i = 1,2,\cdots,m-1$$

将参数值 $\tilde{u}_i$ 及上式一起代入式(4.18)和式(4.19)中，则有：

$$f = \sum_{i=1}^{m-1}(\boldsymbol{p}_i - \boldsymbol{p}(\tilde{u}_i))^2 = \sum_{i=1}^{m-1}(\boldsymbol{r}_i - \sum_{j=1}^{n-1}\boldsymbol{d}_j N_{j,k}(\tilde{u}_i))^2$$

应用标准的线性最小二乘拟合技术[42]，欲使目标函数 f 最小，应使它关于 $n-1$ 个控制顶点 $\boldsymbol{d}_j\,(j=1,2,\cdots,n-1)$ 的导数等于零。它的第 l 个导数为：

$$\frac{\partial f}{\partial \boldsymbol{d}_l} = \sum_{i=1}^{m-1}\left(-2\boldsymbol{r}_i N_{l,k}(\tilde{u}_i) + 2N_{l,k}(\tilde{u}_i)\sum_{j=1}^{n-1}\boldsymbol{d}_j N_{j,k}(\tilde{u}_i)\right)$$

这意味着：

$$-\sum_{i=1}^{m-1}\boldsymbol{r}_i N_{l,k}(\tilde{u}_i) + \sum_{i=1}^{m-1}\sum_{j=1}^{n-1}\boldsymbol{d}_j N_{l,k}(\tilde{u}_i) N_{j,k}(\tilde{u}_i) = 0$$

于是：

$$\sum_{i=1}^{m-1}\sum_{j=1}^{n-1} N_{l,k}(\tilde{u}_i) N_{j,k}(\tilde{u}_i)\,\boldsymbol{d}_j = \sum_{i=1}^{m-1}\boldsymbol{r}_i N_{l,k}(\tilde{u}_i)$$

这给出了一个以控制顶点 $\boldsymbol{d}_1,\boldsymbol{d}_2,\cdots,\boldsymbol{d}_{n-1}$ 为未知量的线性方程组。让 $l=1,2,\cdots,n-1$，则得到含有 $n-1$ 个该未知量的 $n-1$ 个方程的方程组：

$$(\boldsymbol{N}^{\mathrm{T}}\boldsymbol{N})\boldsymbol{D} = \boldsymbol{R} \tag{4.20}$$

这里 $\boldsymbol{N}$ 是 $(m-1)\times(n-1)$ 阶标量矩阵：

$$\boldsymbol{N} = \begin{bmatrix} N_{1,k}(\tilde{u}_1) & \cdots & N_{n-1,k}(\tilde{u}_1) \\ \vdots & & \vdots \\ N_{1,k}(\tilde{u}_{m-1}) & \cdots & N_{n-1,k}(\tilde{u}_{m-1}) \end{bmatrix}$$

$\boldsymbol{N}^{\mathrm{T}}$ 是 $\boldsymbol{N}$ 的转置矩阵，$\boldsymbol{R}$ 和 $\boldsymbol{D}$ 都是含 $n-1$ 个矢量元素的列阵：

$$\boldsymbol{R} = \begin{bmatrix} \boldsymbol{r}_1 N_{1,k}(\tilde{u}_1) + \cdots + \boldsymbol{r}_{m-1} N_{1,k}(\tilde{u}_{m-1}) \\ \vdots \\ \boldsymbol{r}_1 N_{n-1,k}(\tilde{u}_1) + \cdots + \boldsymbol{r}_{m-1} N_{n-1,k}(\tilde{u}_{m-1}) \end{bmatrix},\quad \boldsymbol{D} = \begin{bmatrix} \boldsymbol{d}_1 \\ \boldsymbol{d}_2 \\ \vdots \\ \boldsymbol{d}_{n-1} \end{bmatrix}$$

上述的最小二乘算法与 Bézier 曲线逼近本质基本一致，仅在所用符号、基函数和表达上略有差异。若节点矢量中的端节点重复度等于次数加 1 和无内节点时，B 样条基函数 $N_{j,k}(\tilde{u}_i)$ 恰好就是同次的 Bernstein 基函数，所得到的 B 样条逼近曲线就是 Bézier 逼近曲线。因此，B 样条曲线逼近是 Bézier 曲线逼近的推广，Bézier 曲线逼近是 B 样条曲线逼近的特殊情况，但 Bézier 逼近曲线不能满足规定的精度要求。

Piegl 和 Tiller[10]进一步介绍了带权和约束最小二乘曲线拟合，还给出了带有任意阶端点导矢的最小二乘 B 样条曲线逼近，并提出了只存储系数矩阵 $\boldsymbol{N}$ 的非零元素以减少存储空间的处理方法[18]。

2) 在规定精度内的曲线拟合与光顺性

用户在规定的某个误差界 E 内逼近一数据点的问题，可用 B 样条曲线逼近做最小二乘最小化生成顶点，结合节点矢量定义一条逼近曲线，检查偏差，如在规定的曲线误差 E 界内即为所解；否则，未知控制顶点数增加 1，相应内节点数也增加 1，重新拟合，直至生成的逼近曲线在规定的曲线误差 E 界内。偏差检查通常检查最大距离：

$$\max_{0\leqslant i\leqslant m}\left|\boldsymbol{p}_i-\boldsymbol{p}(\tilde{u}_i)\right| \tag{4.21}$$

或

$$\max_{0\leqslant i\leqslant m}(\min_{0\leqslant u\leqslant 1}\left|\boldsymbol{p}_i-\boldsymbol{p}(u)\right|) \tag{4.22}$$

后者称为最大范数距离，也称为 Hausdorff 距离，明显地应用后者要比应用前者开销更大。一般地，由于

$$\min_{0\leqslant u\leqslant 1}\left|\boldsymbol{p}_i-\boldsymbol{p}(u)\right|\leqslant\left|\boldsymbol{p}_i-\boldsymbol{p}(\tilde{u}_i)\right|$$

这导致较少控制顶点的曲线。

然而，满足精度要求的拟合曲线未必就是设计员所要求的。最明显的例子就是插值曲线无偏差，但它可能存在光顺问题，或是满足精度要求的逼近曲线也可能存在光顺问题。综合文献[43]和[44]可给出曲线光顺准则：没有多余拐点、奇点以及曲率图是连续的且由一些单调段组成。依据精度准则、控制顶点数最少和光顺性准则，就可在满足精度要求的拟合曲线中确定合乎设计员要求的最优解。在不存在最优解的情况下，不妨采用次优解。

4.6　B 样条曲面

4.6.1　B 样条曲面方程及性质

给定 $(m+1)\times(n+1)$ 个控制顶点 $\boldsymbol{d}_{i,j}(i=0,1,\cdots,m;j=0,1,\cdots,n)$ 的阵列，构成一张控制网格。又分别给定参数 u 与 v 的次数 k 与 l，和两节点矢量 $\boldsymbol{U}=[u_0,u_1,\cdots,u_{m+k+1}]$ 与 $\boldsymbol{V}=[v_0,v_1,\cdots,v_{n+l+1}]$，就定义一张 $k\times l$ 次张量积样条曲面。其方程为：

$$\boldsymbol{p}(u,v)=\sum_{i=0}^{m}\sum_{j=0}^{n}\boldsymbol{d}_{i,j}N_{i,k}(u)N_{j,l}(v),\quad u_k\leqslant u\leqslant u_{m+1},v_l\leqslant v\leqslant v_{n+1} \tag{4.23}$$

其中，B 样条基 $N_{i,k}(u)(i=0,1,\cdots,m)$ 与 $N_{j,l}(v)(j=0,1,\cdots,n)$ 分别由节点矢量 $\boldsymbol{U}$ 与 $\boldsymbol{V}$ 按 de Boor-Cox 递推公式(4.1)决定。B 样条曲线的局部性质可以推广到曲面。因此，定义在子矩形域 $u_e \leqslant u < u_{e+1}, v_f \leqslant v < v_{f+1}$ 上的那块 B 样条子曲面片仅和控制点阵中的部分顶点 $\boldsymbol{d}_{i,j}(i=e-k,e-k+1,\cdots,e;j=f-l,f-l+1,\cdots,f)$ 有关，与其他顶点无关。相应上述曲面方程就可改写成为分片表示形式：

$$\boldsymbol{p}(u,v)=\sum_{i=e-k}^{e}\sum_{j=f-l}^{f}\boldsymbol{d}_{i,j}N_{i,k}(u)N_{j,l}(v),\quad u\in[u_e,u_{e+1}]\subset[u_k,u_{m+1}],v\in[v_f,v_{f+1}]\subset[v_l,v_{n+1}]$$

类似 Bézier 曲线性质向 Bézier 曲面的推广，除变差减少性质外，B 样条曲线的其他性质都可推广到 B 样条曲面。与 B 样条曲线分类一样，B 样条曲面沿任一参数方向按所取节点矢量不同可以划分成四种不同类型：均匀、准均匀、分片 Bézier 与非均匀 B 样条曲面。

沿两个参数方向也可选取不同类型。特殊地，若两个节点矢量分别为：

$$\boldsymbol{U}=[\underbrace{0,\cdots,0}_{k+1个},\underbrace{1,\cdots,1}_{k+1个}],\qquad \boldsymbol{V}=[\underbrace{0,\cdots,0}_{l+1个},\underbrace{1,\cdots,1}_{l+1个}]$$

则所定义的 B 样条曲面就是 $k\times l$ 次 Bézier 曲面。

4.6.2 B 样条曲面的计算

1. 确定非均匀 B 样条曲面的两个节点矢量

在进行曲面设计时，不仅需要给出控制点阵和选定次数，还需要确定两个节点矢量。如果沿任一参数方向，则选择前 3 种类型(均匀、准均匀、分片 Bézier)时沿该参数方向的节点矢量是已经确定下来的，但选择第 4 种类型即非均匀 B 样条曲面类型时，就需要去计算节点矢量。

前面曾介绍的确定非均匀 B 样条曲线节点矢量的两种方法，都是由控制多边形决定的。然而，B 样条曲面的控制网格沿任一参数方向都有多个控制多边形，则可在沿该参数方向的诸多个控制多边形中取带有代表性的一个或者做某种平均的折中处理。但这样的处理，不一定是合适的，还可以通过对个别规范化节点矢量适当地插入数量相同但节点值不同的节点，使得它们比较接近，然后再取其算术平均值。经这样处理后，控制顶点就不再是原来给定的了，而是插入节点以后的控制顶点。两个节点矢量确定后，就与控制顶点一起完全定义了一张 B 样条曲面。

2. 推广到计算 B 样条曲面上点的 de Boor 算法

与 Bézier 曲线曲面计算算法类似，计算 B 样条曲线上点的 de Boor 算法可以推广到计算 B 样条曲面上的点。设给定曲面定义域一对参数值 (u,v)，要求该 B 样条曲面上对应的点 $\boldsymbol{p}(u,v)$，则需要先沿任一参数方向如先沿 v 参数方向。首先，以 v 参

数值对沿 v 参数方向的 $m+1$ 个控制多边形执行用于计算 B 样条曲线上点的 de Boor 算法，求得 $m+1$ 个点作为中间顶点，构成中间多边形；然后，以 u 参数值对这中间多边形执行 B 样条曲线的 de Boor 算法，所得一点即所求该 B 样条曲面上一点 $\boldsymbol{p}(u,v)$。该过程中也可按不同顺序进行，先 u 后 v 或同时进行。无论采用哪种顺序，最后得到结果都完全相同。

3. B 样条曲面偏导矢的计算

将 B 样条曲线导矢计算推广到 B 样条曲面偏导矢的计算，即给定在曲面定义域内一对参数值 (u,v)，想要计算 B 样条曲面上一点 $\boldsymbol{p}(u,v)$ 处的偏导矢 $\dfrac{\partial^{r+s}}{\partial u^r \partial v^s}\boldsymbol{p}(u,v)$ 时，也可按不同顺序进行。

4.6.3　B 样条曲面逼近

1. 最小二乘曲面逼近

以固定数目 $(m+1)\times(n+1)$ 个为控制顶点的 $k\times l$ 次 B 样条曲面：

$$\boldsymbol{p}(u,v)=\sum_{i=0}^{m}\sum_{j=0}^{n}\boldsymbol{d}_{i,j}N_{i,k}(u)N_{j,l}(v),\quad 0\leqslant u,v\leqslant 1 \tag{4.24}$$

逼近给定的曲面数据点阵 $\boldsymbol{p}_{i,j}(i=0,1,\cdots,r;j=0,1,\cdots,s)$，且插值数据点阵的四角数据点 $\boldsymbol{p}_{0,0}$、$\boldsymbol{p}_{r,0}$、$\boldsymbol{p}_{0,s}$、$\boldsymbol{p}_{r,s}$。虽然，建立和求解一个一般的最小二乘曲面拟合问题是可能的，但任务要比曲线逼近复杂得多。

下面介绍适合于大多数应用的一个简单的曲面逼近方案[10]。B 样条逼近曲面通常采用双三次，即 $k=l=3$。两个参数方向初始控制顶点都取为 4，即 $m=n=3$。

完整的 B 样条曲面逼近步骤为：首先，对曲面数据点实行双向规范积累弦长参数化；其次，采用 UAVG 技术确定沿两个参数方向的节点矢量 $\boldsymbol{U}$ 与 $\boldsymbol{V}$；接着，依次对沿 u 向每排 $r-1$ 个内数据点用 $m-1=2$ 个未知中间控制顶点进行 $k=3$ 次的 B 样条曲线拟合，这里只需要计算 u 向的 $\boldsymbol{N}$ 和 $\boldsymbol{N}^{\mathrm{T}}\boldsymbol{N}$ 矩阵一次，共生成 $(m+1)\times(s-1)$ 个中间控制顶点，加上每排首末端点，共 $(m+1)\times(s+1)$ 个中间控制顶点；然后，以 $(m+1)\times(s-1)$ 个中间控制顶点为数据点，依次对沿 v 向每排 $s-1$ 个内数据点用 $n-1$ 个控制顶点的 l 次 B 样条曲线拟合。同理，这里只需要计算 v 向的 $\boldsymbol{N}$ 和 $\boldsymbol{N}^{\mathrm{T}}\boldsymbol{N}$ 矩阵一次，依次对每行 $s-1$ 个数据点用 $n-1=2$ 个未知控制顶点进行 l 次 B 样条曲线拟合，生成 $(m+1)\times(n-1)$ 个控制顶点，加上每排首末端点，共 $(m+1)\times(n+1)$ 个控制顶点。这些顶点就定义了一张初始的 $k\times l=3\times 3$ 次 B 样条逼近曲面。因其初始 $m=n=3$，这初始 B 样条逼近曲面实际是双三次 Bézier 曲面。

与曲线拟合类似，拟合前有两个步骤：数据点的参数化与节点配置。前者采用双向规范平均弦长参数化，得到两组参数值：$\tilde{u}_i(i=0,1,\cdots,r)$ 和 $\tilde{v}_j(j=0,1,\cdots,s)$ 。由式(4.17)，得 u 向节点配置：

$$\begin{cases} u_j = 0, & j=0,1,\cdots,k \\ u_{k+j} = \dfrac{1}{r-m+k}\displaystyle\sum_{i=j}^{r-m+k-1+j}\tilde{u}_i, & j=1,2,\cdots,m-k \\ u_{m+j}=1, & j=1,2,\cdots,k+1 \end{cases} \tag{4.25}$$

和 v 向节点配置：

$$\begin{cases} v_j = 0, & j=0,1,\cdots,l \\ v_{l+j} = \dfrac{1}{s-n+l}\displaystyle\sum_{i=j}^{s-n+l-1+j}\tilde{v}_i, & j=1,2,\cdots,n-l \\ v_{n+j}=1, & j=1,2,\cdots,l+1 \end{cases} \tag{4.26}$$

因此，在两个方向上的节点矢量 $\boldsymbol{U}$ 与 $\boldsymbol{V}$ 完全确定。

2. 在规定精度内的曲面逼近

对于在用户规定的某个误差界 E 内的曲面数据点逼近问题，一般需要迭代进行。在每次拟合后，需要检查拟合曲面对数据点的偏差。采用最大范数偏差：

$$\max_{\substack{0\leqslant i\leqslant m \\ 0\leqslant j\leqslant s}}(\min_{\substack{0\leqslant u\leqslant 1 \\ 0\leqslant v\leqslant 1}}\left|\boldsymbol{p}_{i,j}-\boldsymbol{p}(u,v)\right|) \tag{4.27}$$

度量逼近程度。

Piegl 和 Tiller[10]将此方案推广到张量积 B 样条曲面，实现了在规定精度内的曲面逼近并给出了实例。类似在规定精度内的曲线逼近，也可能遇到算法失败的问题，需做相应处理。

参考文献

[1] 施法中. 计算机辅助几何设计与非均匀有理 B 样条. 2 版. 北京: 高等教育出版社, 2013.

[2] 王国瑾, 汪国昭, 郑建民. 计算机辅助几何设计. 北京: 高等教育出版社, 2001.

[3] 常智勇, 万能. 计算机辅助几何造型技术. 3 版. 北京: 科学出版社, 2012.

[4] 孔令德. 计算几何算法与实现(Visual C++版). 北京: 电子工业出版社, 2017.

[5] Piegl L, Tiller W. 非均匀有理 B 样条(第 2 版). 赵罡, 穆国柱, 王拉柱, 译. 北京: 清华大学出版社, 2010.

[6] Schoenberg I J, Greville T N E. On Spline Functions. New York: Academic Press, 1967: 255-291.

[7] de Boor C. On calculating with B-splines. Journal of Approximation Theory, 1972, 6(1): 50-62.

[8] Cox M G. The numerical evaluation of B-splines. IMA Journal of Applied Mathematics, 1972, 10(2): 134-149.

[9] Gordon W J, Riesenfeld R F. B-spline curves and surfaces//Barnhill R E, Riesenfeld R F. Computer Aided Geometric Design. Amsterdam: Elsevier, 1974: 95-126.

[10] Piegl L A, Tiller W. The NURBS Book. Berlin: Springer, 1997.

[11] Coons S. Surface Patches and B-Spline Curves. Salt Lake City: Academic Press, 1974: 1-16.

[12] Vergeest J S M . CAD surface data exchange using STEP. Computer-Aided Design, 1991, 23(4): 269-281.

[13] Riesenfeld R F. Nonuniform B-spline curves. Proceedings of the 2nd USA-Japan Computer Conference, Tokyo, 1975: 551-555.

[14] Hartlcy P J, Judd C J. Parametrization of Bézier-type B-spline curves and surfaces. Computer-Aided Design, 1978, 10(2): 130-134.

[15] Farin G. Curves and Surfaces for Computer Aided Geometric Design. 2nd ed. Salt Lake City: Academic Press, 1990.

[16] Hoschek J, Lasser D. Fundamentals of computer aided geometric design. Mathematics of Computation, 1995, 64(210): 894-905.

[17] Piegl L A, Tiller W. Least-squares B-spline curve approximation with arbitary end derivatives. Engineering with Computers, 2000, 16(2): 109-116.

[18] Tiller W. Rational B-splines for curve and surface representation. IEEE Computer Graphics and Applications, 1983, 3(6): 61-69.

[19] Razdan A. Knot placement for B-spline curve approximation. Phoenix: Arizona State University, 2000.

[20] Li W, Xu S, Zhao G, et al. 2005. Adaptive knot placement in B-spline curve approximation. Computer Aided Design, 1999, 37(8): 791-797.

[21] Park H, Lee J H. B-spline curve fitting based on adaptive curve refinement using dominant points. Computer-Aided Design, 2007, 39(6): 439-451.

[22] Hamann B, Chen J L. Data point selection for piecewise linear curve approximation. Computer-Aided Geometric Design, 1994, 11(3): 289-301.

[23] Liu G H, Wong Y S, Zhang Y F, et al. Adaptive fairing of digitized point data with discrete curvature. Computer-Aided Design, 2002, 34(4): 309-320.

[24] Park H. An error-bounded approximate method for representing planar curves in B-splines. Computer Aided Geometric Design, 2004, 21(5): 479-497.

[25] Park H, Kim K, Lee S C. A method for approximate NURBS curve compatibility based on multiple curve refitting. Computer-Aided Design, 2000, 32(4): 237-252.

[26] 徐进, 柯映林, 曲巍崴. 基于特征点自动识别的 B 样条曲线逼近技术. 机械工程学报, 2009, 45(11): 212-217.

[27] Markus A, Renner G, Vancza J. Spline interpolation with genetic algorithms. Proceedings of the International Conference on Shape Modeling and Applications, Aizu-Wakamatsu, 1997: 47-54.
[28] Harada T. Automatic knot placement by a genetic algorithm for data fitting with a spline. Proceedings of 1999 International Conference on Shape Modeling and Applications, Aizu-Wakamatsu, 1999: 162-169 .
[29] Yoshimoto F, Harada T, Yoshimoto Y. Data fitting with a spline using a real-coded genetic algorithm. Computer-Aided Design, 2003, 35(8): 751-760.
[30] 周明华, 汪国昭. 基于遗传算法的B样条曲线和Bézier曲线的最小二乘拟合. 计算机研究与发展, 2005, 42(1): 134-143.
[31] 穆国旺, 臧婷, 赵罡. 用改进遗传算法确定B样条曲线的节点矢量. 计算机工程与应用, 2006, 42(11): 88-90.
[32] 孙越泓, 魏建香, 夏德深. 基于自适应遗传算法的B样条曲线拟合的参数优化. 计算机应用, 2010, 30(7): 1878-1882.
[33] Borges C F, Pastva T. Total least squares fitting of Bézier and B-spline curves to ordered data. 2002, 19(4): 275-289.
[34] Park H. B-spline surface fitting based on adaptive knot placement using dominant columns. Computer-Aided Design, 2011, 43(3): 258-264.
[35] 程仙国, 刘伟军, 张鸣. 特征点的B样条曲线逼近技术. 计算机辅助设计与图形学学报, 2011, 23(10): 1714-1718.
[36] 周红梅, 王燕铭, 刘志刚, 等. 基于最少控制点的非均匀有理 B 样条曲线拟合. 西安交通大学学报, 2008, 42(1): 73-77.
[37] 林子植, 潘日晶. B 样条曲线逼近的一种新方法. 福建师范大学学报(自然科学版), 2008, 24(2): 22-28.
[38] Zhao X, Zhang C, Yang B, et al. 2011. Adaptive knot placement using a GMM-based continuous optimization algorithm in B-spline curve approximation. Computer-Aided Design, 2011, 43(6): 598-604.
[39] Tiller W. Knot-removal algorithms for NURBS curves and surfaces. Computer-Aided Design, 1992, 24(8): 445-453.
[40] Lyche T, Morken K. Knot removal for parametric B-spline curves and surfaces. Computer-Aided Geometric Design, 1987, 4(3): 217-230.
[41] Lyche T, Morken K. A data-reduction strategy for splines with applications to the approximation of functions and data. IMA Journal of Numerical Analysis, 1988, 8(2): 185-208.
[42] de Boor C. A practical guide to splines//Applied Mathematical Sciences. New York: Springer, 1978.
[43] 苏步青, 刘鼎元. 计算几何. 上海: 上海科学技术出版社, 1981.
[44] Farin G, Sapidis N. Curvature and the fairness of curves and surfaces. IEEE Computer Graphics and Applications, 2015, 9(2): 52-57.

第 5 章　有理 B 样条曲线曲面

虽然 B 样条技术在曲线、曲面的设计和表示方面显示出了其卓越的优点，但在飞机、造船、汽车等工业中表示初等曲面，如圆弧、椭圆弧、抛物线等时却遇到了麻烦，因为这些形状都表示精确且往往要求较高的加工精度。显然，B 样条方法不能较好地适应初等曲面的要求，而为了精确表示二次曲线弧与二次曲面，就不得不采用另一套数学描述方法，譬如用隐函数表示，这将导致一个几何设计系统采用并存的两种不同数学方法。在一个造型系统内，无法用一种统一的形式表示曲面，因而使得系统的开发复杂化，而非均匀有理 B 样条(NURBS)技术正是在这样的需求背景下逐步发展成熟起来的。

NURBS 方法在 CAD/CAM 与计算机图形学领域获得越来越广泛的应用，正如 Piegl 和 Tiller[1]所概括的那样，它具有下述优点。

(1) 能将标准解析形状(即前述初等曲线曲面)和自由型曲面统一起来。因此，一个统一的数据库就能存储这两类形状的信息。

(2) 通过操纵控制顶点及权因子，可以方便控制和修改曲线曲面的形状，使设计者快速实现设计意图。

(3) NURBS 是非有理 B 样条形式以及有理与非有理 Bézier 形式的合适的推广。

(4) NURBS 有强有力的几何配套技术(包括插入节点、消去节点、升阶、分裂等)，能用于设计、分析与处理等各个环节。

5.1　NURBS 曲线的定义和性质

5.1.1　NURBS 曲线的三种等价形式

1. 有理分式表示

一条 k 次 NURBS 曲线可以表示为一分段有理多项式函数[2]：

$$\boldsymbol{p}(u)=\frac{\sum_{i=0}^{n}\omega_i\boldsymbol{d}_i N_{i,k}(u)}{\sum_{i=0}^{n}\omega_i N_{i,k}(u)} \tag{5.1}$$

其中，$\omega_i(i=0,1,\cdots,n)$ 是权因子，分别与控制顶点 $\boldsymbol{d}_i(i=0,1,\cdots,n)$ 相联系，首末权因

子 $\omega_0,\omega_n>0$，其余 $\omega_i\geqslant 0$，以防止分母为零、保留凸包性质及曲线不会因权因子而退化为一点；如非有理 B 样条曲线一样，$\boldsymbol{d}_i(i=0,1,\cdots,n)$ 称为控制顶点，顺序连接成控制多边形；$N_{i,k}(u)$ 是定义在节点矢量 $\boldsymbol{U}=\left[u_0,u_1,\cdots,u_{n+k+1}\right]$ 上第 i 个 k 次 B 样条基函数。

这给出了 NURBS 曲线的数学定义，也是有理这个词的由来。

2. 有理基函数表示

有理分式表示的 NURBS 曲线方程可改写为[2]：

$$\boldsymbol{p}(u)=\sum_{i=0}^{n}\boldsymbol{d}_i R_{i,k}(u) \tag{5.2}$$

其中

$$R_{i,k}(u)=\frac{\omega_i N_{i,k}(u)}{\sum\limits_{j=0}^{n}\omega_j N_{j,k}(u)}$$

称为 k 次有理基函数。它具有与 k 次规范 B 样条基函数 $N_{i,k}(u)$ 类似的性质：

(1) 局部支撑性，$R_{i,k}(u)=0,u\notin\left[u_i,u_{i+k+1}\right]$；

(2) 规范性，$\sum\limits_{i=0}^{n}R_{i,k}(u)=1$；

(3) 非负性，$R_{i,k}(u)\geqslant 0,\ \forall i,k,u\in\mathbf{R}$；

(4) 可微性，如果分母不为零，则在节点区间内是无限次连续可微的，在节点处是 $k-r$ 次连续可微的，这里 r 是该节点的重复度；

(5) 若 $\omega_i=0$，则 $R_{i,k}(u)=0$；

(6) 若 $\omega_i\to+\infty$，则 $R_{i,k}(u)=1$；

(7) 若 $\omega_j\to+\infty,j\neq i$，则 $R_{i,k}(u)=0$；

(8) 当 $\omega_i=c,i=0,1,\cdots,n$ 时，k 次有理基函数则退化为 k 次规范 B 样条基函数。

3. 齐次坐标表示

从四维欧氏空间的齐次坐标到三维欧氏空间的中心投影变换[2]：

$$H\{[X\ \ Y\ \ Z\ \ \omega]\}=\begin{cases}[x\ y\ z]=\left[\dfrac{X}{\omega}\ \ \dfrac{Y}{\omega}\ \ \dfrac{Z}{\omega}\right], & \omega\neq 0\\ \text{从原点通过}[X\quad Y\quad Z]\text{的直线上的无限远点}, & \omega=0\end{cases} \tag{5.3}$$

其中，三维空间的点 $[x\quad y\quad z]$ 称为四维空间那个点 $[X\quad Y\quad Z\quad \omega]$ 的透视像，它是四维空间点 $[X\quad Y\quad Z\quad \omega]$ 在 $\omega=1$ 超平面上的中心投影，其投影中心就是四维空间的坐标原点。因此，四维空间点 $[x\quad y\quad z\quad 1]$ 与三维空间点 $[x\quad y\quad z]$ 被认为是同一点。

5.1.2 NURBS 曲线的求导

有理函数的求导比较复杂，涉及分母的高次幂，非有理 B 样条曲线导矢的计算公式和算法也适用于 $\boldsymbol{p}^{(i)}(u)$，因为它是四维空间中的非有理曲线。本节，给出 $\boldsymbol{p}^{(i)}(u)$ 的计算公式。

令

$$\boldsymbol{p}(u)=\frac{\omega(u)\boldsymbol{p}(u)}{\omega(u)}=\frac{\boldsymbol{A}(u)}{\omega(u)} \tag{5.4}$$

其中，$\boldsymbol{A}(u)$ 是矢值函数，它的坐标是 $\boldsymbol{p}^{(i)}(u)$ 的前三个坐标，则

$$\begin{aligned}\boldsymbol{p}^{(1)}(u)&=\frac{\omega(u)\boldsymbol{A}'(u)-\omega'(u)\boldsymbol{A}(u)}{\omega(u)^2}\\&=\frac{\omega(u)\boldsymbol{A}'(u)-\omega'(u)\omega(u)\boldsymbol{p}(u)}{\omega(u)^2}=\frac{\boldsymbol{A}'(u)-\omega'(u)\boldsymbol{p}(u)}{\omega(u)}\end{aligned}$$

因为 $\boldsymbol{A}(u)$ 和 $\omega(u)$ 合起来表示 $\boldsymbol{p}^{(i)}(u)$ 的坐标，因此可以得到它们的一阶导矢，利用莱布尼茨公式(Leibniz formula)对 $\boldsymbol{A}(u)$ 求导来计算 $p(u)$ 的更高阶导矢：

$$\begin{aligned}\boldsymbol{A}^{(i)}(u)&=\left(\omega(u)\boldsymbol{p}(u)\right)^{(i)}=\sum_{k=0}^{i}\binom{i}{k}\omega^{(k)}(u)\boldsymbol{p}^{(i-k)}(u)\\&=\omega(u)\boldsymbol{p}^{(i)}(u)+\sum_{k=1}^{i}\binom{i}{k}\omega^{(k)}(u)\boldsymbol{p}^{(i-k)}(u)\end{aligned}$$

进行整理，可得：

$$\boldsymbol{p}^{(i)}(u)=\frac{\boldsymbol{A}^{(i)}(u)-\displaystyle\sum_{k=1}^{i}\binom{i}{k}\omega^{(k)}(u)\boldsymbol{p}^{(i-k)}(u)}{\omega(u)} \tag{5.5}$$

5.1.3 NURBS 曲线三种表示方式的特点

三种表示形式虽然是等价的，却具有不同的作用。分式表示是有理表示的由来，说明 NURBS 是对非有理与有理 Bézier 曲线和非有理 B 样条曲线的推广。在有理基函数表示形式中，便能从有理基函数的性质推出 NURBS 曲线的相关性质。但这仍然不够，NURBS 最终要为工程计算服务，需要适合计算机处理的 NURBS 配套算法。NURBS 的齐次坐标表示形式说明，在高维空间里，由控制顶点所对应的齐次坐标点或带权控制顶点所定义的非有理 B 样条曲线，在 $\omega=1$ 超平面上的中心投影即为相应的 NURBS 曲线。这不仅包含了明确的几何意义，而且也说明，非有理 B 样条曲线的大多数算法可以推广应用于 NURBS 曲线。

5.1.4 NURBS 曲线的几何性质

根据上述基函数的性质((1)、(2)、(3)、(4)和(8))，可以容易地得到 NURBS 曲线的若干重要几何性质。

(1)端点条件，满足：

$$
\begin{aligned}
&\boldsymbol{p}(0)=\boldsymbol{d}_0, \quad \boldsymbol{p}(1)=\boldsymbol{d}_n \\
&\boldsymbol{p}'(0)=[k\omega_i(\boldsymbol{d}_1-\boldsymbol{d}_0)]/(\omega_0 u_{k+1}) \\
&\boldsymbol{p}'(1)=[k\omega_{n-1}(\boldsymbol{d}_n-\boldsymbol{d}_{n-1})]/[\omega_n(1-u_{n-k-1})]
\end{aligned}
$$

(2)变差减少性质[3]。

(3)在仿射与透视变换下的不变性。

(4)凸包性，若 $u\in[u_i,u_{i+k+1}]$，那么曲线 $\boldsymbol{p}(u)$ 是位于三维控制顶点 $\boldsymbol{d}_{i-k},\cdots,\boldsymbol{d}_i$ 的凸包之中。

(5)曲线 $\boldsymbol{p}(u)$ 在分段定义区间内部无限可微，在节点重复度为 r 的节点 $k-r$ 次可微。

(6)无内节点的有理 B 样条曲线为有理 Bézier 曲线。

5.1.5 权因子对 NURBS 曲线形状的影响

虽然通过改变权因子、移动控制顶点、改变节点矢量都将使 NURBS 曲线的形状发生变化，但采用改变节点矢量的方法修改 NURBS 曲线缺乏直观的几何意义，容易产生难以预料的结果。因此，在实际应用中调整权因子或移动控制顶点更容易达到修改曲线形状的目的。图 5.1 给出了调整权因子对曲线形状的影响。

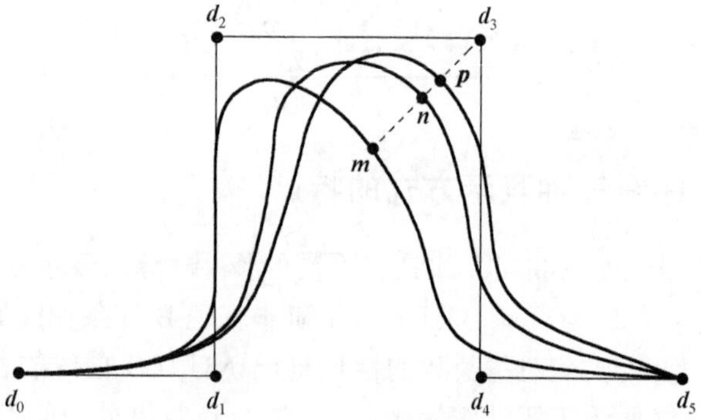

图 5.1 权因子的影响

假设其余量均不变，只有 ω_i 发生变化，图中 $\boldsymbol{m},\boldsymbol{n},\boldsymbol{p}$ 点分别是 $\omega_i=0,\omega_i=1,\omega_i\to\infty$ 对应区线上的点，令 $\alpha=R_{i,k}(u;\omega_i=1),\beta=R_{i,k}(u)$，则有

$$\boldsymbol{n}=(1-\alpha)\boldsymbol{m}+\alpha\boldsymbol{d}_i$$

$$\boldsymbol{p}=(1-\beta)\boldsymbol{m}+\beta\boldsymbol{d}_i$$

且交比：

$$\frac{\overline{\boldsymbol{d}_i\boldsymbol{n}}}{\overline{\boldsymbol{nm}}}:\frac{\overline{\boldsymbol{d}_i\boldsymbol{p}}}{\overline{\boldsymbol{pm}}}=\frac{1-\alpha}{\alpha}:\frac{1-\beta}{\beta}=\omega_i$$

这就是 4 个点 $\boldsymbol{m},\boldsymbol{n},\boldsymbol{p},\boldsymbol{d}_i$ 的交比[4]。从上式中可以看出权因子 ω_i 对曲线形状的影响。

(1) 当 ω_i 变化时，$\boldsymbol{p}$ 点随之移动，它在空间扫描出一条过控制顶点 $\boldsymbol{d}_i$ 的直线。当 $\omega_i\to+\infty$ 时，$\boldsymbol{p}$ 趋近与控制顶点 $\boldsymbol{d}_i$ 重合，此时曲线变为一个点。

(2) 若 ω_i 增加，β 随之增加，则曲线被拉向控制顶点 $\boldsymbol{d}_i$；若 ω_i 减小，β 随之减小，则曲线被推离控制顶点 $\boldsymbol{d}_i$。即权因子 ω_i 的减小和增加起到了对曲线相对于顶点 $\boldsymbol{d}_i$ 的推拉作用。

在实际应用中，当需要修改曲线形状时，往往首先移动控制顶点。在曲线形状大致确定后，再根据需要在小范围内调整权因子，使曲线从整体到局部逐步达到要求。

5.2　NURBS 曲面的定义和性质

5.2.1　NURBS 曲面的三种等价形式

类似于 NURBS 曲线，一张 $k\times l$ 次 NURBS 曲面也有三种等价表示。

1. 有理分式表示

一张 NURBS 曲面可以有理分式表示为：

$$\boldsymbol{p}(u,v)=\frac{\sum_{i=0}^{m}\sum_{j=0}^{n}\omega_{i,j}\boldsymbol{d}_{i,j}N_{i,k}(u)N_{j,l}(v)}{\sum_{i=0}^{m}\sum_{j=0}^{n}\omega_{i,j}N_{i,k}(u)N_{j,l}(v)} \tag{5.6}$$

其中，控制顶点 $\boldsymbol{d}_{i,j}(i=0,1,\cdots,m;j=0,1,\cdots,n)$ 呈拓扑矩形阵列，形成一个控制网格；$\omega_{i,j}$ 是与顶点 $\boldsymbol{d}_{i,j}$ 对应的权因子，规定四角顶点处用正的权因子，即 $\omega_{0,0},\omega_{m,0},\omega_{0,n},\omega_{m,n}>0$，其余 $\omega_{i,j}\geqslant 0$ 且顺序 $k\times l$ 个权因子不同时为零；$N_{i,k}(u)(i=0,1,\cdots,m)$ 和 $N_{j,l}(v)(j=0,1,\cdots,n)$ 分别为 u 向 k 次和 v 向 l 次的规范 B 样条基函数；u 向与 v 向的节点矢量分别为 $\boldsymbol{U}=[u_0,u_1,\cdots,u_{m+k+1}]$ 与 $\boldsymbol{V}=[v_0,v_1,\cdots,v_{n+1}]$。

虽然 NURBS 曲面由推广张量积曲面形式得到，但是一般 NURBS 曲面不是一张量积曲面，从有理基函数表示可以看出。

2. 有理基函数表示

一张 NURBS 曲面可以有理基函数表示为：

$$p(u,v)=\sum_{i=0}^{m}\sum_{j=0}^{n}d_{i,j}R_{i,k;j,l}(u,v) \tag{5.7}$$

其中，$R_{i,k;j,l}(u,v)$ 是双变量有理基函数：

$$R_{i,k;j,l}(u,v)=\frac{\omega_{i,j}N_{i,k}(u)N_{j,l}(v)}{\sum_{r=0}^{m}\sum_{s=0}^{n}\omega_{r,s}N_{r,k}(u)N_{s,l}(v)}$$

其中，$R_{i,k;j,l}(u,v)$ 并不是两个单变量函数的乘积。所以，一般地，NURBS 曲面不是张量积曲面。

3. 齐次坐标表示

一张 NURBS 曲面可以齐次坐标表示为：

$$p(u,v)=H\{P(u,v)\}=H\left\{\sum_{i=0}^{m}\sum_{j=0}^{n}D_{i,j}N_{i,k}(u)N_{j,i}(v)\right\} \tag{5.8}$$

其中，$D_{i,j}=[\omega_{i,j}d_{i,j}\quad \omega_{i,j}]$ 称为控制顶点 $d_{i,j}$ 的带权控制顶点或齐次坐标，可见，带权控制顶点在高一维空间里定义了一张量积的非有理 B 样条曲面 $P(u,v)$；$H\{\cdot\}$ 表示中心投影变换，投影中心取为齐次坐标的原点，$P(u,v)$ 在 $\omega=1$ 超平面上的投影(或称透视像) $H\{P(u,v)\}$ 便定义了一张 NURBS 曲面。

由上述等价方程表示的 NURBS 曲面，通常在确定两个节点矢量 U 与 V 时，就使其有规范的单位正方形定义域 $0\leqslant u,v\leqslant 1$。该定义域被其内节点划分成 $(m-k+1)\times(n-l+1)$ 个子矩形。NURBS 曲面是一种特殊形式的分片有理参数多项式曲面，其中每个子曲面片定义在单位正方形定义域中某个具有非零面积的子矩形域上。

图 5.2 是 NURBS 曲面的例子。其中 $\omega_{1,1}=\omega_{1,2}=\omega_{2,1}=\omega_{2,2}=10$，其余的权因子都为 1，$U=V=[0,0,0,1/3,2/3,1,1,1]$。

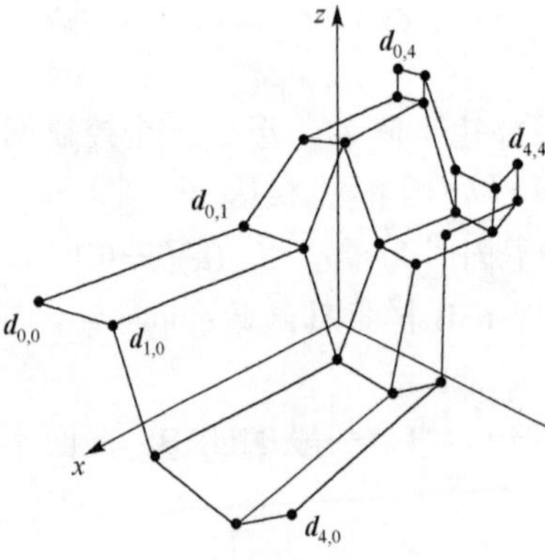

(a) 控制网格

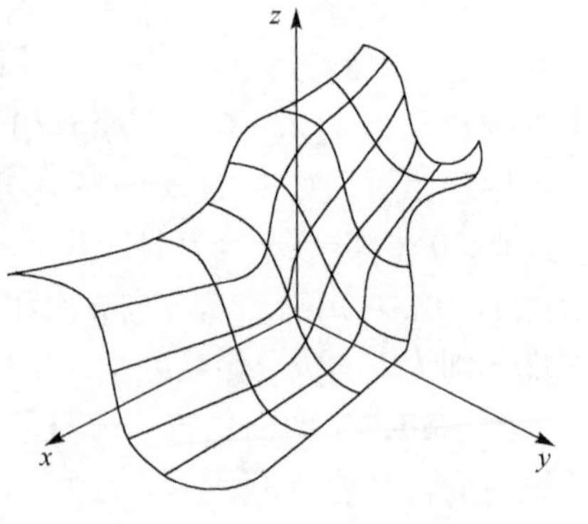

(b) 双二次NURBS曲面

图 5.2　控制网格与双二次 NURBS 曲面

5.2.2　NURBS 曲面的求导

下面推导由 $\boldsymbol{p}^{(i)}(u,v)$ 来计算 $\boldsymbol{p}(u,v)$ 的偏导矢公式。

令

$$\boldsymbol{p}(u,v)=\frac{\omega(u,v)\boldsymbol{p}(u,v)}{\omega(u,v)}=\frac{\boldsymbol{A}(u,v)}{\omega(u,v)}$$

其中，$\boldsymbol{A}(u,v)$ 是式(5.6)的分子，则

$$\boldsymbol{p}_\alpha(u,v)=\frac{\boldsymbol{A}_\alpha(u,v)-\omega_\alpha(u,v)\boldsymbol{p}(u,v)}{\omega(u,v)} \tag{5.9}$$

其中，α 表示 u 或者 v。

一般地，有：

$$\begin{aligned}\boldsymbol{A}^{(k,l)}&=\left[(\omega\boldsymbol{p})^k\right]^l\\&=\left(\sum_{i=0}^{k}\binom{k}{i}\omega^{(i,0)}\boldsymbol{p}^{(k-i,0)}\right)^l\\&=\sum_{i=0}^{k}\binom{k}{i}\sum_{j=0}^{l}\binom{l}{j}\omega^{(i,j)}\boldsymbol{p}^{(k-i,l-j)}\\&=\omega^{(0,0)}\boldsymbol{p}^{(k,l)}+\sum_{i=1}^{k}\binom{k}{i}\omega^{(i,0)}\boldsymbol{p}^{(k-i,l)}\\&\quad+\sum_{j=1}^{l}\binom{l}{j}\omega^{(0,j)}\boldsymbol{p}^{(k,l-j)}+\sum_{i=1}^{k}\binom{k}{i}\sum_{j=1}^{l}\binom{l}{j}\omega^{(i,j)}\boldsymbol{p}^{(k-i,l-j)}\end{aligned}$$

于是有：

$$\boldsymbol{p}^{(k,l)}=\frac{1}{\omega}\left(\boldsymbol{A}^{(k,l)}-\sum_{i=1}^{k}\binom{k}{i}\omega^{(i,0)}\boldsymbol{p}^{(k-i,l)}-\sum_{j=1}^{l}\binom{l}{j}\omega^{(0,j)}\boldsymbol{p}^{(k,l-j)}-\sum_{i=1}^{k}\binom{k}{i}\sum_{j=1}^{l}\binom{l}{j}\omega^{(i,j)}\boldsymbol{p}^{(k-i,l-j)}\right)$$

由上式可得：

$$\boldsymbol{p}_{uv}=\frac{\boldsymbol{A}_{uv}-\omega_{uv}\boldsymbol{p}-\omega_u\boldsymbol{p}_v-\omega_v\boldsymbol{p}_u}{\omega}$$

$$\boldsymbol{p}_{uu}=\frac{\boldsymbol{A}_{uu}-2\omega_u\boldsymbol{p}_u-\omega_{uu}\boldsymbol{p}}{\omega}$$

$$\boldsymbol{p}_{vv}=\frac{\boldsymbol{A}_{vv}-2\omega_v\boldsymbol{p}_v-\omega_{vv}\boldsymbol{p}}{\omega}$$

由此可得

$$
\begin{aligned}
&\boldsymbol{p}_u(0,0)=\frac{p}{u_{p+1}}\frac{\omega_{1,0}}{\omega_{0,0}}(\boldsymbol{d}_{1,0}-\boldsymbol{d}_{0,0})\\
&\boldsymbol{p}_v(0,0)=\frac{q}{v_{q+1}}\frac{\omega_{0,1}}{\omega_{0,0}}(\boldsymbol{d}_{0,1}-\boldsymbol{d}_{0,0})\\
&\boldsymbol{p}_{uv}(0,0)=\frac{pq}{\omega_{0,0}u_{p+1}v_{q+1}}\left(\omega_{1,1}\boldsymbol{d}_{1,1}-\frac{\omega_{1,0}\omega_{0,1}}{\omega_{0,0}}(\boldsymbol{d}_{1,0}+\boldsymbol{d}_{0,1})+\left(\frac{2\omega_{1,0}\omega_{0,1}}{\omega_{0,0}}-\omega_{1,1}\right)\boldsymbol{d}_{0,0}\right)
\end{aligned}
\tag{5.10}
$$

其中，p,q 分别代表 NURBS 曲面的有理基函数在 u 方向和 v 方向的次数。图 5.3 给出了一张 NURBS 曲面的一阶和二阶偏导矢，其中一阶偏导矢缩小了 1/2，二阶偏导矢缩小到原来的 1/3。

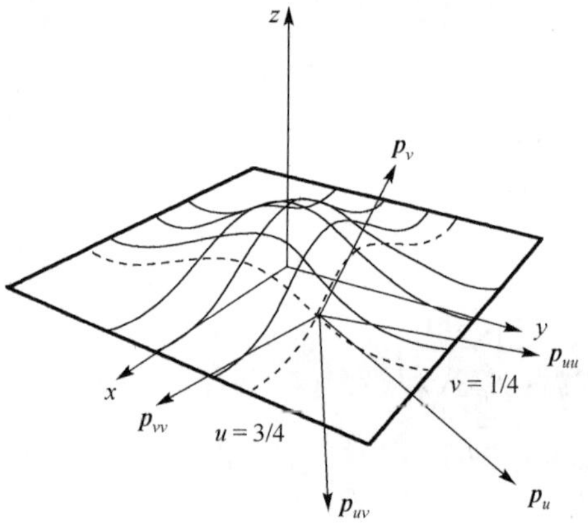

图 5.3　一张双三次 NURBS 曲面及其在 $u=3/4$， $v=1/4$ 处的一阶和二阶偏导矢

5.2.3　NURBS 曲面的性质

有理双变量基函数 $R_{i,k;j,l}(u,v)$ 具有与非有理 B 样条基函数 $N_{i,k}(u)N_{j,l}(v)$ 相类似的函数图形与解析性质。

(1) 局部支撑性：

$$R_{i,k;j,l}(u,v)=0,\quad u\notin[u_i,u_{i+k+1}]\text{或}\,v\notin[v_j,v_{j+l+1}]$$

(2) 规范性：

$$\sum_{i=0}^{m}\sum_{j=0}^{n}R_{i,k;j,l}(u,v)=1$$

(3) 可微性。在每个子矩形域内所有偏导数存在，在重复度为 r 的 u 节点处沿 u 向是 $k-r$ 次连续可微的，在重复度为 r 的 v 节点处沿 v 向是 $l-r$ 次连续可微的。

(4) $R_{i,k;j,l}(u,v)$ 是双变量 B 样条基函数的推广。即当所有 $\omega_{i,j}=1$ 时，有：

$$R_{i,k;j,l}(u,v) = N_{i,k}(u)N_{j,l}(v)$$

有理 B 样条曲面具有与非有理 B 样条曲面相类似的几何性质。也可以说，NURBS 曲线的大多数性质都可直接推广到 NURBS 曲面。

(1) 局部性质是 NURBS 曲线局部性质的推广。

(2) 与非有理 B 样条曲面同样的凸包性。

(3) 仿射与透视变换下的不变性。

(4) 沿 u 向在重复度为 r 的 u 节点处是 C^{k-r} 参数连续的，沿 v 向在重复度为 r 的 v 节点处是 C^{l-r} 参数连续的。

(5) NURBS 曲面是非有理与有理 Bézier 曲面及非有理 B 样条曲面的推广。它们都是 NURBS 曲面的特例，如 NURBS 曲面不具有变差减少性质。

类似于曲线情况，权因子 $\omega_{i,j}$ 是附加的形状参数，它们对曲面的局部推拉作用可以精确地定量确定。

像非有理 B 样条曲面那样，NURBS 曲面也可按节点矢量沿每个参数方向划分为 4 种类型。对于开曲面，甚至对于闭曲面，每个节点矢量的两端节点通常都取成重节点，重复度等于该方向参数次数加 1。这样可以使 NURBS 曲面的 4 个角点恰恰就是控制网格的四角顶点，曲面在角点处的单向偏导矢恰好就是边界曲线在端点处的导矢。

由 NURBS 曲面的方程可知，欲给出一张曲面的 NURBS 表示，需要确定的数据包括：控制顶点 $\boldsymbol{d}_{i,j}$ 及其权因子 $\omega_{i,j}(i=0,1,\cdots,m;j=0,1,\cdots,n)$，$u$ 参数的次数 k，v 参数的次数 l，u 向节点矢量 $\boldsymbol{U}$ 与 v 向节点矢量 $\boldsymbol{V}$。次数 k 与 l 也分别隐含于节点矢量 $\boldsymbol{U}$ 与 $\boldsymbol{V}$ 中。

5.2.4　曲面权因子的几何意义

与曲线权因子相似，改变权因子 $\omega_{i,j}$ 至多仅影响到子矩形域 $u_i < u < u_{i+k+1}, v_j < v < v_{j+l+1}$ 那部分曲面，因此就只需考察该部分。固定参数值 $u \in (u_i, u_{i+k+1})$ 与 $v \in (v_j, v_{j+l+1})$，当取 $\omega_{i,j}$ 为 0,1 和不同值时，分别得到下列点(图 5.4)：

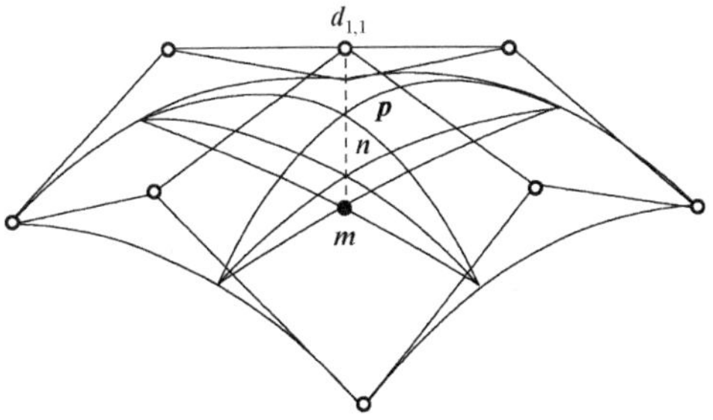

图 5.4　$\omega_{1,1}$ 的几何意义

$$\boldsymbol{m} = \boldsymbol{p}(u,v;\omega_{i,j} = 0)$$
$$\boldsymbol{n} = \boldsymbol{p}(u,v;\omega_{i,j} = 1)$$
$$\boldsymbol{p} = \boldsymbol{p}(u,v;\omega_{i,i} \neq 0,1)$$

其中，$\boldsymbol{n}$ 和 $\boldsymbol{p}$ 可由 $\boldsymbol{m}$ 与 $\boldsymbol{d}_{i,j}$ 线性表示：

$$\boldsymbol{n} = (1-\alpha)\boldsymbol{m} + \alpha\boldsymbol{d}_{i,j}$$
$$\boldsymbol{p} = (1-\beta)\boldsymbol{m} + \beta\boldsymbol{d}_{i,j}$$

其中：

$$\alpha = \frac{N_{i,k}(u)N_{j,l}(v)}{\sum_{i\neq r=0}^{m}\sum_{j\neq s=0}^{n}\omega_{r,s}N_{r,k}(u)N_{s,l} + N_{i,k}(u)N_{j,l}(v)}$$

$$\beta = R_{i,k;j,l}(u,v) = \frac{\omega_{i,j}N_{i,k}(u)N_{j,l}(v)}{\sum_{r=0}^{m}\sum_{s=0}^{n}\omega_{r,s}N_{r,k}(u)N_{s,l}(v)}$$

类似 NURBS 曲线，也存在如下关系式：

$$\frac{\overline{\boldsymbol{d}_{i,j}\boldsymbol{n}} / \overline{\boldsymbol{nm}}}{\overline{\boldsymbol{d}_{i,j}\boldsymbol{p}} / \overline{\boldsymbol{pm}}} = \frac{1-\alpha}{\alpha} : \frac{1-\beta}{\beta} = \omega_{i,j}$$

这表明权因子 $\omega_{i,j}$ 等于 $\boldsymbol{d}_{i,j},\boldsymbol{n},\boldsymbol{p},\boldsymbol{m}$ 四共线点的交比。且可以推断出：

①当 $\omega_{i,j}$ 增大时，曲面被拉向控制顶点 $\boldsymbol{d}_{i,j}$，反之被推离 $\boldsymbol{d}_{i,j}$；

②当 $\omega_{i,j}$ 变化时，相应得到沿直线 $\overline{\boldsymbol{d}_{i,j}\boldsymbol{m}}$ 移动的 $\boldsymbol{p}$ 点；

③当 $\omega_{i,j}$ 趋向无穷大时，$\boldsymbol{p}$ 点趋向与控制顶点 $\boldsymbol{d}_{i,j}$ 重合。

5.3　圆锥截线和圆

圆锥截线(也称为二次曲线)和圆在 CAD/CAM 中有着广泛的应用。毫无疑问，NURBS 的一个最大优点就是既能精确地表示圆锥截线和圆，也能精确地表示自由曲线曲面。

5.3.1　圆锥截线

一条圆锥截线是满足如下条件的点 P 的集合：P 到一个定点(即焦点)的距离与到一条定直线(即准线)的距离成正比，即(图 5.5)：

$$\text{Conic} = \left\{ P \,\middle|\, \frac{PF}{PD} = e \right\}$$

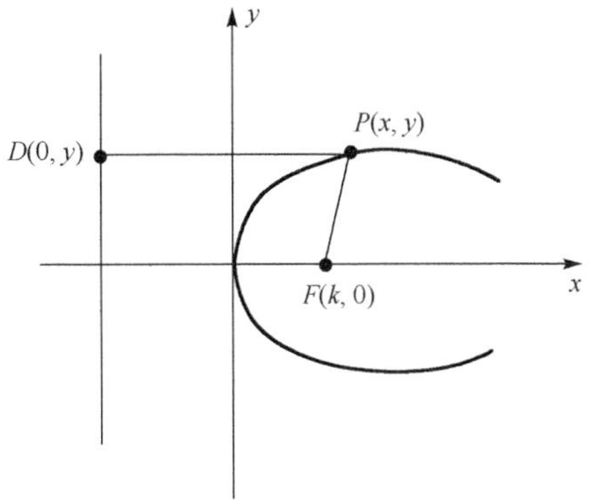

图 5.5　通过焦点和准线来定义圆锥截线

其中，e称为离心率，是一个比例常数。而离心率决定了圆锥截线的类型，即：

$$e\begin{cases}=1, & \text{抛物线} \\ <1, & \text{椭圆} \\ >1, & \text{双曲线}\end{cases}$$

以直线 $x=0$ 为准线，焦点为 $F=(k,0)$，则有：

$$e=\frac{\sqrt{(x-k)^2+y^2}}{|x|} \tag{5.11}$$

其中，$|x|=PD, D=(0,y)$，对上式整理可得：

$$(1-e^2)x^2-2kx+y^2+k^2=0 \tag{5.12}$$

一般地，任意一个二次代数方程都表示一条圆锥截线，设这个二次方程为：

$$ax^2+by^2+2hxy+2fx+2gy+c=0 \tag{5.13}$$

其中，a,b,c,h,f,g 为代数方程系数，并记：

$$\alpha=ab-h^2,\quad \boldsymbol{D}=\begin{vmatrix} a & h & f \\ h & b & g \\ f & g & c \end{vmatrix}$$

则具体分类如下：

$$\alpha=0,\quad \begin{matrix} \boldsymbol{D}\neq 0, & \text{抛物线} \\ \boldsymbol{D}=0, & \text{两条平行直线}\end{matrix}$$

$$\alpha>0,\quad \begin{matrix} \boldsymbol{D}=0, & \text{点} \\ \boldsymbol{D}\neq 0, & \text{椭圆}\end{matrix}$$

$$\alpha<0,\quad \begin{matrix} \boldsymbol{D}\neq 0, & \text{双曲线} \\ \boldsymbol{D}=0, & \text{两条相交直线}\end{matrix}$$

在 CAD/CAM 应用中，更普遍采用含参数的形式，下面先给出有理参数形式下，标准位置的椭圆、双曲线和抛物线方程。

椭圆：

$$\begin{cases} x(u) = a\dfrac{1-u^2}{1+u^2} \\ y(u) = b\dfrac{2u}{1+u^2} \end{cases} \quad -\infty < u < \infty \tag{5.14}$$

双曲线：

$$\begin{cases} x(u) = a\dfrac{1+u^2}{1-u^2} \\ y(u) = b\dfrac{2u}{1-u^2} \end{cases} \quad -\infty < u < \infty, u \neq \infty \tag{5.15}$$

抛物线：

$$\begin{cases} x(u) = au^2 \\ y(u) = 2au \end{cases} \quad -\infty < u < \infty \tag{5.16}$$

但在实际中，可能存在均匀分布的参数值会对应于曲线上分布很不均匀的点这种情况，因此采用另一种参数化。

假设 $\boldsymbol{P}(u) = (x(u), y(u))$ 是一条在标准位置的圆锥截线的参数表示。现对每一种类型的圆锥截线给出函数 $x(u), y(u)$，使得在下述意义下，它是一个好的参数化：对于任意给定的整数 n 和参数边界 a 与 b，取 n 个等间隔分布的参数：

$$a = u_1, \cdots, u_n = b, \quad u_{i+1} - u_i = c, \quad i = 1, 2, \cdots, n-1$$

其中，c 为一常数。这样的点列 $\boldsymbol{P}(u_1), \boldsymbol{P}(u_2), \cdots, \boldsymbol{P}(u_n)$ 就构成曲线 $\boldsymbol{P}(u)$ 上的 $n-1$ 边多边形，它的闭合多边形具有最大的内接面积。

椭圆方程如下：

$$\begin{cases} x(u) = a\cos u \\ y(u) = b\sin u \end{cases} \quad 0 \leqslant u \leqslant 2\pi \tag{5.17}$$

当 $a = b$ 时为一个圆，并且该参数化是均匀的。

双曲线方程如下：

$$\begin{cases} x(u) = \pm a\cosh u \\ y(u) = \pm b\sinh u \end{cases} \quad -\infty < u < \infty \tag{5.18}$$

当 a,b 为正时表示右支，反之表示左支。

抛物线方程如下：

$$\begin{cases} x(u) = au^2 \\ y(u) = 2au \end{cases} \quad -\infty < u < \infty \tag{5.19}$$

将上述三式推广至三维空间。设 XOY 是三维空间中的局部坐标系，O 为中心或顶点，如图 5.6 所示，圆锥截线方程如下。

椭圆：

$$\boldsymbol{P}(u) = O + a\cos uX + b\sin uY \tag{5.20}$$

其中，O 为中心；X,Y 表示长轴和短轴。

双曲线：

$$\boldsymbol{P}(u) = O \pm (a\cosh uX + b\sinh uY) \tag{5.21}$$

其中，O 为中心；X,Y 表示横截轴和虚轴，取正(负)表示右(左)支。

抛物线：

$$\boldsymbol{P}(u) = O + au^2X + 2auY \tag{5.22}$$

其中，O 为顶点；X,Y 表示对称轴和顶点处的切线方向。

这也是产品模型数据交换标准中指定的圆锥截线表达式。

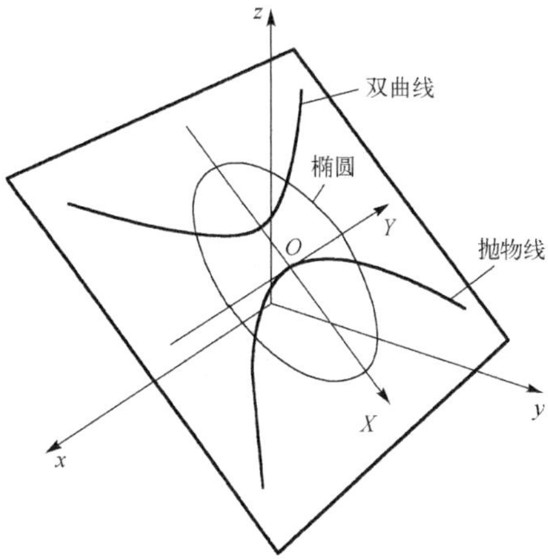

图 5.6　三维空间中的椭圆、抛物线和双曲线

5.3.2　圆的构造

在前面我们能用有理 Bézier 表示二次圆弧，用若干段小于$180°$的圆弧拼接起来以表示任意角度的圆弧。在决定如何实施之前，还要从以下五项要求[5]综合考虑：①尽量少的控制顶点；②紧凑的凸包；③良好的参数化；④所含每一弧段圆心角不超过 $90°$；⑤一致性。为简单起见，以下给出的圆弧都在 xOy 平面上，并且圆心在原点，半径为 1。

1. 整圆

用位于正方形上的 9 个控制顶点来定义整圆。已知在第一象限中的 3 个控制顶点$\{\boldsymbol{d}_i\}=\{(1,0),(1,1),(0,1)\}$和$\{\omega_i\}=\left\{1,\dfrac{\sqrt{2}}{2},1\right\}$来定义 1/4 圆弧，再利用重节点将这样四段圆弧进行拼接，就可得到整圆(图 5.7)，此时的节点矢量、权因子和控制顶点分别为：

$$\boldsymbol{U}=\left[0,0,0,\frac{1}{4},\frac{1}{4},\frac{1}{2},\frac{1}{2},\frac{3}{4},\frac{3}{4},1,1,1\right]$$

$$\{\omega_i\}=\left\{1,\frac{\sqrt{2}}{2},1,\frac{\sqrt{2}}{2},1,\frac{\sqrt{2}}{2},1,\frac{\sqrt{2}}{2},1\right\}$$

$$\{\boldsymbol{d}_i\}=\{(1,0),(1,1),(0,1),(-1,1),(-1,0),(-1,-1),(0,-1),(1,-1),(1,0)\}$$

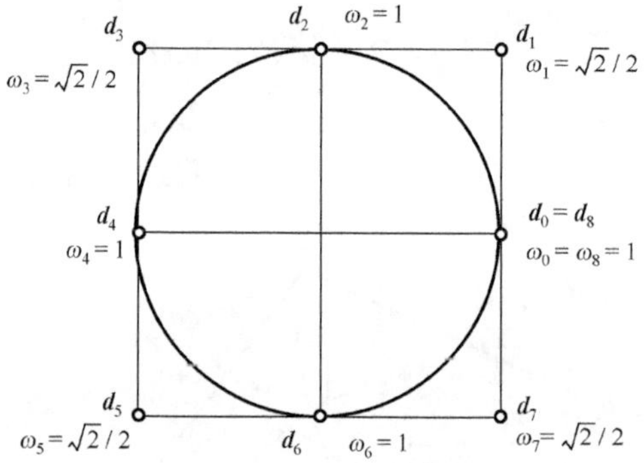

图 5.7　9 个控制顶点生成的 NURBS 整圆

此外，还有用位于三角形上的 7 个控制点定义整圆的方法(图 5.8)，其节点矢量、权因子和控制顶点分别为：

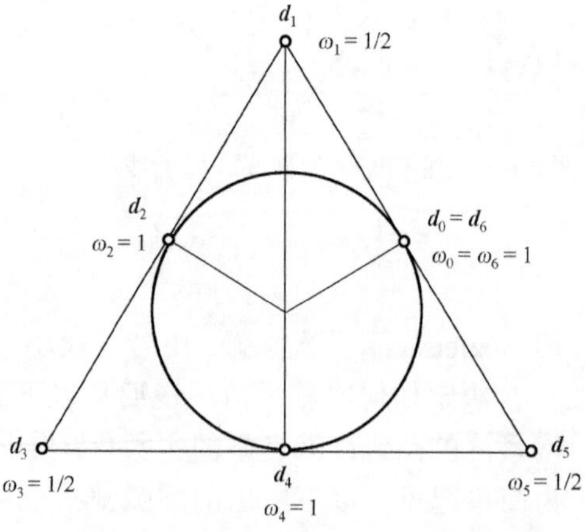

图 5.8　7 个控制顶点生成的 NURBS 整圆

$$\boldsymbol{U}=\left[0,0,0,\frac{1}{3},\frac{1}{3},\frac{2}{3},\frac{2}{3},1,1,1\right]$$

$$\{\omega_i\}=\left\{1,\frac{1}{2},1,\frac{1}{2},1,\frac{1}{2},1\right\}$$

$$\{\boldsymbol{d}_i\}=\left\{\left(\frac{\sqrt{3}}{2},\frac{1}{2}\right),(0,2),\left(-\frac{\sqrt{3}}{2},\frac{1}{2}\right),(-\sqrt{3},-1),(0,-1),(\sqrt{3},-1),\left(\frac{\sqrt{3}}{2},\frac{1}{2}\right)\right\}$$

2. 半圆

半圆可以用两段 90° 的圆弧拼接来表示，如图 5.9 所示，其节点矢量、权因子和控制顶点分别为：

$$\boldsymbol{U}=\left[0,0,0,\frac{1}{2},\frac{1}{2},1,1,1\right]$$

$$\{\omega_i\}=\left\{1,\frac{\sqrt{2}}{2},1,\frac{\sqrt{2}}{2},1\right\}$$

$$\{\boldsymbol{d}_i\}=\{(1,0),(1,1),(0,1),(-1,1),(-1,0)\}$$

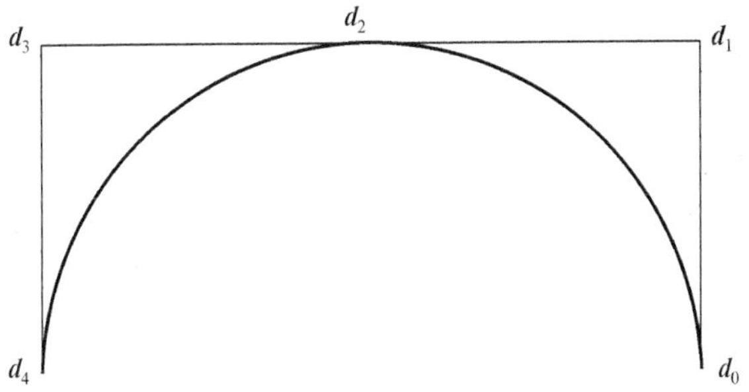

图 5.9　5 个控制顶点生成的 NURBS 半圆

3. $180°<|\theta|\leqslant 270°$ 圆弧

将圆弧等分为三个子圆弧段，并做分点及两端点的切线。每顺序连接相邻两切线得一交点(图 5.10)，其节点矢量、权因子分别为：

$$\boldsymbol{U}=\left[0,0,0,\frac{1}{3},\frac{2}{3},\frac{2}{3},1,1,1\right]$$

$$\{\omega_i\}=\left\{1,\cos^2\frac{\theta}{6},\cos^2\frac{\theta}{6},1,\cos\frac{\theta}{6},1\right\}$$

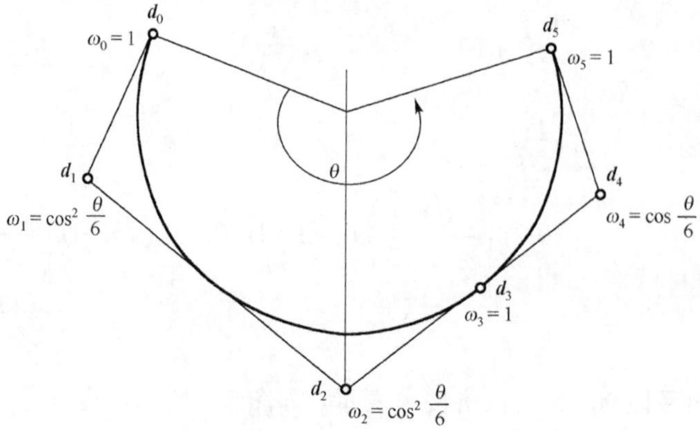

图 5.10　$180°<|\theta|\leqslant 270°$ 圆弧的二次 NURBS 表示

4. $270°<|\theta|\leqslant 360°$ 的圆弧

将圆弧等分为四子圆弧段，并做分点及两端点的切线。每顺序延长相邻两切线得一交点(图 5.11)，其节点矢量、权因子分别为：

$$\boldsymbol{U}=\left[0,0,0,\frac{1}{4},\frac{1}{2},\frac{1}{2},\frac{3}{4},1,1,1\right]$$

$$\{\omega_i\}=\left\{1,\cos^2\frac{\theta}{8},\cos^2\frac{\theta}{8},1,\cos^2\frac{\theta}{8},\cos^2\frac{\theta}{8},1\right\}$$

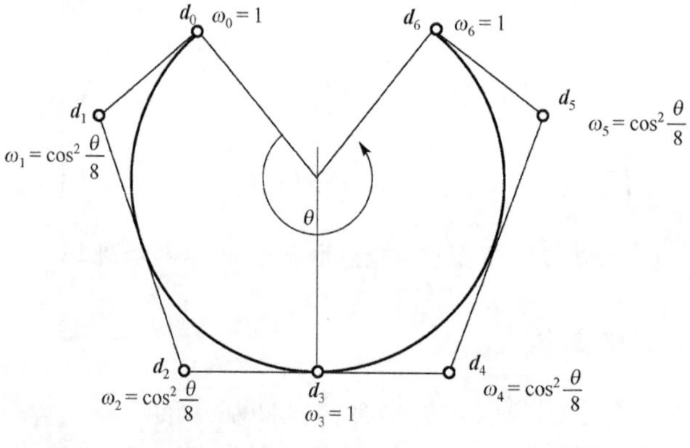

图 5.11　$270°<|\theta|\leqslant 360°$ 圆弧的二次 NURBS 表示

5.3.3　常用曲面的 NURBS 表示

1. 一般柱面

通过生成一条准线，使该准线沿单位矢量 $\boldsymbol{e}$ 表示的方向移动给定的距离 s，便可得到一般柱面。设该准线为一条有节点矢量 $\boldsymbol{U}$ 的 k 次 NURBS 曲线，其方程用有理基函数表示为

$$\boldsymbol{p}(u)=\sum_{i=0}^{m}\boldsymbol{d}_{i,0}R_{i,k}(u),\quad 0\leqslant u\leqslant 1 \tag{5.23}$$

其中，$\boldsymbol{d}_{i,0}$ 为该准线的控制顶点，相应有权因子 $\omega_{i,0}$；$R_{i,k}(u)$ 为 k 次有理基函数。则所生成的一般柱面可表示为

$$\boldsymbol{p}(u,v)=\sum_{i=0}^{m}\sum_{j=0}^{l}\boldsymbol{d}_{i,j}R_{i,k;j,l}(u,v) \tag{5.24}$$

其中，$\boldsymbol{d}_{i,1}=\boldsymbol{d}_{i,0}+s\boldsymbol{e}, \omega_{i,1}=\omega_{i,0}, i=0,1,\cdots,m$；$R_{i,k;j,l}(u,v)$ 是由节点矢量 $\boldsymbol{U}$ 与 $\boldsymbol{V}=[0,0,1,1]$ 决定的有理基函数。

2. 平面、圆柱面与圆锥面

1) 平面

任意一个平面四边形围成一平面片。平面片可表示为一双线性 NURBS 曲面，其控制顶点为平面片的四个角点 $\boldsymbol{d}_{0,0},\boldsymbol{d}_{1,0},\boldsymbol{d}_{0,1},\boldsymbol{d}_{1,1}$，图 5.12 中权因子都取 1，即 $\omega_{0,0}=\omega_{1,0}=\omega_{0,1}=\omega_{1,1}=1$。两个节点矢量 $\boldsymbol{U}=\boldsymbol{V}=[0,0,1,1]$。因此，它实际上是非有理双一次 Bézier 曲面片，那是 NURBS 曲面的特例。

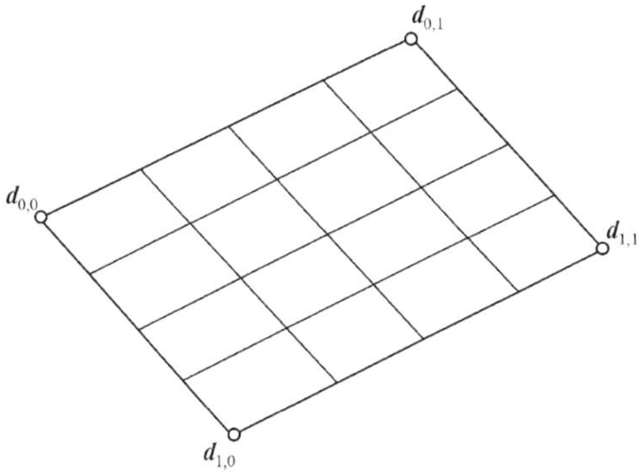

图 5.12　NURBS 双线性曲面片

事实上，给定空间不共线三点 $\boldsymbol{d}_{0,0},\boldsymbol{d}_{1,0},\boldsymbol{d}_{0,1}$ 就决定一平面，用平行四边形关系可以确定第四个点，从而确定一个空间 NURBS 平面。

2) 圆柱面

圆柱面可由一圆弧与一整圆沿其轴线方向移动一个距离 s 得到。

先给定圆弧与整圆的二次 NURBS 表示；然后确定圆弧与整圆所在平面的单位法矢，以圆弧与整圆为准线；最后按一般柱面生成所要求的圆柱面(图 5.13)。

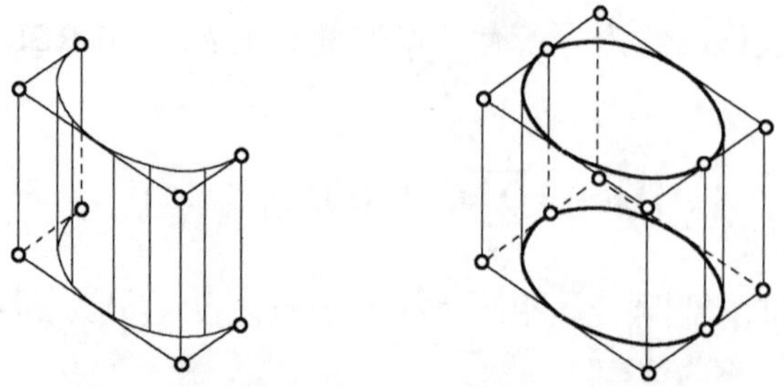

(a) NURBS圆柱面片　　(b) 整圆柱面

图 5.13　圆柱面的生成

3) 圆锥面

在一般柱面中，由控制顶点 $\boldsymbol{d}_{i,0}$ 及其权因子 $\omega_{i,0}(i=0,1,\cdots,m)$ 定义一条原始准线。而由控制顶点 $\boldsymbol{d}_{i,1}$ 及其权因子 $\omega_{i,1}(i=0,1,\cdots,m)$ 定义另一条准线。后者由前者平移等到。使圆柱面的原始准线圆与圆锥面的底面圆相等，又使圆柱面与圆锥面等高。将定义圆柱面另一准线圆的控制顶点缩到所在圆心一点，权因子不变，两个节点矢量都不变，就定义了 NURBS 圆锥面。可见，圆锥面的锥顶点实际是一条退化边界，因为在锥顶处不存在公共的切平面。

5.4　NURBS 曲线曲面的形状修改

NURBS 曲面的交互形状修改技术是 NURBS 曲线形状修改方法的推广。在工程实践中三维空间曲面遇到最困难的问题之一是它仅能用二维信息显示出来。参数化以及曲面光顺等问题可能存在，使得生成的曲面形状难以为人们所接受。因此，形状修改是必要的。

一种修改曲面形状的途径，就是通过修改生成曲面的原始信息对它们的形状进行修改，如数据点。这种方法比较直观，也容易被工程人员接受。当曲面形状复杂或尺寸很大，即定义曲面的数据点很多时，这个修改过程将耗费大量时间。因为细小的局部变化，都必须把整张曲面重新计算出来。其速度之慢或效率之低，将令人不能忍受。因此，这种途径就较少具有实际使用价值。

这里介绍 Piegl[6]提出的通过直接修改控制顶点与权因子来实现修改 NURBS 曲面形状。这些方法不考虑曲面是怎样生成的，而把直接的三维曲面数据作为交互形状设计的输入。方法的提出主要考虑到满足如下工程实际的要求：

(1) 为几何形状设计提供更大的灵活性；

(2) 提供一套在设计过程中任何阶段都有效的工具；

(3) 保持参数连续性；

(4) 方法可靠、快速和准确；

(5) 为实时交互应用提供即时的系统响应。

下面给出一些修改 NURBS 曲面形状的例子。

1. 翘曲

调整控制顶点可以实现曲线或者曲面局部形状的改变，其形式如下：

$$\hat{\boldsymbol{d}}_i = \boldsymbol{d}_i + cf\boldsymbol{W} \tag{5.25}$$

其中，f 是一个函数，c 是一个常数，$\boldsymbol{W}$ 可以是一个矢值常量或矢值函数。f 用于控制翘曲的形状，c 是控制点移动(因此也是翘曲距离)的一个上界，$\boldsymbol{W}$ 用于控制翘曲的方向，通过在曲线上选择两点来确定翘曲的范围，就可以使曲线的翘曲被限制在这两点之间的曲线段上(图 5.14)。一个非常有用的翘曲函数由下式给出。

$$f(t) = \frac{R_{3,3}(t)}{R_{\max}} \tag{5.26}$$

其中，$R_{\max} = R_{3,3}\left(\frac{1}{2}\right)$，$R_{3,3}(t)$ 是有理三次 B 样条基函数：

$$R_{3,3}(t) = \frac{N_{3,3}(t)\omega_3}{\sum_{i=0}^{6} N_{i,3}(t)\omega_i}$$

其中，节点矢量和权因子分别为：

$$\boldsymbol{U} = \left[0,0,0,0,\frac{1}{4},\frac{1}{2},\frac{3}{4},1,1,1,1\right]$$

$$\{\omega_i\} = \{1,1,1,\omega_3,1,1,1\}$$

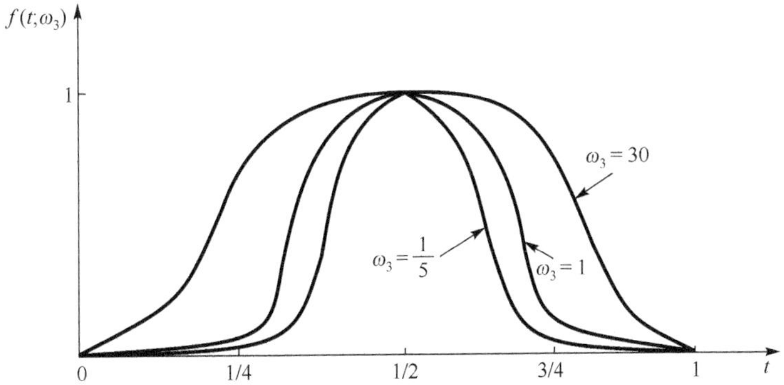

图 5.14　ω_3={1/5,1,30} 时的函数图形

下面以曲线的翘曲为例，图 5.15(a)～(c) 说明了改变各个翘曲参数的效果。

图 5.15(a)是采用不同的权因子 ω_3 使曲线在指定的区域产生凹陷的效果；图 5.15(b)是保持权因子 ω_3 和距离 c 不变，改变翘曲方向 $\boldsymbol{W}$ 的效果；图 5.15(c)中，采用不同的距离 c 用来控制翘曲的幅度。

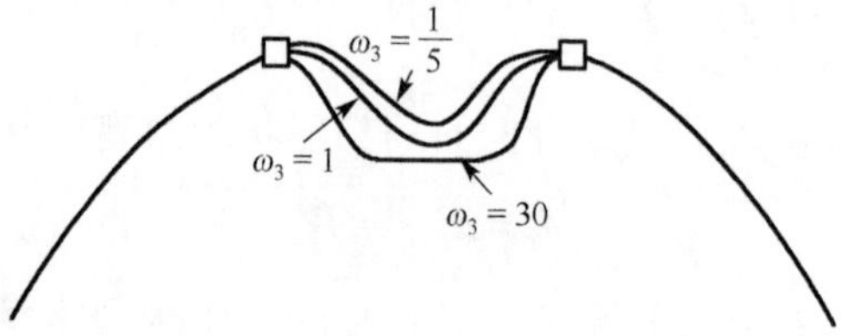

(a) 使用不同的权$\{\omega_3=1/5, 1, 30\}$

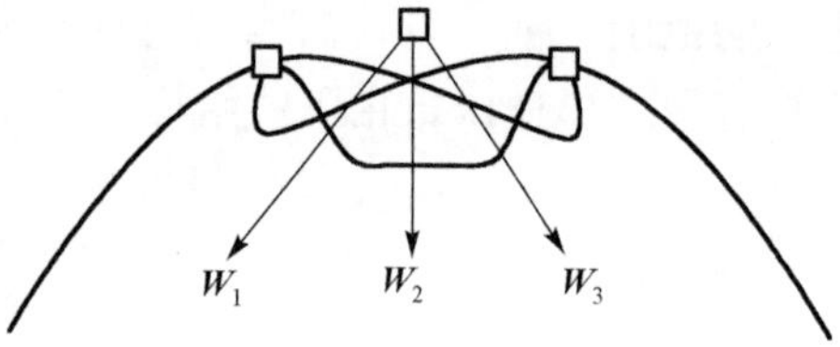

(b) 使用不同的方向向量

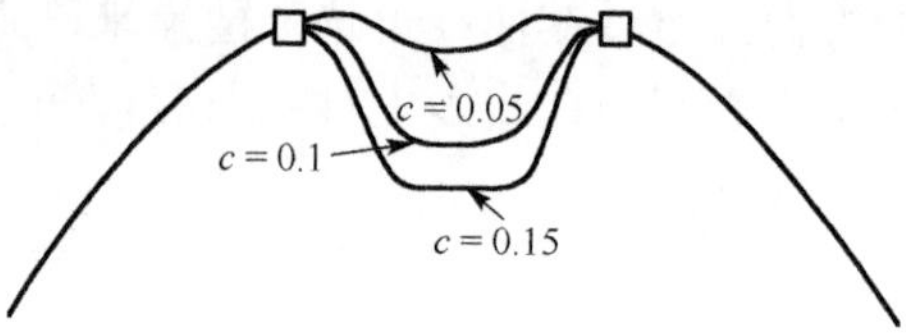

(c) 使用不同的权$c=\{0.05, 0.1, 0.15\}$

图 5.15　曲线的翘曲

2. 平整

与翘曲恰好相反，平整操作可以在曲线中生成直线或是在曲面中生成平面区域，具体操作如下：

①细化曲线的节点以得到更多的控制点；

②将某些指定的控制点 $\boldsymbol{d}_i$，投影到直线 l 上，记 $\boldsymbol{d}_i$ 的投影为 $\hat{\boldsymbol{d}}_i$，用 $\hat{\boldsymbol{d}}_i$ 代替 $\boldsymbol{d}_i$；

③去除不必要的节点。

其中用矢量 $\boldsymbol{W}$ 来定义投影方向，即 $\hat{\boldsymbol{d}}_i=\boldsymbol{d}_i+\alpha\boldsymbol{W}$，$\alpha$ 为一常数。同时控制局部参数 u_s 和 u_e，即 $\boldsymbol{d}_i$ 对曲线的影响仅限于 $[u_s,u_e], i=s,\cdots,e-p-1$ 时，才对 $\boldsymbol{d}_i$ 进行投影。

下面以曲线的平整为例，图 5.16(a)是待平整的曲线与直线 l 相交，其上的曲线段 $[\boldsymbol{p}(u_s),\boldsymbol{p}(u_e)]$ 将沿着 $\boldsymbol{W}$ 方向被拉伸到和曲线相交的直线 l 上。图 5.16(b)是只对直线 l 一侧的控制点进行投影，图 5.16(c)是对所有影响局限于区间 $[u_s,u_e]$ 的控制点进行投影，会产生不好的结果。

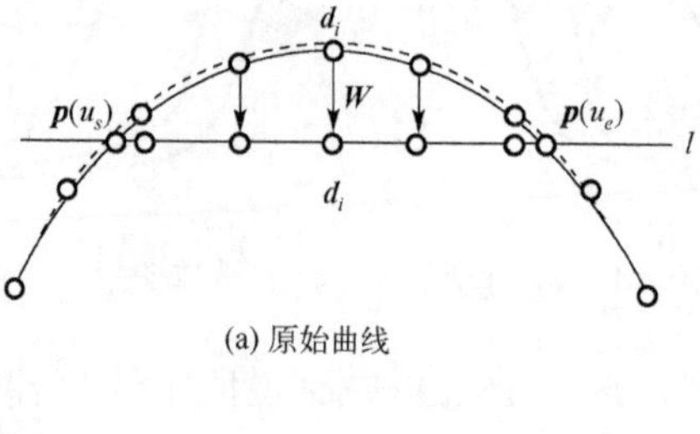

(a) 原始曲线

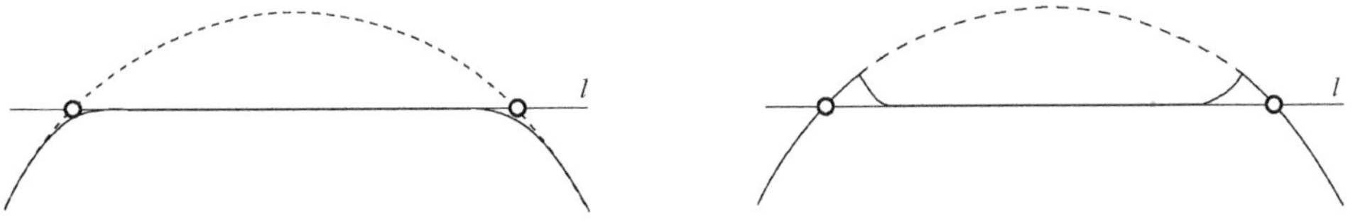

(b) 对控制点进行投影得到的平整曲线　　(c) 对区间$[\boldsymbol{p}(u_s), \boldsymbol{p}(u_e)]$内的控制点进行投影得到的平整曲线

图 5.16　曲线的平整

5.5　NURBS 曲线曲面的拟合

拟合算法可分为插值和逼近，其中逼近算法在前面章节已经给出，此处仅介绍插值算法。插值算法可以分为整体算法和局部算法。整体算法通常需要求解一个方程组或优化问题。若给定的数据只包括点和导矢，并且只有控制点是未知的(次数、节点矢量和权因子已知)，那么很容易求解这个线性系统。但如果给定如曲率这类更复杂的数据，或者节点或权值也是未知量，那么得到的系统是非线性的。二者各有优劣，对于整体算法来说，输入数据项的微小变动都会改变整个曲线或曲面的形状，但是改变的幅度会随着与发生变化的数据项距离的增加而减小。

局部算法在本质上更几何化一些，由于是分段(或分片)地创建曲线或曲面，而且每一步只用到局部的数据，因此一个数据项的变动只改变局部的形状。这类算法通常比全局算法计算量要小，也能更好地处理尖点、直线段和其他一些局部不规则的数据，但是在各段的连接处要达到预期的连续性要求是较难处理的，而且局部算法通常会产生内部重节点。

5.5.1　整体插值

整体插值是：给定一组有序的数据点 $\boldsymbol{P}_k (k=0,1,\cdots,m)$，怎样构造一条 NURBS 曲线顺序通过这些数据点，并且以 $\boldsymbol{P}_0, \boldsymbol{P}_m$ 为曲线的端点。

如果为每一点 $\boldsymbol{P}_k$ 指定了一个参数值 u_k，并且选定了一个合适的节点矢量 $\boldsymbol{U} = [u_0, u_1, \cdots, u_m]$，就可以建立一个系数矩阵为 $(m+1)\times(m+1)$ 的线性方程组：

$$\boldsymbol{P}_k = \boldsymbol{p}(u_k) = \sum_{i=0}^{m} N_{i,p}(u_k)\boldsymbol{d}_i \tag{5.27}$$

其中，$N_{i,p}(u_k)$ 是定义在节点矢量 $\boldsymbol{U}$ 上第 i 个 k 次 B 样条基函数，r 是 $\boldsymbol{P}_k$ 的坐标分量个数(一般为 2、3 或者 4)。则式(5.27)有一个系数矩阵，r 个坐标分量，共有 r 个系数矩阵相同的线性方程组，每个方程组的解对应于一个坐标分量。

接下来是参数化的过程，一共有 3 种参数化的方法。

(1)均匀参数化:

$$u_0=0,\quad u_m=1,\quad u_k=\frac{k}{m},\quad k=1,2,\cdots,m-1$$

(2)弦长参数化。

令 d 为总弦长，有:

$$d=\sum_{k=1}^{m}\left|\boldsymbol{P}_k-\boldsymbol{P}_{k-1}\right|$$

则

$$u_0=0,\quad u_m=1\,,\quad u_k=u_{k-1}+\frac{\left|\boldsymbol{P}_k-\boldsymbol{P}_{k-1}\right|}{d},\quad k=1,2,\cdots,m-1$$

这是目前最常用的方法，并且一般用它就足够了。

(3)向心参数化。

令

$$d=\sum_{k=1}^{m}\sqrt{\left|\boldsymbol{P}_k-\boldsymbol{P}_{k-1}\right|}$$

则

$$u_0=0,\quad u_m=1\,,\quad u_k=u_{k-1}+\frac{\sqrt{\left|\boldsymbol{P}_k-\boldsymbol{P}_{k-1}\right|}}{d},\quad k=1,2,\cdots,m-1$$

这是一个新的方法[7]，当数据点发生急剧变化时，这个方法能得到比弦长参数化更好的结果。若数据点是带权的[8]，即每个 $\boldsymbol{P}_k$ 都有对应的权因子 h_k，则令带权数据点 $\overline{\boldsymbol{P}}=\left[\omega\boldsymbol{P}\quad\omega\right]$ 即可，下面是一个简单的例子。

例 5.1　给定二维数据点 $\boldsymbol{p}_0=[1\quad 0]$，$\boldsymbol{p}_1=\begin{bmatrix}\dfrac{\sqrt{2}}{2} & \dfrac{\sqrt{2}}{2}\end{bmatrix}$ 与 $\boldsymbol{p}_2=[0\quad 1]$ 及其权因子 $h_0=h_2=1$，$h_1=\dfrac{1}{2}+\dfrac{\sqrt{2}}{4}$，试反算有理插值曲线的控制顶点及其权因子。

解　因仅给出 3 个数据点及权因子，可采用单段的有理二次 Bézier 曲线作为插值曲线。

先确定带权数据点 $\boldsymbol{P}_0=[1\quad 0\quad 1]$，$\boldsymbol{P}_1=\begin{bmatrix}\dfrac{1+\sqrt{2}}{4} & \dfrac{1+\sqrt{2}}{4} & \dfrac{1}{2}+\dfrac{\sqrt{2}}{4}\end{bmatrix}$，$\boldsymbol{P}_2=\left[0\quad 1\quad 1\right]$。由于两弦长相等即 $\left|\boldsymbol{P}_1-\boldsymbol{P}_0\right|=\left|\boldsymbol{P}_2-\boldsymbol{P}_1\right|$，故此处弦长参数化与对称参数化均可，使 $\boldsymbol{P}_0,\boldsymbol{P}_1,\boldsymbol{P}_2$ 依次具有参数值 $0,\dfrac{1}{2},1$。代入由未知带权控制顶点 $\boldsymbol{D}_0,\boldsymbol{D}_1,\boldsymbol{D}_2$ 定义的非有理二次 Bézier 曲线方程，依次得到带权数据点 $\boldsymbol{P}_0,\boldsymbol{P}_1,\boldsymbol{P}_2$。于是可给出线性方程组:

$$\begin{bmatrix} 1 & & \\ \frac{1}{4} & \frac{1}{2} & \frac{1}{4} \\ & & 1 \end{bmatrix}\begin{bmatrix} \boldsymbol{D}_0 \\ \boldsymbol{D}_1 \\ \boldsymbol{D}_2 \end{bmatrix}=\begin{bmatrix} \boldsymbol{P}_0 \\ \boldsymbol{P}_1 \\ \boldsymbol{P}_2 \end{bmatrix}$$

解之，得：

$$\boldsymbol{D}_0=\boldsymbol{P}_0,\quad \boldsymbol{D}_2=\boldsymbol{P}_2,\quad \boldsymbol{D}_1=2\left(\boldsymbol{P}_1-\frac{\boldsymbol{P}_0-\boldsymbol{P}_2}{4}\right)=\begin{bmatrix} \frac{\sqrt{2}}{2} & \frac{\sqrt{2}}{2} & \frac{\sqrt{2}}{2} \end{bmatrix}$$

于是得所求有理二次 Bézier 插值曲线的控制顶点 $\boldsymbol{d}_0=\boldsymbol{p}_0$，$\boldsymbol{d}_1=[1\quad 1]$，$\boldsymbol{d}_2=\boldsymbol{p}_2$。相应的权因子为：

$$\omega_0=\omega_2=1,\quad \omega_1=\frac{\sqrt{2}}{2}$$

可见，其解恰好定义了第一象限内圆心在原点的 90° 单位圆弧。

若仅将数据点 $\boldsymbol{p}_1$ 的权因子 h_1 分别改为 1 和 2，则得到内顶点与内权因子分别为 $\boldsymbol{d}_1=[0.914\quad 0.914]$, $\omega_1=1$ 与 $\boldsymbol{d}_1=[0.776\quad 0.776]$, $\omega_1=3$。前者为抛物线弧，后者为双曲线弧。在这里，数据点 $\boldsymbol{p}_1$ 的权因子 h_1 有着与内顶点 $\boldsymbol{d}_1$ 的权因子 ω_1 相类似的作用。h_1 越大，内顶点 $\boldsymbol{d}_1$ 越靠近数据点 $\boldsymbol{p}_1$；h_1 越小，$\boldsymbol{d}_1$ 越远离 $\boldsymbol{p}_1$。

5.5.2　局部插值

局部曲线插值是指：给定一组数据点 $\boldsymbol{P}_k(k=0,1,\cdots,m)$，构造 m 条多项式或有理曲线段 $\boldsymbol{p}_i(u)(i=1,\cdots,n-1)$，使 $\boldsymbol{P}_i$ 和 $\boldsymbol{P}_{i+1}$ 是曲线段 $\boldsymbol{p}_i(u)$ 的端点。要求相邻曲线段在连接点处满足事先指定的连续阶，通常按从左到右的顺序分段创建。所建立的任何方程都仅与局部几个相邻的曲线段有关，在 NURBS 的框架内，采用多项式或有理 Bézier 构造一个合适的节点矢量得到 NURBS 曲线。局部插值往往能取得较满意的结果。其中二次与三次 NURBS 在工程设计中特别有用。如果数据点是平面的，且不希望生成拐点，则可以采用二次；否则，可采用三次。Boehm 等[9]对各种方法做了总结。令

$$\Delta u_i=u_i-u_{i-1},\quad \Delta\boldsymbol{P}_i=\boldsymbol{P}_i-\boldsymbol{P}_{i-1}$$

则一阶导矢：

$$\boldsymbol{t}_i=(1-\alpha_i)\frac{\Delta\boldsymbol{P}_i}{\Delta u_i}+\alpha_k\frac{\Delta\boldsymbol{P}_{i+1}}{\Delta u_{i+1}},\quad i=1,2,\cdots,m-1 \tag{5.28}$$

或者单位长度切矢量：

$$\boldsymbol{T}_i=\frac{\boldsymbol{V}_i}{|\boldsymbol{V}_i|},\quad \boldsymbol{V}_i=(1-\alpha_i)\Delta\boldsymbol{P}_i+\alpha_i\Delta\boldsymbol{P}_{i+1} \tag{5.29}$$

如图 5.17 所示，$\boldsymbol{t}_i$ 可看作一阶导矢的估计值，不再使用参数 u_i，所得矢量作为切矢方向，切矢模长和参数 u_i 需要同时考虑。因此这两种方法区别在于插值参数 α_i 的计算方式。

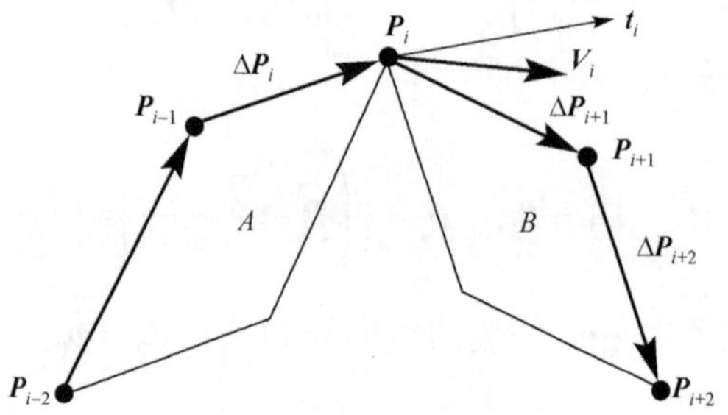

图 5.17　局部曲线插值计算切矢方向 $\boldsymbol{V}_i$ 和导矢 $\boldsymbol{t}_i$

Bessel 方法[10]是一个三点法，令

$$\alpha_i=\frac{\Delta u_i}{\Delta u_i+\Delta u_{i+1}},\quad i=1,2,\cdots,m-1 \tag{5.30}$$

结合式(5.28)可得五点法：

$$\alpha_i=\frac{|\Delta\boldsymbol{P}_{i-1}\times\Delta\boldsymbol{p}_i|}{|\Delta\boldsymbol{P}_{i-1}\times\Delta\boldsymbol{p}_i|+|\Delta\boldsymbol{P}_{i+1}\times\Delta\boldsymbol{P}_{i+2}|},\quad i=2,\cdots,m-2 \tag{5.31}$$

五点法的优点是：当点 $\boldsymbol{P}_{i-1},\boldsymbol{P}_i,\boldsymbol{P}_{i+1}$ 共线时，所得的切矢 $\boldsymbol{T}_i$ 平行于这三个点所在的直线，如果 $\boldsymbol{P}_{i-2},\boldsymbol{P}_{i-1},\boldsymbol{P}_i$ 共线，且 $\boldsymbol{P}_{i-1},\boldsymbol{P}_i,\boldsymbol{P}_{i+1}$ 也共线，则式(5.31)的分母变为零。这意味着要么 $\boldsymbol{P}_i$ 是一个角点，要么从 $\boldsymbol{P}_{i-2}$ 到 $\boldsymbol{P}_{i+2}$ 是一条直线段，在这种情况下，α_i 的值有多种选择方法，可以按如下方式选取：

(1) $\alpha_i=1$，有 $\boldsymbol{V}_i=\Delta\boldsymbol{P}_{i+1}$，它会在 $\boldsymbol{P}_i$ 处产生一个角点(当希望在 $\boldsymbol{P}_i$ 处保留角点时)；

(2) $\alpha_i=\dfrac{1}{2}$，有 $\boldsymbol{V}_i=\dfrac{1}{2}(\Delta\boldsymbol{P}_i+\Delta\boldsymbol{P}_{i+1})$，这种选择将会消除角点，使其变光滑(当不希望保留角点时)。

基于以上选择，对于三点格式，可以令

$$\boldsymbol{t}_0=2\frac{\Delta\boldsymbol{P}_1}{\Delta u_1}-\boldsymbol{t}_1,\quad \boldsymbol{t}_m=2\frac{\Delta\boldsymbol{P}_m}{\Delta u_m}-\frac{\Delta\boldsymbol{P}_{m-1}}{\Delta u_{m-1}} \tag{5.32}$$

对于五点格式，令

$$\begin{aligned}&\Delta\boldsymbol{P}_0=2\Delta\boldsymbol{P}_1-\Delta\boldsymbol{P}_2,\quad \Delta\boldsymbol{P}_{-1}=2\Delta\boldsymbol{P}_0-\Delta\boldsymbol{P}_1\\&\Delta\boldsymbol{P}_{m+1}=2\Delta\boldsymbol{P}_m-\Delta\boldsymbol{P}_{m-1},\quad \Delta\boldsymbol{P}_{m+2}=2\Delta\boldsymbol{P}_{m+1}-\Delta\boldsymbol{P}_m\end{aligned} \tag{5.33}$$

将式(5.33)代入式(5.31)和式(5.30)，即可得到切矢量 $\boldsymbol{T}_0,\boldsymbol{T}_1,\boldsymbol{T}_{m-1},\boldsymbol{T}_m$ 的值。下面简单给出几种局部插值的例子。图 5.18(a)中切矢是利用 Bessel 方法计算得到的，而图 5.18(b)中采用了 Akima 方法[11]。注意，图 5.18(b)中数据点的局部共线性被保

持了下来。图 5.19(a)中选择未保留角点，我们看到所有的曲线段都光滑连接；图 5.19(b)是选择保留角点的情况。图 5.20 所示为一个用这种插值方法得到的鞋底轮廓线。

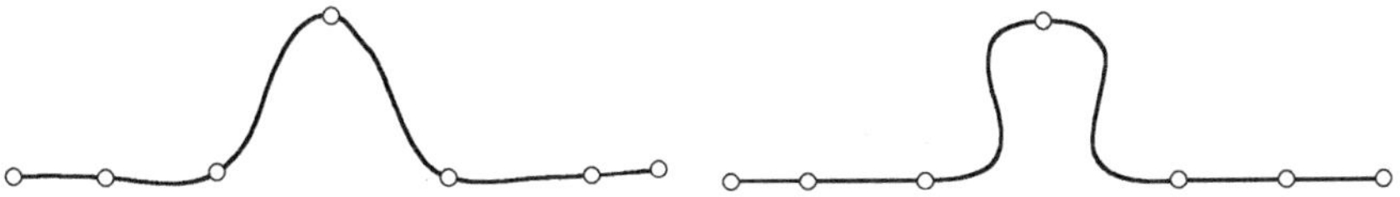

(a) 切矢通过Bessel方法计算　　　(b) 切矢通过Akima方法计算

图 5.18　局部二次曲线插值(一)

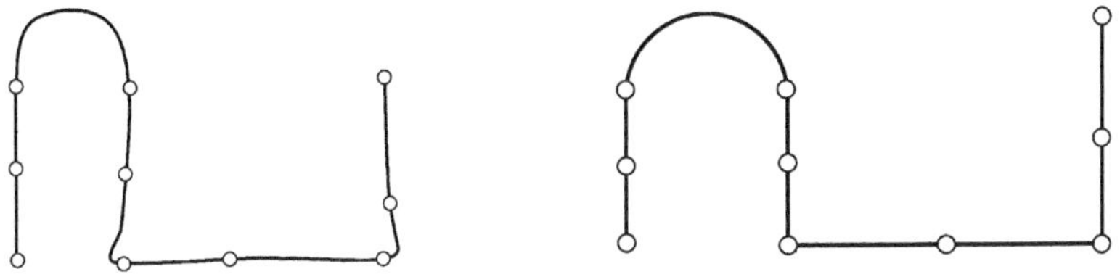

(a) 不允许出现角点　　　(b) 保留角点

图 5.19　局部二次曲线插值(二)

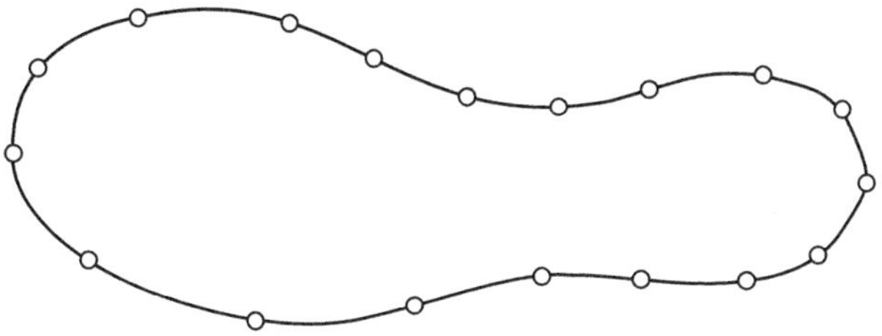

图 5.20　G^1 连续的分段抛物线插值

参考文献

[1] Piegl L A, Tiller W. The NURBS Book. NewYork: Springer, 1997.

[2] 施法中. 计算机辅助几何设计与非均匀有理 B 样条. 2 版. 北京: 高等教育出版社, 2013.

[3] Lane J M, Riesenfeld R F. A geometric proof for the variation diminishing property of B-spline approximation. Journal of Approximation Theory, 1983, 37(1): 1-4.

[4] Farin G. Curvature continuity and offsets for piecewise conics. ACM Transactions on Graphics, 1989, 8(2): 89-99.

[5] 施法中. 各种角度圆弧的二次 NURBS 表示. 计算机辅助设计与图形学学报, 1993, 5(4):

247-251.

[6] Piegl L. Modifying the shape of rational B-splines. part 2: Surfaces. Computer-Aided Design, 1988, 21(9): 538-546.

[7] Lee E T Y. Choosing nodes in parametric curve interpolation. Computer-Aided Design, 1989, 21(6): 363-370.

[8] 施法中. NURBS 插值曲线(一). 计算机工程, 1994, 专刊(S1): 522-527.

[9] Boehm W, Farin G, Kabmann J. A survey of curve and surface methods in CAGD. Computer Aided Geometric Design, 1984, 1(1): 1-60.

[10] de Boor C. A Practical Guide to Splines. New York: Springer-Verlag, 1978.

[11] Akima H. A new method of interpolation and smooth curve fitting based on local procedures. Journal of ACM, 1970, 17(4): 589-602.

第 6 章　几何连续性

复杂曲面造型的一个典型方法是逐片构造法，即整张曲面由一系列子曲面拼合而成。为了使最后产生的曲面具有光滑性，各曲面之间必须保持光滑拼接。这种光滑通常由某种连续性来描述和衡量。因此 CAGD 的一个研究课题就是讨论曲线或曲面间连续光滑的数学描述和度量方法。

有两种不同的关于连接的光滑度(smoothness，又称光顺性)的度量。一种是多年来沿用的函数曲线曲面的可微性。典型地把组合参数曲线曲面构造成在连接处具有直到 n 阶连续导矢，即 n 次连续可微，这类光滑度称为 C^n 或 n 阶参数连续性(parametric continuity)。另一种称为几何连续性(geometric continuity)，即基于切线、切平面、曲率等几何量所定义的曲线和曲面拼接处的连续性。经推广后，组合曲线曲面在连接处满足不同于 C^n 的某一组约束条件称为具有 n 阶几何连续性，简记为 G^n 。几何连续性条件可表示成控制顶点和权因子之间的关系，对于连续阶的判断、光滑拼接的曲线曲面的构造，以及它们在计算机上的实现，都将带来很大的方便[1-7]。

6.1　几何连续性概念的提出

当所需描述的几何形状比较复杂时，通常将其分为几个部分，再用数学方法描述每个部分，然后将它们“装配”起来，形成“光滑”形状。这就要求在装配时，拼接处必须满足一定的光滑性条件。那么，如何来衡量“光滑性”呢？

从 CAGD 的发展历史来看，对这一问题的理解和处理大体上分为两个阶段。第一阶段是直接将函数的连续性概念应用到参数曲线曲面，用关于参数的连续性来度量曲线曲面的光滑性。这是由于样条函数的理论和方法对 CAGD 的发展有着重要的影响，以至于多年来人们几乎总认为参数连续性和形状光滑性是一回事。曲线的参数连续性可归纳如下。

定义 6.1　设两条参数曲线 $\boldsymbol{p}_1(u), u\in[a,c]$ 和 $\boldsymbol{p}_2(u), u\in[c,b]$ 满足式(6.1)，则称 $\boldsymbol{p}_1(u)$ 和 $\boldsymbol{p}_2(u)$ 在对应于 $u=c$ 的公共点处为 n 阶参数连续，记为 C^n。

$$\boldsymbol{p}_1^{(i)}(c-)=\boldsymbol{p}_2^{(i)}(c+),\quad i=0,1,\cdots,n \tag{6.1}$$

其中，$\boldsymbol{p}^{(i)}=\dfrac{\mathrm{d}^i\boldsymbol{p}}{\mathrm{d}u^i}$。

此定义初看一下似乎很自然，实际却不然。例如，一条直线按定义 6.1 有可能

不是 C^1 连续。考虑如下分段表示的连接两点 $\boldsymbol{P}_0$ 和 $\boldsymbol{P}_1$ 的直线段 $\boldsymbol{p}(u)$：

$$\boldsymbol{p}(u)=\begin{cases}\boldsymbol{P}_0+\dfrac{u(\boldsymbol{P}_1-\boldsymbol{P}_0)}{4}, & 0\leqslant u\leqslant 1\\ \boldsymbol{P}_0+\dfrac{\boldsymbol{P}_1-\boldsymbol{P}_0}{4}+\dfrac{3(u-1)(\boldsymbol{P}_1-\boldsymbol{P}_0)}{4}, & 1\leqslant u\leqslant 2\end{cases} \tag{6.2}$$

因为 $\boldsymbol{p}'(1-)=\dfrac{\boldsymbol{P}_1-\boldsymbol{P}_0}{4}\neq\dfrac{3(\boldsymbol{P}_1-\boldsymbol{P}_0)}{4}=\boldsymbol{p}'(1+)$，所以 $\boldsymbol{p}(u)$ 在 $\boldsymbol{P}_0+\dfrac{\boldsymbol{P}_1-\boldsymbol{P}_0}{4}$ 处不是 C^1 连续。连接两点的直线段不是一阶光滑，这似乎难以理解。

究其原因，是在定义 6.1 中 $\boldsymbol{p}(u)$ 的连续阶依赖于参数 u 的选取。曲线的参数可以有无穷多种选取方法。对同一条曲线，参数取法不同，连续阶可以不一样。如果在式(6.2)中令 $u=2\overline{u}\left(0\leqslant\overline{u}\leqslant\dfrac{1}{2}\right), u=\dfrac{2(\overline{u}+1)}{3}\left(\dfrac{1}{2}\leqslant\overline{u}\leqslant 2\right)$，并仍记 $\overline{u}$ 为 u，于是 $\boldsymbol{p}(u)$ 改为：

$$\boldsymbol{p}(u)=\begin{cases}\boldsymbol{P}_0+\dfrac{u(\boldsymbol{P}_1-\boldsymbol{P}_0)}{2}, & 0\leqslant u\leqslant\dfrac{1}{2}\\ \boldsymbol{P}_0+\dfrac{\boldsymbol{P}_1-\boldsymbol{P}_0}{4}+\dfrac{\left(u-\dfrac{1}{2}\right)(\boldsymbol{P}_1-\boldsymbol{P}_0)}{2}, & \dfrac{1}{2}\leqslant u\leqslant 2\end{cases} \tag{6.3}$$

则 $\boldsymbol{p}(u)$ 由与上例同样的两条线段组成，但在公共点 $\boldsymbol{P}_0+\dfrac{\boldsymbol{P}_1-\boldsymbol{P}_0}{4}$ 处却是 C^∞ 连续。

曲面的参数连续一直以来也是建立在关于参数的导矢相等上。

定义 6.2　若两张参数曲面 $\boldsymbol{p}_1(u,v)$ 和 $\boldsymbol{p}_2(u,v)$ 在 (u_0,v_0) 处满足：

$$\frac{\partial^{i+j}\boldsymbol{p}_1}{(\partial u^i\partial v^j)\big|_{(u_0,v_0)}}=\frac{\partial^{i+j}\boldsymbol{p}_2}{(\partial u^i\partial v^j)\big|_{(u_0,v_0)}},\quad i+j=0,1,\cdots,n \tag{6.4}$$

则称 $\boldsymbol{p}_1(u,v)$ 和 $\boldsymbol{p}_2(u,v)$ 在 (u_0,v_0) 处为 n 阶参数连续，记为 C^n。

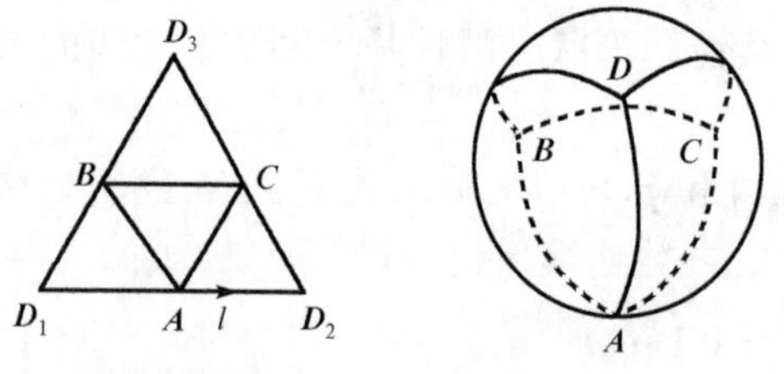

(a) 三角参数域　　(b) 光滑闭曲面

图 6.1　在三角参数域上定义的四张三角片组成光滑闭曲面

同样，如果将参数连续作为光滑性度量，用于曲面造型，则会产生一些严重问题。例如，图 6.1 给出一个由四张三角片拼接而成的光滑封闭曲面 $\boldsymbol{p}$，其中图 6.1(a)所示的三角片的参数域中点 $\boldsymbol{D}_1,\boldsymbol{D}_2$ 和 $\boldsymbol{D}_3$ 均映射到空间一点 $\boldsymbol{D}$。现考虑曲面 $\boldsymbol{p}$ 在参数域中 $\boldsymbol{A}$ 点处沿 $\boldsymbol{l}=\boldsymbol{D}_2-\boldsymbol{A}$ 和 $-\boldsymbol{l}$ 方向的方向导数。若它们都存在，则有 $\dfrac{\partial\boldsymbol{p}}{\partial\boldsymbol{l}\big|_{\boldsymbol{A}}}=$

$-\dfrac{\partial \boldsymbol{p}}{\partial(-\boldsymbol{l})\big|_A}$。另一方面，可再由封闭曲面在 $\boldsymbol{A}$ 点的连续性推出 $\dfrac{\partial \boldsymbol{p}}{\partial \boldsymbol{l}\big|_A}=\dfrac{\partial \boldsymbol{p}}{\partial(-\boldsymbol{l})\big|_A}$。这意味着曲面在 $\boldsymbol{A}$ 点的导矢必须为零向量，即 $\boldsymbol{A}$ 为奇异点。然而在许多实际应用中，经常要求曲面的导矢非零。由此可以看出，这种来源于函数连续的参数连续性并不能很好地解决曲线曲面的光滑拼接问题。

于是人们开始注意到参数连续与光滑性的差别[8]。例如，在公共点处有相同单位切矢的两段曲线，它们关于参数的导矢可以不相等；有相同切平面的两张曲面可以有不一致的偏导矢。因此对于设计人员来说，参数连续并无多大实用价值，“视觉”或“几何”上的光滑性才更为重要和实用。20 世纪 80 年代以来，有关曲线曲面连续性的研究进入了第二阶段，人们发现几何理论具有很大的潜力。他们借助微分几何的理论[9]，对曲面造型中的“光滑”概念进行了广泛深入的理论研究和实践验证。

几何连续性的概念被正式提了出来，它是切向量(切平面)连续、曲率连续等几何概念的一般化。1985 年，在德国 Oberwolfach 召开的“CAGD 中的曲面”这一国际会议上，几何设计专家 Barnhill 提出了 8 个有关曲面研究的热点问题[10]，其中后 3 个为：几何连续性、闭曲面造型，以及矩形面片和三角面片的混合使用。这 3 个问题的核心是几何连续性，后两个问题可借助于几何连续性予以解决。从此，有关几何连续性的研究掀起了一个高潮[11-14]。在几何造型的要求中，参数连续性逐渐被几何连续性所取代。

6.2　参数曲线的几何连续性

6.2.1　参数曲线的几何连续性的定义

工业产品的形状是独立于具体参数化的，故光滑度和几何连续性定义也应是独立于具体参数化的。

零阶几何连续 G^0 与零阶参数连续 C^0 是一致的。若两曲线段在公共连接点处具有公共的单位切矢，即关于弧长的一阶导矢，则称它们在该点处具有一阶几何连续性或 G^1 连续性或是 G^1 的。若在该点处又具有公共的曲率矢，即关于弧长的二阶导矢，则称它们在该点处具有二阶几何连续性或 G^2 连续性或是 G^2 的。

有多种关于参数曲线几何连续性的等价定义，现综合如下。

定义 6.3-1　两曲线段相应的弧长参数化在公共连接点处具有 G^n 连续性或是 G^n 的，当且仅当它们在公共连接点处具有 C^n 连续性。

弧长是曲线的内在几何性质，该定义表明，在弧长参数化下，几何连续性 G^n 与参数连续性 C^n 是一致的。同时也说明对于用一般参数表示的两曲线，如果能通过参数变换，使它们在公共连接点具有一致的直到 n 阶的关于弧长的导矢，则它们在该点就是 G^n 的。但是，不是所有参数曲线都可以取自身弧长为参数。比如，非正则曲线、参数多项式曲线和有理参数多项式曲线都不能取自身弧长为参数。

几何连续性的弧长参数化定义对参数曲线普遍适用。将几何连续性代替参数连续性应用于参数多项式曲线的连接问题时，不需要将曲线由一般参数变换为弧长参数表示，只需获得左右两支曲线在公共连接点的单位切矢，使其方向一致，实际就应用了弧长参数化定义，达到 G^1 连续，进而实现更高阶的几何连续性的连接。

定义 6.3-2　若能将两曲线段之一经参数变换，重新参数化使得它们在公共连接点处具有正则的 C^n 连续性，则称它们在该点处具有 G^n 连续性或是 G^n 的。

该定义有两层含义，一是说明如果两正则曲线段在公共点是 C^n 的，则它们也必然是 G^n 的，但反过来不一定成立。二是说明如果两曲线段在公共点是 G^n 的，则总可以经重新参数化，使它们在公共点是 C^n 的。

若把两正则曲线段都做重新弧长参数化，则所得到的弧长参数化和定义 6.3-1 是一致的。由该定义，就不用都变换为弧长参数化，而只需将其中一个原参数修改为新参数即可。但是，该定义有赖于重新参数化，是不够直接的。后续的定义 6.3-3 则避免了该问题。

根据定义 6.3-2，若两曲线段在公共连接点 $\boldsymbol{p}$ 是 G^n 的，则可对其中之一经参数变换，重新参数化以使它们在该点处具有正则的 C^n 连续性。

假设对公共点 $\boldsymbol{p}$ 的“左”侧段 $\boldsymbol{p}(u)$ 取参数变换 $u=u(t)$，以致重新参数化为 $\boldsymbol{p}(u(t))$。且设在公共点 $\boldsymbol{p}$ 有参数 $u_0=u(t_0)$。则“左”侧段关于新参数 t 的 $k(k\leqslant n)$ 阶导矢，按 C^n 连续性，就等于“右”侧段在公共点 $\boldsymbol{p}$ 关于原参数的 k 阶导矢 $\boldsymbol{p}_+^{(k)}$。由链式法则，可得：

$$
\begin{cases}
\dot{\boldsymbol{p}}_+=\dfrac{\mathrm{d}u}{\mathrm{d}t}\dot{\boldsymbol{p}}_- \\
\ddot{\boldsymbol{p}}_+=\dfrac{\mathrm{d}^2u}{\mathrm{d}t^2}\dot{\boldsymbol{p}}_-+\left(\dfrac{\mathrm{d}u}{\mathrm{d}t}\right)^2\ddot{\boldsymbol{p}}_- \\
\dddot{\boldsymbol{p}}_+=\dfrac{\mathrm{d}^3u}{\mathrm{d}t^3}\dot{\boldsymbol{p}}_-+3\dfrac{\mathrm{d}u}{\mathrm{d}t}\dfrac{\mathrm{d}^2u}{\mathrm{d}t^2}\ddot{\boldsymbol{p}}_-+\left(\dfrac{\mathrm{d}u}{\mathrm{d}t}\right)^3\dddot{\boldsymbol{p}}_- \\
\cdots
\end{cases}
\tag{6.5}
$$

其中，$\dot{\boldsymbol{p}}_-,\ddot{\boldsymbol{p}}_-,\dddot{\boldsymbol{p}}_-,\cdots$ 为“左”侧段关于原参数 u 的一阶、二阶、三阶、$\cdots$ 更高阶导矢。

令 $\beta_1=\dfrac{\mathrm{d}u}{\mathrm{d}t},\beta_2=\dfrac{\mathrm{d}^2u}{\mathrm{d}t^2},\beta_3=\dfrac{\mathrm{d}^3u}{\mathrm{d}t^3},\cdots$，并把公共连接点 $\boldsymbol{p}_+=\boldsymbol{p}_-$ 考虑进来，可得如下用矩阵表示的一组关系式：

$$\begin{bmatrix} \boldsymbol{p}_+ \\ \dot{\boldsymbol{p}}_+ \\ \ddot{\boldsymbol{p}}_+ \\ \dddot{\boldsymbol{p}}_+ \\ \boldsymbol{p}_+^{(4)} \\ \vdots \\ \boldsymbol{p}_+^{(n)} \end{bmatrix} = \begin{bmatrix} 1 & & & & & & \\ 0 & \beta_1 & & & & & \\ 0 & \beta_2 & \beta_1^2 & & & & \\ 0 & \beta_3 & \beta_1\beta_2 & \beta_1^3 & & & \\ 0 & \beta_4 & 4\beta_1\beta_3+3\beta_2 & 6\beta_1^2\beta_2 & \beta_1^4 & & \\ \vdots & \vdots & & & & \ddots & \\ 0 & \beta_n & \cdots & \cdots & & & \beta_1^n \end{bmatrix} \begin{bmatrix} \boldsymbol{p}_- \\ \dot{\boldsymbol{p}}_- \\ \ddot{\boldsymbol{p}}_- \\ \dddot{\boldsymbol{p}}_- \\ \boldsymbol{p}_-^{(4)} \\ \vdots \\ \boldsymbol{p}_-^{(n)} \end{bmatrix} \tag{6.6}$$

称为 Beta 约束。式(6.6)等号右端的方阵称为关联矩阵，它是一个下三角阵。其中，$\beta_1>0$; $\boldsymbol{p}_-^{(k)}$ 与 $\boldsymbol{p}_+^{(k)}$ 分别为公共连接点处的左右两侧 k 阶导矢。式(6.6)表明，在正则的公共连接点处右侧 k 阶导矢可表示成其左侧直到 k 阶的多个导矢的线性组合。Goodman 和 Unsworth[15]给出了式(6.6)左端任意 k 阶导矢的一般关系式。

同样的曲线，采用不同的整体参数或局部参数，只需对关联矩阵中的非零元素取不同的值，或更准确地说对 $\beta_i(i=1,2,\cdots,n)$ 取不同的值，它们由所取的参数变换决定。这说明该组 Beta 约束关系(式(6.6))是与参数无关的。

定义 6.3-3　两曲线段在公共连接点 $\boldsymbol{p}$ 具有 G^n 的连续性或是 G^n 的，当且仅当存在实数 $\beta_i(i=1,2,\cdots,n)$，其中 $\beta_1>0$，使两曲线段在正则的公共连接点 $\boldsymbol{p}$ 的左右两侧导矢满足由式(6.6)给出的一组 Beta 约束。

G^k 的 Beta 约束由式(6.6)中最前面的 $k+1$ 个方程给出。在式(6.6)中具体给出了 G^n 的 Beta 约束条件，其中 $\beta_1>0,\beta_2,\beta_3,\beta_4$ 为任意实数。

Boehm[16]把参数曲线的光滑度归结为两种类型。一是经典微分几何中的 n 阶切触。根据切触阶定义，两曲线段在公共连接点具有 n 阶切触，则它们在该点具有一致的直到 n 阶的关于弧长的导矢，这是符合定义 6.3-1 的。两曲线段在公共连接点处的 n 阶切触，也可由与两曲线段在该点处有 $n+1$ 个公共点的一条 n 次密切抛物线，即过该点且在该点具有与两曲线相一致的直到 n 阶导矢的参数 n 次曲线，也即在该点进行到 n 次的泰勒展开来定义。这意味着两曲线段之一能被重新参数化直到它们是 C^n 的。这是符合定义 6.3-2 的。执行重新参数化过程，设公共点 $\boldsymbol{p}$ 的“左”侧段 $\boldsymbol{p}(u)$ 在点 $\boldsymbol{p}$ 有参数 u_0，取参数变换为在该处的泰勒展开：

$$u(t)=t_0+\beta_1(t-t_0)+\frac{1}{2}\beta_2(t-t_0)^2+\frac{1}{3!}\beta_3(t-t_0)^3+\cdots \tag{6.7}$$

其中，$\beta_k=\dfrac{\mathrm{d}^k u}{\mathrm{d}t^k}$，重新参数化为 $\boldsymbol{p}(u(t))$ 后，与“右”侧段在公共点是 C^n 的，即“右”侧段在公共点 $\boldsymbol{p}$ 关于该段参数的 $k(k\leqslant n)$ 阶导矢 $\boldsymbol{p}_+^{(k)}$ 就等于“左”侧段关于新参数 t 的 k 阶导矢。后者由链式法则，就可以得到与式(6.6)完全一致的关系式，它就是定义 6.3-3 中的 Beta 约束。故又有如下等价定义。

定义 6.3-4 两曲线段在公共连接点具有 G^n 连续性或是 G^n 的，当且仅当它们在公共连接点有 n 阶切触。

在 CAGD 中经常使用参数多项式曲线及由此连接而成的样条曲线。由于参数多项式曲线可在一点做精确的泰勒展开，因此，如果两参数 n 次曲线段在公共点具有直到 n 阶的连续导矢，则它们实际上就是同一条曲线。

三维空间的参数曲线在一点处的 n 阶切触有下述几何意义。设 α,β,γ 分别为曲线上该点 $\boldsymbol{p}$ 的单位切矢、主法矢与副法矢，构成了曲线在该点的 Frenet 活动标架，κ 与 τ 分别为曲线在该点的曲率与挠率，则曲线在该点处关于弧长的二、三阶导矢分别为：

$$\begin{cases} p'' = t' = \kappa n \\ p''' = t'' = -\kappa^2\alpha + \kappa'\beta + \kappa\tau\gamma \end{cases} \tag{6.8}$$

其中，二阶切触等价于连续的 Frenet 标架和连续的曲率，三阶切触还要附加连续的挠率和随之连续的 κ'。推广到 n 阶切触：在三维空间的 n 阶切触等价于连续的 Frenet 标架及曲率 κ 是 C^{n-2} 的，挠率 τ 是 C^{n-3} 的。

总之，用 Beta 约束来定义几何连续性是与 n 阶切触相一致的。讨论约十年之久的连续性问题又回到了经典微分几何早已给出的答案上来。但这不是简单的重复，而是认识真理过程的螺旋上升运动。

6.2.2 两 Bézier 曲线 G^2 连续的拼接

两 n 次 Bézier 曲线：

$$\boldsymbol{s}_i(t) = \sum_{j=0}^{n} \boldsymbol{b}_{ni+j} B_{j,n}(t), \quad t\in[0,1], i=0,1 \tag{6.9}$$

在公共连接点 $\boldsymbol{s}_1(0)=\boldsymbol{s}_0(1)=\boldsymbol{b}_n$ 的 G^1 连续条件早就由 Bézier[17]给出，分别为：

$$\Delta\boldsymbol{b}_n = \delta_1\Delta\boldsymbol{b}_{n-1} \quad 或 \quad \boldsymbol{b}_{n+1} = \boldsymbol{b}_n + \delta_1(\boldsymbol{b}_n - \boldsymbol{b}_{n-1}), \quad \delta_1 > 0 \tag{6.10}$$

即三顶点 $\boldsymbol{b}_{n-1},\boldsymbol{b}_n,\boldsymbol{b}_{n+1}$ 共线且顺序排列，该线就是公共连接点处的公共切线。

有时还要求这两曲线段是曲率连续的，或说是曲率矢连续的，即 G^2 的。两曲线段在公共点 $\boldsymbol{b}_n$ 的曲率分别为：

$$\kappa_0(1) = \frac{n-1}{n}\frac{|\Delta\boldsymbol{b}_{n-2}\times\Delta\boldsymbol{b}_{n-1}|}{|\Delta\boldsymbol{b}_{n-1}|^3} = \frac{n-1}{n}\frac{h_1}{a_1^2} \tag{6.11a}$$

$$\kappa_1(0) = \frac{n-1}{n}\frac{|\Delta\boldsymbol{b}_{n}\times\Delta\boldsymbol{b}_{n+1}|}{|\Delta\boldsymbol{b}_{n}|^3} = \frac{n-1}{n}\frac{h_2}{a_2^2} \tag{6.11b}$$

其中，$a_1=|\Delta\boldsymbol{b}_{n-1}|, a_2=|\Delta\boldsymbol{b}_n|$，$h_1$ 与 h_2 分别为 $\boldsymbol{b}_{n-2}$ 与 $\boldsymbol{b}_{n+2}$ 到连接点 $\boldsymbol{b}_n$ 处的公切线的距

离，$\boldsymbol{b}_{n-1}$ 为直角三角形的直角顶点，a_1 为斜边上的高，分斜边成长度为 h_1 与 g_1 两部分，则有 $a_1^2 = h_1 g_1$。类似地有 $a_2^2 = h_2 g_2$，于是式(6.11)可改写为：

$$\begin{cases} \kappa_0(1) = \dfrac{n-1}{n}\dfrac{1}{g_1} \\ \kappa_1(0) = \dfrac{n-1}{n}\dfrac{1}{g_2} \end{cases} \tag{6.12}$$

若想要它们在公共点 $\boldsymbol{b}_n$ 有相同的曲率，则必须：

$$\begin{cases} g_1 = g_2 = g \\ \text{或} \quad \dfrac{a_1}{a_2} = \left(\dfrac{h_1}{h_2}\right)^{\frac{1}{2}} \\ \text{或} \quad \dfrac{S_{\triangle \boldsymbol{b}_{n-2}\boldsymbol{b}_{n-1}\boldsymbol{b}_n}}{a_1^3} = \dfrac{S_{\triangle \boldsymbol{b}_n\boldsymbol{b}_{n+1}\boldsymbol{b}_{n+2}}}{a_2^3} \end{cases} \tag{6.13}$$

其中，$S_{\triangle \boldsymbol{b}_{n-2}\boldsymbol{b}_{n-1}\boldsymbol{b}_n}$ 和 $S_{\triangle \boldsymbol{b}_n\boldsymbol{b}_{n+1}\boldsymbol{b}_{n+2}}$ 分别表示 $\triangle \boldsymbol{b}_{n-2}\boldsymbol{b}_{n-1}\boldsymbol{b}_n$ 与 $\triangle \boldsymbol{b}_n\boldsymbol{b}_{n+1}\boldsymbol{b}_{n+2}$ 的面积。

若想在公共点有公共的曲率矢，需要相同的曲率值和公共的密切平面。这要求 5 顶点 $\boldsymbol{b}_{n-2},\boldsymbol{b}_{n-1},\boldsymbol{b}_n,\boldsymbol{b}_{n+1},\boldsymbol{b}_{n+2}$ 必须共面，且 $\boldsymbol{b}_{n-2},\boldsymbol{b}_{n+2}$ 在另 3 个顶点所在的公切线的同侧。

当保持公共点 G^2 连续且 $\boldsymbol{b}_{n-1},\boldsymbol{b}_{n+1}$ 的位置与曲率不变时，顶点 $\boldsymbol{b}_{n-2}$ 与 $\boldsymbol{b}_{n+2}$ 可分别在平行于公共点切线的直线上移动。若想 $\boldsymbol{b}_{n-1}$ 沿切线移动至 $\boldsymbol{b}_{n-1}^*$ 且保持公共点曲率不变，由式(6.13)，需要将 $\boldsymbol{b}_{n-2}$ 移动至平行于公共点切线的另一直线上的任一点 $\boldsymbol{b}_{n-2}^*$。

Farin[1]从 C^0 出发，给出了上述两 Bézier 曲线 G^2 连续的几何关系，释放出了被 C^2 束缚的两个自由度，并提供相应两个形状参数。在给定第一段 n 次 Bézier 曲线的控制顶点时，这两个自由度与形状参数分别如下：

(1) 第二段 n 次 Bézier 曲线的控制顶点 $\boldsymbol{b}_{n+1}$ 可在公共切线上滑动自由度，相应控制多边形的首边长 a_2 可看作形状参数；

(2) 第二段 n 次 Bézier 曲线的控制顶点 $\boldsymbol{b}_{n+2}$ 可在平行于公共切线的直线上滑动自由度，相应滑动距离可看作另一形状参数，这导致两 Bézier 曲线的连接是与参数无关的。

由 Farin 给出的式(6.11)，是两 n 次 Bézier 曲线在公共端点 G^2 连接的充分必要条件。涉及公共端顶点前后相邻各两个顶点，也就是相邻两 Bézier 曲线至少应是二次的，即具有公共端顶点的两条二次 Bézier 曲线可实现 G^2 连接。具体过程是：当给出三个顶点 $\boldsymbol{b}_0,\boldsymbol{b}_1,\boldsymbol{b}_2$ 定义第一段二次 Bézier 曲线后，在 $\boldsymbol{b}_1\boldsymbol{b}_2$ 正向延长线上取一点 $\boldsymbol{b}_3$ 作为第一段二次 Bézier 曲线的内顶点，则式(6.11)中 a_1,a_2, h_1 三个量完全确定，即可由式(6.11)求出 h_2。与 $\boldsymbol{b}_1$ 在公共连接点切线 $\boldsymbol{b}_1\boldsymbol{b}_2$ 同侧做与切线距离 h_2 的平行线，在该平行线上取合适的点 $\boldsymbol{b}_4$，则 $\boldsymbol{b}_2,\boldsymbol{b}_3,\boldsymbol{b}_4$ 定义了第二段二次 Bézier 曲线，它与第一段

二次 Bézier 曲线在公共端顶点 $\boldsymbol{b}_2$ 实现了 G^2 连接。类似地，可得后续各段。由此生成 G^2 组合二次 Bézier 曲线，即 G^2 二次样条曲线。

Bézier G^2 二次样条曲线由纯几何量定义，与参数选取无关。但问题是必须先生成第一段，才能生成第二段，…，依序进行。而且，由于次数的限制，这样生成的 Bézier 二次样条曲线不含有拐点。这表明二次样条曲线也可以达到 G^2 连续，不必一定要三次样条曲线才能达到 G^2 连续。

Farin 应用式(6.13)中第二式构造了 G^2 组合三次 Bézier 曲线即 G^2 三次样条曲线，步骤如下。

(1)首先给出一组数据点 $\boldsymbol{b}_{3i}(i=0,1,\cdots,n)$，首末点将作为样条曲线的首末端点，内数据点将作为样条曲线的连接点。对应每相邻两数据点 $\boldsymbol{b}_{3i}$ 与 $\boldsymbol{b}_{3(i+1)}$ 给出这两点切线的交点 $\boldsymbol{g}_i(i=0,1,\cdots,n-1)$，应使每个数据点与前后相邻交点共线。

(2)给出首端点曲率半径及在首端点 $\boldsymbol{b}_0$ 的切线 $\boldsymbol{b}_0\boldsymbol{g}_0$ 上的 $\boldsymbol{b}_1$ 点，$\boldsymbol{b}_1$ 点由输入位置参数 $0<t=|\boldsymbol{b}_0\boldsymbol{b}_1|/|\boldsymbol{b}_0\boldsymbol{g}_0|\leqslant 1$ 来决定。相应式(6.11b)的 $a_2=t|\boldsymbol{b}_0\boldsymbol{g}_0|$ 就确定了，且可按此式求出 h_2。然后做 $\boldsymbol{b}_0$ 点切线的平行线，使与切线距离为 h_2，平行线位于切线哪一侧取决于首端点曲率半径的符号。该平行线与 $\boldsymbol{b}_3$ 点切线的交点即 $\boldsymbol{b}_2$，于是 4 个顶点 $\boldsymbol{b}_0,\boldsymbol{b}_1,\boldsymbol{b}_2,\boldsymbol{b}_3$ 定义了第一段曲线，且 $a_1=|\boldsymbol{b}_2\boldsymbol{b}_3|$。再由式(6.11a)求出 h_1。

(3)接着构造第二段曲线。在 $\boldsymbol{b}_3$ 点的切线即 $|\boldsymbol{b}_2\boldsymbol{b}_3|$ 的延长线上取一点 $\boldsymbol{b}_4$，决定了第二层的 a_2，由式(6.11b)计算出第二段的 h_2。做 $\boldsymbol{b}_3$ 点切线的平行线，使与切线距离为 h_2，该切线与 $\boldsymbol{b}_6$ 点切线的交点即为顶点 $\boldsymbol{b}_5$。4 个顶点 $\boldsymbol{b}_3,\boldsymbol{b}_4,\boldsymbol{b}_5,\boldsymbol{b}_6$ 即定义了与第一段 G^2 连续的第二段曲线。

(4)类似地再构造需要的后续各段。

上述步骤所构造的 G^2 三次样条曲线将顺序通过作为数据点的端点和连接点 $\boldsymbol{b}_{3i}(i=0,1,\cdots,n)$，并具有给定的切线方向。但不能像标准 C^2 三次插值样条曲线那样由一个线性方程组一次求出，必须顺序逐段进行。

综上所述，Farin 的这种 G^2 三次样条曲线在每个数据点提供了一个决定其切线方向的自由度，另一个自由度是 $\boldsymbol{b}_{3i+1}$ 点可沿所在的切线滑动。切线方向的一个独立分量与每段曲线的 $a_2=|\boldsymbol{b}_{3i}\boldsymbol{b}_{3i+1}|$ 就是相应的两个形状参数。该样条曲线在首末端点所提供的自由度与形状参数不对称，首端点比末端点多出了控制多边形首边 a_2 与曲率半径。同样地，Farin 的 G^2 样条曲线是与参数无关的。

6.3　参数曲面的几何连续性

6.3.1　参数曲面的几何连续性定义

两参数曲面的零阶几何连接性即 G^0 连续性是与 C^0 连续性一致的。两参数曲面

的 G^1 连续性又称为切平面连续性，其定义如下。

定义 6.4　两曲面沿它们的公共连接线具有 G^1 连续性或是 G^1 的，当且仅当它们沿该公共连接线处处具有公共的切平面或公共的曲面法线。

设两曲面为 $\boldsymbol{p}(s,t)$ 与 $\boldsymbol{q}(u,v)$，有公共连接线 $\boldsymbol{p}(\gamma)=\boldsymbol{q}(\gamma)$。该公共连接线不是曲面的等参数线时，沿公共连接线上每一点处有不相重合的 4 个切矢 $\boldsymbol{p}_s(\gamma),\boldsymbol{p}_t(\gamma),\boldsymbol{q}_u(\gamma)$ 与 $\boldsymbol{q}_v(\gamma)$。根据公共切平面要求，这 4 个切矢应共面，共面条件在数学上可表示为(省写“(γ)”)

$$(\boldsymbol{p}_s\times\boldsymbol{p}_t)\times(\boldsymbol{q}_u\times\boldsymbol{q}_v)=(\boldsymbol{p}_s,\boldsymbol{q}_u,\boldsymbol{q}_v)\boldsymbol{p}_t-(\boldsymbol{p}_t,\boldsymbol{q}_u,\boldsymbol{q}_v)\boldsymbol{p}_s=\boldsymbol{0}$$

特别地，当公共连接线为两曲面的等参数线 $\boldsymbol{p}(s,t_0)=\boldsymbol{q}(u,v_0),u=u(s)$ 时，在公共等参数线上任一点处 $\boldsymbol{p}_s$ 与 $\boldsymbol{q}_u$ 平行，则公共切平面要求就成为 $\boldsymbol{p}_t,\boldsymbol{q}_u,\boldsymbol{q}_v$ 三矢共面条件：

$$(\boldsymbol{p}_s,\boldsymbol{q}_u,\boldsymbol{q}_v)=\boldsymbol{0}$$

或

$$\boldsymbol{p}_t=h(u)\boldsymbol{q}_v+g(u)\boldsymbol{q}_u,\quad h(u)>0 \tag{6.14}$$

其中，假设两跨界切矢 $\boldsymbol{p}_t$ 与 $\boldsymbol{q}_v$ 之一的方向指向公共等参数线，另一背离公共等参数线。$h(u)>0$ 保证两曲面在公共等参数线处不形成尖棱。特别地，若 $g(u)=0$，则表明曲面 $\boldsymbol{p}$ 的 t 线与曲面 $\boldsymbol{q}$ 的 v 线跨公共等参数线是 G^1 的；若 $h(u)=1$，则进一步表明其是 C^1 的。

当两曲面 $\boldsymbol{p}$ 与 $\boldsymbol{q}$ 都是 $m\times n$ 次参数多项式曲面时，为了保持曲面次数不变，应把函数 $h(u)$ 取为常数，$g(u)$ 取为线性函数。

上述 G^1 连续条件早已由 Bézier[17]给出。

G^1 连续即切平面连续看似光滑，而反射线一般在公共连接线处出现折弯。因此在要求较高场合，曲面片应该被曲率连续地连接，即达到 G^2 连接。通过微分 G^1 连续条件，引入 G^2 连续条件。这些条件可以有不同的但是等价的表示。

G^2 连续性又称曲率连续性。Veron 等[18]与 Kahmann[19]都表明，G^2 连续性要求沿公共连接线处在所有方向都具有公共的法曲率。

定义 6.5　两曲面沿它们的公共连接线具有 G^2 连续性或是 G^2 的，当且仅当它们沿该公共连接线处处具有公共切平面外，又具有公共的主曲率，及在两个主曲率不相等时具有公共的主方向，或一致的 Dupin 标线。

这不仅要求满足 G^1 条件(式(6.14))，还必须满足如下条件：

$$\boldsymbol{p}_{ts}=g\boldsymbol{q}_{uu}+h\boldsymbol{q}_{uv}+a\boldsymbol{q}_u+b\boldsymbol{q}_v \tag{6.15}$$

$$\boldsymbol{p}_{tt}=g^2\boldsymbol{q}_{uu}+2gh\boldsymbol{q}_{uv}+h^2\boldsymbol{q}_{vv}+c\boldsymbol{q}_u+d\boldsymbol{q}_v \tag{6.16}$$

其中，等号右端标量系数均为变量u的函数。

定义 6.6 两曲面$\boldsymbol{p}(s,t)$与$\boldsymbol{q}(u,v)$沿它们的正则公共连接线具有G^n连续性或是G^n的，当且仅当其中之一如$\boldsymbol{q}$可被重新参数化为$\overline{\boldsymbol{q}}(\overline{u},\overline{v})$，以至于它们沿该公共连接线是$C^n$的，即

$$\frac{\partial^{i+j}}{\partial s^i \partial t^i}\boldsymbol{p}(\gamma)=\frac{\partial^{i+j}}{\partial \overline{u}^i \partial \overline{v}^j}\overline{\boldsymbol{q}}(\gamma),\quad i+j=1,2,\cdots,n$$

定义 6.7 两曲面沿它们的正则公共连接线具有G^n连续性或是G^n的，如果存在$n(n+3)$个形状函数满足所谓 Beta 约束，即

$$\frac{\partial^{i+j}}{\partial s^i \partial t^j}\boldsymbol{p}(\gamma)=\mathbf{cr}_{i,j}\left(\frac{\partial^{k+l}}{\partial u^k \partial v^l}\boldsymbol{q}(\gamma),\frac{\partial^{k+l}}{\partial u^k \partial v^l}\boldsymbol{u}(\gamma),\frac{\partial^{k+l}}{\partial u^k \partial v^l}\boldsymbol{v}(\gamma)\right)$$
$$k+l=i+j;i+j=1,2,\cdots,n$$

这里$\mathbf{cr}_{i,j}$表示 Beta 约束的矢函数，它是后面括号内的那些偏导矢与标量函数的矢函数，那些标量函数被称为形状函数。

对于G^1，有$n=1$，存在$n(n+3)=4$个形状函数，这可由$\boldsymbol{q}(u,v)$重新参数化为$\overline{\boldsymbol{q}}(\overline{u},\overline{v})=\boldsymbol{q}(u(\overline{u},\overline{v}),v(\overline{u},\overline{v}))$，其可分别对$\overline{u}$与$\overline{v}$求偏导得到。特殊地，如果两曲面的公共连接线就是两曲面的等参数线，且具有公共的参数，则$\boldsymbol{p}(s,t_0)=\boldsymbol{q}(u,v_0),s=u$，那么只需变换一个参数即$\overline{\boldsymbol{q}}(u,\overline{v})-\boldsymbol{q}(u,v(\overline{v}))$，形状函数将减为 1 个。

几何连续性是对参数连续性的松弛，也是对参数化的松弛，但不是对光滑度的松弛。

6.3.2 两 Bézier 曲面的 G^1 连接

Bézier[17]最早给出了两参数曲面的G^1连续条件，为便于应用，下面介绍 Kahmann[19]给出的两$m\times n$次 Bézier 曲面的G^1连续条件。

设两$m\times n$次 Bézier 曲面片：

$$\begin{cases}\boldsymbol{q}(u,v)=\displaystyle\sum_{i=0}^{m}\sum_{j=0}^{n}\boldsymbol{a}_{i,j}B_{i,m}(u)B_{j,n}(v)\\ \boldsymbol{p}(u,v)=\displaystyle\sum_{i=0}^{m}\sum_{j=0}^{n}\boldsymbol{b}_{i,j}B_{i,m}(u)B_{j,n}(v)\end{cases}\quad 0\leqslant u,v\leqslant 1 \tag{6.17}$$

分别由控制顶点$\boldsymbol{a}_{i,j}$与$\boldsymbol{b}_{i,j}$定义。它们具有公共边界$\boldsymbol{p}(u,0)=\boldsymbol{q}(u,1)$，即$G^0$连续，于是有$\boldsymbol{a}_{i,n}=\boldsymbol{b}_{i,0}(i=0,1,\cdots,m)$。若沿该公共边界又要求$G^1$连续，则根据式(6.14)还应同时满足：

$$\boldsymbol{p}_v(u,0)=h(u)\boldsymbol{q}_v(u,1)+g(u)\boldsymbol{q}_u(u,1) \tag{6.18}$$

若想与公共边界相对的另两条边界在公共边界异侧，则公共边界不致形成尖棱；同时，$\boldsymbol{p}(u,v)$ 的次数保持不变，则应令

$$\begin{cases} h(u)=\alpha>0 \\ g(u)=(1-u)\beta+u\gamma \end{cases} \tag{6.19}$$

其中，α,β,γ 为实常数。将式(6.14)中各偏导矢用控制顶点给出，并将式(6.19)代入，整理后比较两边同次项的参数 u 的系数，可得 G^1 连续条件：

$$\Delta^{0,1}\boldsymbol{b}_{k,0}=\alpha\Delta^{0,1}\boldsymbol{a}_{k,n-1}+\beta\frac{m-k}{n}\Delta^{1,0}\boldsymbol{a}_{k,n}+\gamma\frac{k}{n}\Delta^{1,0}\boldsymbol{a}_{k-1,n},\quad k=0,1,\cdots,m \tag{6.20}$$

这里有向前差分：

$$\Delta^{0,1}\boldsymbol{b}_{k,0}=\boldsymbol{b}_{k,1}-\boldsymbol{b}_{k,0}=\boldsymbol{b}_{k,1}-\boldsymbol{b}_{k,n}$$

$$\Delta^{1,0}\boldsymbol{b}_{k,n}=\boldsymbol{a}_{k+1,n}-\boldsymbol{a}_{k,n}=\boldsymbol{b}_{k+1,n}-\boldsymbol{b}_{k,n}$$

这些一阶差分分别表示曲面控制网格相应的边矢量。式(6.20)说明相交于定义公共边界的每一 Bézier 点的控制网格边矢量必须满足一定的关系，两曲面沿公共边界才能达到 G^1 连续。同时也说明当曲面 $\boldsymbol{q}$ 给定后，与它沿公共边界 G^1 连接的曲面 $\boldsymbol{p}$ 的第二排控制顶点 $\boldsymbol{b}_{k,0}(k=0,1,\cdots,m)$ 就可根据该式得到，其中 $\alpha>0,\beta,\gamma$ 可用来作为对曲面 $\boldsymbol{p}$ 进行形状控制的参数。注意到式(6.20)等号右端第二项，当 $k=m$ 时，$\boldsymbol{a}_{m,n}=\boldsymbol{a}_{m+1,n}-\boldsymbol{a}_{m,n}$；又当 $k=0$ 时，第三项 $\boldsymbol{a}_{-1,n}=\boldsymbol{a}_{0,n}-\boldsymbol{a}_{-1,n}$，都发生下标越界的情况，由于其系数为零，相应项成为零矢量，则可不予考虑。式(6.20)的矩阵形式如下：

$$\begin{bmatrix} \boldsymbol{b}_{0,1}-\boldsymbol{a}_{0,n} \\ \boldsymbol{b}_{1,1}-\boldsymbol{a}_{1,n} \\ \vdots \\ \boldsymbol{b}_{m-1,1}-\boldsymbol{a}_{m-1,n} \\ \boldsymbol{b}_{m,1}-\boldsymbol{a}_{m,n} \end{bmatrix}=\alpha\begin{bmatrix} \boldsymbol{a}_{0,n}-\boldsymbol{a}_{0,n-1} \\ \boldsymbol{a}_{1,n}-\boldsymbol{a}_{1,n-1} \\ \vdots \\ \boldsymbol{a}_{m-1,n}-\boldsymbol{a}_{m-1,n-1} \\ \boldsymbol{a}_{m,n}-\boldsymbol{a}_{m,n-1} \end{bmatrix}+\beta\begin{bmatrix} \boldsymbol{a}_{1,n}-\boldsymbol{a}_{0,n} \\ \dfrac{m-1}{n}(\boldsymbol{a}_{2,n}-\boldsymbol{a}_{1,n}) \\ \vdots \\ \dfrac{1}{n}(\boldsymbol{a}_{m,n}-\boldsymbol{a}_{m-1,n}) \\ 0 \end{bmatrix}+\gamma\begin{bmatrix} 0 \\ \dfrac{1}{n}(\boldsymbol{a}_{1,n}-\boldsymbol{a}_{0,n}) \\ \vdots \\ \dfrac{m-1}{n}(\boldsymbol{a}_{m-1,n}-\boldsymbol{a}_{m-2,n}) \\ \boldsymbol{a}_{m,n}-\boldsymbol{a}_{m-1,n} \end{bmatrix} \tag{6.21}$$

特殊地，对于 $m=n=3$ 的两张双二次 Bézier 曲面的 G^1 拼接，式(6.21)变为：

$$\begin{bmatrix} b_{0,1}-a_{0,3} \\ b_{1,1}-a_{1,3} \\ b_{2,1}-a_{2,3} \\ b_{3,1}-a_{3,3} \end{bmatrix}=\alpha\begin{bmatrix} a_{0,3}-a_{0,2} \\ a_{1,3}-a_{1,2} \\ a_{2,3}-a_{2,2} \\ a_{3,3}-a_{3,2} \end{bmatrix}+\beta\begin{bmatrix} a_{1,3}-a_{0,3} \\ \dfrac{2}{3}(a_{2,3}-a_{1,3}) \\ \dfrac{1}{3}(a_{3,3}-a_{2,3}) \\ 0 \end{bmatrix}+\gamma\begin{bmatrix} 0 \\ \dfrac{1}{3}(a_{1,3}-a_{0,3}) \\ \dfrac{2}{3}(a_{2,3}-a_{1,3}) \\ a_{3,3}-a_{2,3} \end{bmatrix} \tag{6.22}$$

其中，$a_{i,j} > 0$，$i, j = 1,2,3$。

式(6.20)、式(6.21)与式(6.22)符号右端都含有可以独立变化的 3 个标量系数 α, β, γ。这为构造光滑连接的组合曲面提供了比 C^1 连续更多的自由度。其中，最简单的处理是令 $\beta = \gamma = 0$，只保留 α 非零。此时，两曲面片上 u 为常数的等参数线沿公共边界处处 G^1 连续，有关控制顶点间与两 Bézier 曲线 G^1 连续时有类似的直观的几何关系：四对网格边共线且边长之比是一致的。这个结果早由 Faux 与 Pratt[20]给出，但其生成的曲面 $\boldsymbol{p}$ 的形状未必满足需求。

6.4　有理曲线曲面的几何连续性

6.4.1　有理参数曲线的连续性

人们希望对与有理曲线对应的齐次曲线的连续性有较少的限制，以易于实现。Hohmeyer 和 Barsky[14]给出了保证有理曲线连续性时它的齐次曲线需要满足的充要的约束条件。

设有理曲线 $\boldsymbol{p}(u)$ 由控制顶点 $\boldsymbol{d}_i$ 与权因子 $\omega_i (i = 0,1,\cdots,n)$ 定义，它是带权控制顶点 $\boldsymbol{D}_i = [\omega_i \boldsymbol{d}_i \quad \omega_i]$ 在高一维空间定义的非有理曲线即齐次曲线 $\boldsymbol{P}(u) = \sum_{i=0}^{n} \boldsymbol{D}_i N_{i,n}(u)$ 在 $\omega = 1$ 超平面上的投影，即 $\boldsymbol{p}(u) = \boldsymbol{H}\{\boldsymbol{P}(u)\}$。它也可以用有理分式表示：

$$\boldsymbol{p}(u) = \frac{\boldsymbol{P}^*(u)}{\omega(u)} \tag{6.23}$$

其中，分子是以 $\omega_i \boldsymbol{d}_i$ 为控制顶点定义的非有理曲线：

$$\boldsymbol{P}^*(u) = \sum_{i=0}^{n} \omega_i \boldsymbol{d}_i N_{i,k}(u)$$

它与有理曲线 $\boldsymbol{p}(u)$ 定义在同样的空间里。式(6.23)的分母，即齐次曲线的最后一维或最后一个坐标分量为

$$\omega(u) = \sum_{i=0}^{n} \omega_i N_{i,k}(u)$$

于是，齐次曲线方程可写为：

$$\boldsymbol{P}(u) = [\omega(u)\boldsymbol{p}(u) \quad \omega(u)]$$

1. 有理参数连续性约束

由参数曲线 $\boldsymbol{p}(u)$ 的参数连续性定义可知，如果齐次曲线 $\boldsymbol{P}(u)$ 是 C^n 连续的，且在定义域内，分母 $\omega(u)\neq 0$，则 $\boldsymbol{P}(u)$ 的投影 $\boldsymbol{p}(u)$ 也将是 C^n 的。因为两个 C^n 连续函数的商仍是 C^n 的，因此 $\boldsymbol{p}(u)$ 的各个分量是 C^n 的，$\boldsymbol{p}(u)$ 也是 C^n 的。如果 $\boldsymbol{p}(u)$ 是 C^n 的，则它的齐次曲线 $\boldsymbol{P}(u)$ 可以不是 C^n 的。

(1) 考察位置连续性。

设定义在分割 $[u_{-1},u_0,u_1]$ 上的两曲线段 $\boldsymbol{p}(u)$（$u\in[u_{-1},u_0]$）与 $\boldsymbol{p}(u)$（$u\in[u_0,u_1]$）组成一有理曲线 $\boldsymbol{p}(u)$。它们在 u_0 处具有公共的左右连接点 $\boldsymbol{p}_-(u_0)=\boldsymbol{p}_+(u_0)=\boldsymbol{p}(u_0)$。然而，相应的两齐次点 $\boldsymbol{P}_-(u_0)$ 与 $\boldsymbol{P}_+(u_0)$ 可以不是同一点，即 $\boldsymbol{P}(u)$ 在 u_0 处可以位置不连续，只需满足：

$$\boldsymbol{P}_+(u_0)=\alpha_0\boldsymbol{P}_-(u_0) \tag{6.24}$$

其中，α_0 是非零实数。只有两个齐次点位置矢量互为标量倍数时，它们才具有相同的投影点，如图 6.2 所示。上式给出 α_0 的几何意义：α_0 是齐次点位置矢量 $\boldsymbol{P}_+(u_0)$ 对于 $\boldsymbol{P}_-(u_0)$ 的相对长度。

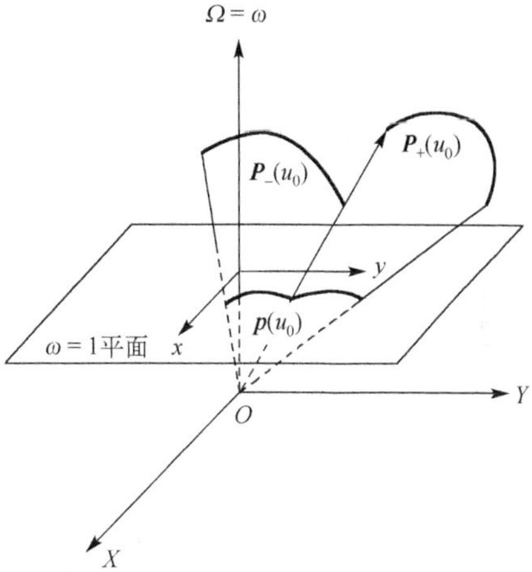

图 6.2　有理曲线 $\boldsymbol{p}(u)$ 在 u_0 是 C^0 连续，仅需相应的齐次点 $\boldsymbol{P}_+(u_0)$ 与 $\boldsymbol{P}_-(u_0)$ 互为标量倍数

(2) 考察切矢连续性。

将有理曲线方程 (6.23) 对 u 求导，令其在 u_0 处左右切矢相等，即 $\dot{\boldsymbol{p}}_+(u_0)=\dot{\boldsymbol{p}}_-(u_0)$，并利用式 (6.24)，可得：

$$\dot{\boldsymbol{P}}_+(u_0)=\alpha_0\dot{\boldsymbol{P}}_-(u_0)+\alpha_1\boldsymbol{P}_-(u_0) \tag{6.25}$$

当 $\alpha_0=1$，齐次曲线 $\boldsymbol{P}(u)$ 在 u_0 处位置连续时，它在 u_0 处的切矢是不连续的。这时，$\boldsymbol{P}(u)$ 在 u_0 处的左右切矢的差矢量平行于齐次点位置矢量 $\boldsymbol{P}(u_0)$。这时 α_1 有几何意义：位置矢量 $\boldsymbol{P}(u_0)$ 的 α_1 倍恰好补偿了齐次曲线 $\boldsymbol{P}(u)$ 在 u_0 处两左右切矢之差。一般地，存在两个实数 α_0 与 α_1，其中 $\alpha_0\neq 0$。

齐次曲线 $\boldsymbol{P}(u)$ 的投影即有理曲线 $\boldsymbol{p}(u)$ 在参数值 u 处是 C^n 连续的，当且仅当存在 $\alpha_i\,(i=0,1,\cdots,n)$ 以使下列约束条件成立。

$$\boldsymbol{P}_+^{(i)}(u)=\sum_{j=0}^{i}C_i^j\alpha_{i-j}\boldsymbol{P}_-^{(i)}(u),\quad i=0,1,\cdots,n$$

写成矩阵形式为：

$$\begin{bmatrix} P_+ \\ \dot{P}_+ \\ \ddot{P}_+ \\ \dddot{P}_+ \\ P_+^{(4)} \\ \vdots \\ P_+^{(n)} \end{bmatrix} = \begin{bmatrix} \alpha_0 \\ \alpha_1 & \alpha_0 \\ \alpha_2 & 2\alpha_1 & \alpha_0 \\ \alpha_3 & 3\alpha_2 & 3\alpha_1 & \alpha_0 \\ \alpha_4 & 4\alpha_3 & 6\alpha_2 & 4\alpha_1 & \alpha_0 \\ \vdots & \vdots & \vdots & \vdots & \vdots & \ddots \\ C_n^0\alpha_n & C_n^1\alpha_{n-1} & C_n^2\alpha_{n-2} & \cdots & \cdots & \cdots & C_n^n a_0 \end{bmatrix} \begin{bmatrix} P_- \\ \dot{P}_- \\ \ddot{P}_- \\ \dddot{P}_- \\ P_-^{(4)} \\ \vdots \\ P_-^{(n)} \end{bmatrix} \tag{6.26}$$

其中，所有矢函数的参数值省略不写。

同样的，有理参数曲线的参数连续性也是依赖重新参数化的。用参数连续性来度量有理参数曲线连接的光滑度同样是过于苛刻的。

2. 有理几何连续性约束

参数曲线的几何连续性可用 Goodman 和 Unsworth[15]给出的 Beta 约束方程(6.6)的一般关系式：

$$P_+^{(i)}(u) = \sum_{j=0}^{i} A_{i,j} P_-^{(i)}(u)$$

来定义。由此出发，Hohmeyer 和 Barsky[14]导出了当有理参数曲线 $p(u)$ 是 G^n 连续时，对于它的齐次曲线 $P(u)$ 的一组线性约束。

齐次曲线 $P(u)$ 的投影即有理曲线 $p(u)$ 是 G^n 连续的，当且仅当存在两组实数 α_i 与 β_i，以使下述约束条件成立：

$$P_+^{(i)}(u) = \sum_{j=0}^{i} C_i^j \alpha_{i-j} \sum_{k=0}^{j} A_{j,k(\beta)} P_-^{(k)}(u), \quad i = 0,1,\cdots,n$$

将有理 G^3 连续性约束写成矩阵形式：

$$\begin{bmatrix} P_+ \\ \dot{P}_+ \\ \ddot{P}_+ \\ \dddot{P}_+ \end{bmatrix} = \begin{bmatrix} \alpha_0 \\ \alpha_1 & \alpha_0\beta_1 \\ \alpha_2 & \alpha_0\beta_2 + 2\alpha_1\beta_1 & \alpha_0\beta_1^2 \\ \alpha_3 & \alpha_0\beta_3 + 3\alpha_1\beta_2 + 3\alpha_2\beta_1 & 3(\alpha_0\beta_1\beta_2 + \alpha_1\beta_1^2) & \alpha_0\beta_1^3 \end{bmatrix} \begin{bmatrix} P_- \\ \dot{P}_- \\ \ddot{P}_- \\ \dddot{P}_- \end{bmatrix} \tag{6.27}$$

若 $\alpha_0 = 1$ 和剩余所有 $\alpha_i = 0$，则有理几何连续性约束简化到 Beta 约束。若 $\beta_1 = 1$ 和剩余所有的 $\beta_i = 0$，则有理几何连续性约束简化到有理参数连续性约束。若 α_i 与 β_i 都取上述的特殊值，则有理几何连续性约束简化到参数连续性约束。

图 6.3 描述了一阶有理几何连续性，这里假设齐次曲线 $P(u)$ 在 u_0 处是 G^0 连续的。如果仅要求它的投影即有理曲线 $p(u)$ 在 u_0 处是 G^1 连续的，那么 $\dot{P}_+(u_0)$ 仅被要求

位于由 $\boldsymbol{P}(u_0)$ 和 $\dot{\boldsymbol{P}}_-(u_0)$ 的正标量倍数张成的半平面 L 内。

一般地，如果已知 $\boldsymbol{P}(u)$ 在 u 处的左段，则它在 u 处的全部右导矢 $\boldsymbol{P}_+^{(i)}(u)$ 将可由上述有理几何连续性约束条件及 α_i、β_i 确定。

与 Beta 约束不同的是，在有理几何连续性约束中不仅包括一组 β_i 值，还包括了一组 α_i 值。在 G^1 的 Beta 约束中仅有一个自由度 β_1。但在有理 G^1 约束中，如果投影曲线 $\boldsymbol{p}(u)$ 是正则的，则由

$$\dot{\boldsymbol{P}}(u)=\frac{\boldsymbol{P}^*\omega-\boldsymbol{P}^*\dot{\omega}}{\omega^2}\neq 0$$

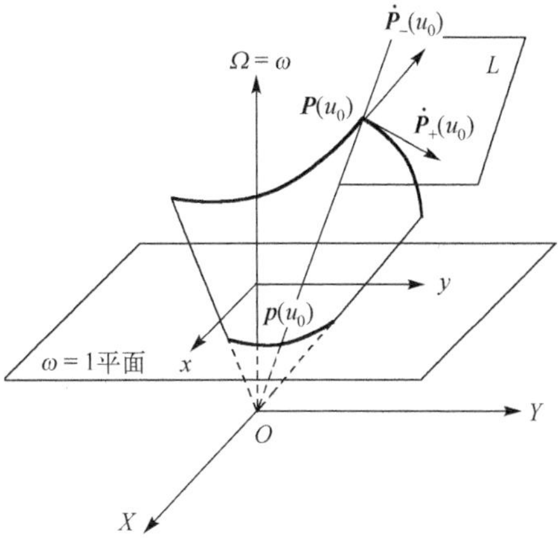

图 6.3　有理 G^1 连续性

可知 $\boldsymbol{P}_-$ 和 $\dot{\boldsymbol{P}}_-$ 是线性独立的。因此，每个有理 G^1 几何连续性总能提供两个独立的自由度。

6.4.2　G^2 连续有理二次样条曲线构造

二次曲线弧由有理二次 Bézier 曲线表示，常被拼接成切向连续即 G^1 的分段二次曲线。为了达到 G^2 连续，必须采用分段三次。应用几何连续性，Farin[21]提出用有理二次 Bézier 曲线设计曲率连续的平面曲线。为了避免引起混淆，对于平面曲线必须采用相对曲率。相对曲率的连续性概念与 G^2 连续性是等价的。

当保持形状不变因子不变时，非标准型有理二次 Bézier 曲线可以变换为标准型。对其首末端点曲率公式考虑符号，可得首末端点相对曲率：

$$\begin{cases}\kappa_r(0)=\dfrac{\tau}{\omega_1^2\rho^3}\\[2ex]\kappa_r(1)=\dfrac{\tau}{\omega_1^2\lambda^3}\end{cases}\tag{6.28}$$

其中，$\tau=\det[\boldsymbol{b}_1-\boldsymbol{b}_0\quad \boldsymbol{b}_2-\boldsymbol{b}_1]/2$ 表示由三控制顶点构成的 $\triangle\boldsymbol{b}_0\boldsymbol{b}_1\boldsymbol{b}_2$ 的有向面积；$\rho=|\boldsymbol{b}_0\boldsymbol{b}_1|,\lambda=|\boldsymbol{b}_1\boldsymbol{b}_2|$ 分别表示控制二边形前后两边长。

现考虑由 n 段有理二次 Bézier 曲线组成的平面曲线。设其中第 i 段由控制顶点 $\boldsymbol{b}_{2i},\boldsymbol{b}_{2i+1},\boldsymbol{b}_{2i+2}(i=0,1,\cdots,n-1)$ 定义。与顶点 $\boldsymbol{b}_{2i+1}$ 联系的 ω_{2i+1} 称为该段的内权因子。$\boldsymbol{b}_{2i}$ 成为第 $i-1$ 与 i 两相邻段的公共连接点。如果 $\boldsymbol{b}_{2i-1},\boldsymbol{b}_{2i},\boldsymbol{b}_{2i+1}$ 三顶点共线，且 $\boldsymbol{b}_{2i}$ 位于 $\boldsymbol{b}_{2i-1}$ 与 $\boldsymbol{b}_{2i+1}$ 之间，则该两相邻曲线段在 $\boldsymbol{b}_{2i}$ 是切向连续的或者说是 G^1 连续的。

如果另外又满足连续条件：

$$\frac{\tau_{2i-1}}{\omega_{2i-1}^2 \lambda_{2i}^3} = \frac{\tau_{2i+1}}{\omega_{2i+1}^2 \rho_{2i}^3}, \quad i = 1, 2, \cdots, n-1 \tag{6.29}$$

其中：

$$\tau_{2i-1} = \frac{\det[\boldsymbol{b}_{2i-1} - \boldsymbol{b}_{2i-2} \quad \boldsymbol{b}_{2i} - \boldsymbol{b}_{2i+1}]}{2}$$

$$\tau_{2i+1} = \frac{\det[\boldsymbol{b}_{2i+1} - \boldsymbol{b}_{2i} \quad \boldsymbol{b}_{2i+2} - \boldsymbol{b}_{2i+1}]}{2}$$

$$\lambda_{2i} = |\boldsymbol{b}_{2i-1}\boldsymbol{b}_{2i}|$$

$$\rho_{2i} = |\boldsymbol{b}_{2i}\boldsymbol{b}_{2i+1}|$$

则该两相邻曲线段在 $\boldsymbol{b}_{2i}$ 就是 G^2 连续的。

Farin[21]应用最低次的曲线段实现了曲率连续的分段平面曲线的构造，且提供了可作为形状参数实现对曲线形状控制的一个公共因子，但发现其不能对曲线进行局部控制，只能实现整体形状控制。Boehm[22-24]推广了他构造的 G^2 连续的三次样条曲线和挠率连续的四次样条曲线到有理三次和四次。

6.4.3 有理曲面的几何连续性

基于曲线的几何连续性问题的有效发展，如何将几何连续曲线推广到曲面，以生成几何连续曲面成为大家关心的问题。Filip 和 Ball[25]提出了曲线的几何连续性能否推广到曲面的问题。如果一条曲线有连续的单位切矢量，则它被说成是 G^1 连续的。如果一张曲面有连续的单位法矢量，则它被说成是 G^1 连续的。如果曲线是 G^1 连续的，则线动成面后的曲面是否也应是 G^1 连续的？答案是否定的。Filip 和 Ball 就实践中广泛采用的放样曲面(lofted surface)的构造中遇到 G^1 连续的曲线不能保证生成连续的放样曲面的问题，给出了一个反例证明[25]。Veltkamp[12]综述了曲线曲面各种类型的连续性。有关有理参数曲面的几何连续性的进一步结果可以参考文献[26]。

6.5 形状建构与连接

几何连续性提供了连接光滑度的客观度量。参数曲线的几何连续性定义 6.3-1 与定义 6.3-2 深刻揭示了参数连续性和几何连续性之间的联系，不是非此即彼的关系，而是相互依存和相互补充，各尽所长的关系。

对于参数连续性与几何连续性的研究，是为了解决曲线曲面连接问题，以服务于最终的形状构造。施法中[6]指出解决连接问题和完成希望的形状构造应该先参数连续性后几何连续性。先用参数连续性构建曲线曲面构件，再将它们用几何连续性组装到一起，完成整个形状的建构。其中，基础层次的曲线曲面构件分别是曲线段与曲面片，它们分别是低次参数多项式和低次有理参数多项式，且都是解析的或无限次可微的，即其内部都是 C^∞ 的。但这样的曲线段与曲面片不能描述复杂的形状，必须将其拼接起来，这就带来了连接问题。为避免逐段拼接与逐片拼接的烦琐与低效等问题，作为第二层次曲线曲面构件的三次样条曲线与双三样条曲面应运而生。三次样条插值具有不可替代的强大生命力。这里存在如何将 C^1 三次样条曲线、G^1 与 G^2 三次样条曲线推广到曲面问题。还有第三层次的问题，就是样条曲线间的连接问题和样条曲面间的连接问题。样条曲面间的连接问题尤为复杂，将遇到裁剪曲面的连接问题。总之，研究 Bézier 曲线曲面的几何连续性的连接问题也为 B 样条曲线曲面的几何连续性连接创建了必要的条件和打下坚实的基础。

参考文献

[1] Farin G. Curves and Surfaces for Computer Aided Geometric Design. 2nd ed. Salt Lake City: Academic Press, 1990.

[2] 叶修梓, 梁友栋. Bézier 曲面间几何连续拼接与拼接曲面构造. 数学年刊, 1991, 12A(3): 316-324.

[3] 刘鼎元. Bézier 曲面片光滑连接的几何条件. 应用数学学报, 1986, 9(4): 432-442.

[4] Liu D, Hoschek J. Continuity conditions between adjacent rectangular and triangular Bézier surface patches. Computer-Aided Design, 1989, 21(4): 194-200.

[5] Liu D. Continuity conditions between two adjacent rational Bézier surface patches. Computer Aided Geometric Design, 1990, 7(1/2/3/4): 151-163.

[6] 施法中. 计算机辅助几何设计与非均匀有理 B 样条. 2 版. 北京: 高等教育出版社, 2013.

[7] 王国瑾, 汪国昭, 郑建民. 计算机辅助几何设计. 北京: 高等教育出版社, 2001.

[8] Nielson G M. Some piecewise polynomial alternatives to splines under tension[J]. Computer Aided Geometric Design, 1974: 209-235.

[9] Spivak M. Differential Geometry. Boston: Publish or Perish Inc., 1975.

[10] Barnhil R. Surfaces in computer aided geometric design: A survey with new results. Computer Aided Geometric Design, 1985, 2(1/2/3): 1-17.

[11] Watkin M. Problems in geometric continuity. Computer-Aided Design, 1988, 20(8): 499-502.

[12] Veltkamp R. Survey of continuity of curves and surfaces. Computer Graphics Forum, 1992, 11(2): 93-112.

[13] Goodman T N T. Properties of beta-splines. Journal of Approximation Theory, 1985, 44(2): 132-153.

[14] Hohmeyer M, Barsky B. Rational continuity: Parametric, geometric, and Frenet frame continuity of rational curves. ACM Transactions on Graphics, 1989, 8(4): 335-359.

[15] Goodman T N T, Unsworth K. Generation of β-spline curves using a recurrence relation//Earnshaw R A. Fundamental Algorithms for Computer Graphics. Heidelberg: Springer, 1985: 325-357.

[16] Boehm W. On the definition of geometric continuity. Computer-Aided Design, 1988, 20(7): 370-372.

[17] Bézier P E. Numerical Control-Mathematics and Applications. New York: John Wiley and Sons, 1972.

[18] Veron M, Ris G, Musse J P. Continuity of biparametric surface patches. Computer-Aided Design, 1976, 8(4): 267-273.

[19] Kahmann J. Continuity of curvature between adjacent Bézier patches//Barnhill R E, Boehm W. Surfaces in Computer Aided Geometric Design. Amsterdam: North-Holland Publishing Co., 1983:65-75.

[20] Faux I D, Pratt M J. Computational Geometry for Design and Manufacturing. Chichester: Ellis Horwood, 1979.

[21] Farin G. Trends in curve and surface design. Computer-Aided Design, 1989, 21(5):293-296.

[22] Boehm W. Rational geometric splines. Computer Aided Geometric Design, 1987, 4(1/2):67-77.

[23] Boehm W. Curvature continuous curves and surfaces. Computer-Aided Design, 1985, 18(2): 105-106.

[24] Boehm W. Smooth curves and surfaces//Farin G. Geometric Modeling: Algorithms and New Trends. Philadelphia: SIAM, 1987:175-184.

[25] Filip D J, Ball T W. Procedurally representing lofted surfaces. IEEE Computer Graphics & Applications, 2002, 9(6):27-33.

[26] Zheng J, Wang G, Liang Y. GC^n continuity conditions for adjacent rational parametric surfaces. Computer Aided Geometric Design, 1995, 12(2):111-129.

第 7 章　三角域上的曲面片

CAGD 的主要对象是自由曲面。有了自由曲线的数学表示，自由曲面的设计还需要有创新的数学构思。对此做出突出贡献的有美国机械工程教授 Coons[1]，他在 1967 年给美国国防部的技术报告中引进了超限插值这个全新的数学概念。Farin[2]则在三角域上的 Bézier 曲面方面做了奠基性的工作。1974 年，Barnhill 和 Riesenfeld[3]给出了三角域上的超限插值曲面。1976 年 Sabin[4]在不知 de Casteljau 工作的情况下，依据 Bernstein 多项式独立地开展对三边曲面片的研究。1989 年 Farin[5]进一步考虑了定义在任意三角剖分上的分片曲面。

此外，Barnhill 和 Boehm[6]、Boehm 等[7]及 Farin[5,8]的综述详细地介绍了三角剖分上的曲面片。文献[9]～[11]则讨论了三角面片的几何连续性。

与定义在矩形域上由退化得到的三边曲面片不同，本章介绍的三边曲面片是严格定义在三角域上的。三边曲面片受到较多注意的原因在于适应不规则与散乱数据几何造型和避免出现退化的需要，及适应有限元分析中广泛应用的三边形元素的需要。由于它具有构造复杂形状的潜力，有可能在将来会获得较广泛的应用。

Boehm 从 de Casteljau 的两篇未曾公开发表的技术报告中获悉，当 de Casteljau 1959 年发明 Bézier 曲线时，他考虑从曲线推广到曲面的第一种类型就是现在的 Bézier 三角形，更确切地，称为三边 Bézier 曲面片。据知，Bézier 从未考虑三角域上的曲面片。按照命名的惯例，这里仍用 Bézier 的名字[12,13]。

7.1　三角域上的 Bézier 曲面及其几何性质

7.1.1　重心坐标

定义 7.1　给定平面上三角形 T 及其上一点 $\boldsymbol{P}$，T 的顶点依逆时针方向记为 $\boldsymbol{T}_1, \boldsymbol{T}_2, \boldsymbol{T}_3$，见图 7.1(a)。规定 $\triangle\boldsymbol{ABC}$ 的顶点依逆(顺)时针方向排列时其有向面积为面积值乘以 +1(−1)，则

$$(u,v,w)=(\triangle \boldsymbol{P}\boldsymbol{T}_2\boldsymbol{T}_3/\triangle \boldsymbol{T}_1\boldsymbol{T}_2\boldsymbol{T}_3, \triangle \boldsymbol{T}_1\boldsymbol{P}\boldsymbol{T}_3/\triangle \boldsymbol{T}_1\boldsymbol{T}_2\boldsymbol{T}_3, \triangle \boldsymbol{T}_1\boldsymbol{T}_2\boldsymbol{P}/\triangle \boldsymbol{T}_1\boldsymbol{T}_2\boldsymbol{T}_3) \tag{7.1}$$

称为点 $\boldsymbol{P}$ 关于坐标三角形 $T=\triangle \boldsymbol{T}_1\boldsymbol{T}_2\boldsymbol{T}_3$ 的面积坐标或重心坐标。这里总有 $u+v+w=1$。

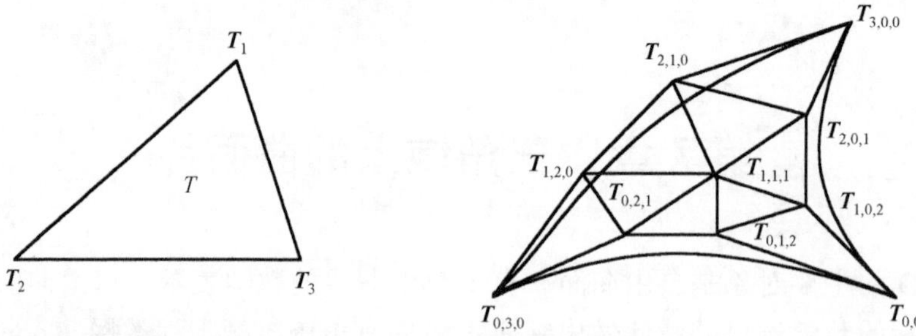

a) 平面三角形 T 和三个顶点 $\boldsymbol{T}_1$, $\boldsymbol{T}_2$, $\boldsymbol{T}_3$　　(b) 三次B-B三角曲面及其定义域 T 和B网

图 7.1　平面三角形 T 和三个顶点 $\boldsymbol{T}_1,\boldsymbol{T}_2,\boldsymbol{T}_3$ 与三次 B-B 三角曲面及其定义域 T 和 B 网

若点 $\boldsymbol{T}_i$ 和点 $\boldsymbol{P}$ 关于已知平面直角坐标系的坐标分别是 (x_i,y_i) 和 (x,y)， $i=1,2,3$，则

$$(u,v,w)=\begin{vmatrix}1 & x_1 & y_1\\1 & x_2 & y_2\\1 & x_3 & y_3\end{vmatrix}^{-1}\left(\begin{vmatrix}1 & x & y\\1 & x_2 & y_2\\1 & x_3 & y_3\end{vmatrix},\begin{vmatrix}1 & x_1 & y_1\\1 & x & y\\1 & x_3 & y_3\end{vmatrix},\begin{vmatrix}1 & x_1 & y_1\\1 & x_2 & y_2\\1 & x & y\end{vmatrix}\right) \tag{7.2}$$

$$(x,y)=(ux_1+vx_2+wx_3,uy_1+vy_2+wy_3) \tag{7.3}$$

以上两式是面积坐标与直角坐标的转换关系式。若点 $\boldsymbol{P}$ 关于另一坐标 $\triangle\boldsymbol{T}_1^*\boldsymbol{T}_2^*\boldsymbol{T}_3^*$ 的面积坐标是 (u^*,v^*,w^*)，且点 $\boldsymbol{T}_i^*$ 关于 T 的面积坐标是 $\boldsymbol{T}_i^*=(u_i,v_i,w_i)$， $i=1,2,3$，则

$$\boldsymbol{P}=(u^*,v^*,w^*)(\boldsymbol{T}_1^*,\boldsymbol{T}_2^*,\boldsymbol{T}_3^*)^{\mathrm{T}}=(u^*,v^*,w^*)((u_1,v_1,w_1),(u_2,v_2,w_2),(u_3,v_3,w_3))^{\mathrm{T}}$$

于是可得到定点 $\boldsymbol{P}$ 在不同面积坐标系下的坐标变换公式：

$$(u,v,w)=(u^*,v^*,w^*)\begin{pmatrix}u_1 & v_1 & w_1\\u_2 & v_2 & w_2\\u_3 & v_3 & w_3\end{pmatrix} \tag{7.4}$$

7.1.2　三角域上的 Bernstein 基

单变量的 n 次 Bernstein 基 $B_{i,n}(t)(i=0,1,\cdots,n)$ 由 $[t+(1-t)]^n$ 的二项式展开各项组成。双变量的张量积 Bernstein 基由两个单变量 Bernstein 基各取其一的乘积组成。因 $u+v+w=1$，三角域中一点的 3 个坐标只有两个是独立的。相应定义在三角域上的双变量的 n 次 Bernstein 基由 $[u+v+w]^n$ 的展开式各项组成。

$$[u+v+w]^n=\sum_{i=0}^{n}\sum_{j=0}^{n-i}B_{i,j,k}^n(u,v,w)$$

定义 7.2　设有 $(n+1)(n+2)/2$ 个点向量 $\boldsymbol{T}_{i,j,k}\in\mathbf{R}^3$，$i,j,k\geqslant 0, i+j+k=n$，又设坐标三角形 T 及点 $\boldsymbol{P}=(u,v,w)$ 如定义 7.1 所示，则称：

$$\boldsymbol{T}^n(u,v,w)=\sum_{i+j+k=n}B^n_{i,j,k}(u,v,w)\boldsymbol{T}_{i,j,k}\text{，}\quad (u,v,w)\in T\text{，}\quad u,v,w\geqslant 0\text{，}\quad u+v+w=1 \tag{7.5}$$

为三角域 T 上的 n 次 Bernstein-Bézier 参数曲面，简称 B-B 曲面，这里：

$$B^n_{i,j,k}(u,v,w)=\frac{n!}{i!j!k!}u^iv^jw^k,\quad i+j+k=n,\quad u,v,w\geqslant 0,\quad u+v+w=1 \tag{7.6}$$

称为 n 次 Bernstein 基函数，$\boldsymbol{T}_{i,j,k}$ 称为曲面控制顶点；把三个控制点向量 $\boldsymbol{T}_{i+1,j,k}$，$\boldsymbol{T}_{i,j+1,k}$，$\boldsymbol{T}_{i,j,k+1}$ $(i+j+k=n-1)$ 用直线段两两相连所得到的由 n^2 个三角形组成的曲面 $\hat{\boldsymbol{T}}_n=\hat{\boldsymbol{T}}_n(u,v,w)$ 称为曲面的控制网格或 B 网(图 7.1(b))。

可见，三角域上的 n 次 Bernstein 基共包含了 $\dfrac{1}{2}(n+1)(n+2)$ 个基函数，其个数称为三角数，它等于 $n+1$ 阶方阵的左上三角中所含元素个数。

三角域上的 Bernstein 基同样具有规范性、非负性与递推性，其递推关系为：

$$B^n_{i,j,k}(u,v,w)=uB^{n-1}_{i-1,j,k}(u,v,w)+vB^{n-1}_{i,j-1,k}(u,v,w)+wB^{n-1}_{i,j,k-1}(u,v,w) \tag{7.7}$$

7.1.3　三边 Bézier 曲面片的方程

为了使一个基函数对应一个控制顶点，一张 n 次三边 Bézier 曲面片必须由构成三角阵列的 $\dfrac{1}{2}(n+1)(n+2)$ 个控制顶点 $\boldsymbol{b}_{i,j,k}(i+j+k=n)(i,j,k\geqslant 0)$ 定义。因此，可写出曲面片的方程：

$$\boldsymbol{p}(u,v,w)=\sum_{i=0}^{n}\sum_{j=0}^{n-i}\boldsymbol{b}_{i,j,k}B^n_{i,j,k}(u,v,w),\quad 0\leqslant u,v,w\leqslant 1 \tag{7.8}$$

按下标顺序用直线连接控制顶点，就形成了曲面的控制网格，它由三角形组成，网格顶点与三角域的节点一一对应。

三边 Bézier 曲面片有与四边 Bézier 曲面片类似的性质。与定义在矩形域上的四边 Bézier 曲面片的差别在于以下几个方面。

(1) 定义域不同。

(2) 控制网格不同，后者由呈矩形阵列的控制顶点构成。

(3) 同样是两个独立的参数，但最高次数不同，后者两个参数的最高次数，是互相独立的，可以不同。而三边 Bézier 曲面片的三个参数的最高次数都是一致的。

(4)四边曲面片是张量积曲面，三边 Bézier 曲面片是非张量积曲面，这是本质差别。

7.2　de Casteljau 算法

从基函数的递推公式(7.7)可以得到计算三边 Bézier 曲面片上一点的递推公式：

$$\begin{cases} \boldsymbol{b}_{i,j,k}^{0} = \boldsymbol{b}_{i,j,k} \\ \boldsymbol{b}_{i,j,k}^{l} = u\boldsymbol{b}_{i+1,j,k}^{i-1} + v\boldsymbol{b}_{i,j+1,k}^{l-1} + w\boldsymbol{b}_{i,j,k+1}^{l-1}, \quad l = 1,2,\cdots,n \end{cases} \tag{7.9}$$

其中：

$$i + j + k = n - l, \quad i,j,k \geqslant 0$$

这就是用于三边 Bézier 曲面片的 de Casteljau 算法。它是用于非有理 Bézier 曲线的 de Casteljau 算法的推广。它提供了三边 Bézier 曲面片的递推定义。

de Casteljau 算法也提供了计算三边 Bézier 曲面片上一点的算法。用所给参数 u、v、$w=1-u-v$ 对这 $\frac{1}{2}n(n+1)$ 个网格三边形执行 n 级递推计算，最后所得一点即为所求曲面片上的点。由于所有递推计算都是线性插值，因此算法可靠稳定，且速度也相当快。

7.3　三边 Bézier 曲面片的升阶

任一 n 次三边 Bézier 曲面片可以被改写为 $n+1$ 次的：

$$\boldsymbol{p}(u,v,w) = \sum_{i=0}^{n}\sum_{j=0}^{n-i} \boldsymbol{b}_{i,j,k} B_{i,j,k}^{n}(u,v,w) = \sum_{i=0}^{n+1}\sum_{j=0}^{n+1-i} \boldsymbol{b}_{i,j,k}^{*} B_{i,j,k}^{n+1}(u,v,w)$$

升阶后的新控制顶点为：

$$\boldsymbol{b}_{i,j,k}^{*} = \frac{1}{n+1}(i\boldsymbol{b}_{i-1,j,k} + j\boldsymbol{b}_{i,j-1,k} + k\boldsymbol{b}_{i,j,k-1}) \tag{7.10}$$

对于 $n+1$ 次表示，$i+j+k=n+1$, $i,j,k \geqslant 0$。由此可以定出所有内控制顶点。边界的控制顶点按非有理 Bézier 曲线升阶确定。

升阶可被重复进行，形成的控制网格序列将收敛到所定义的曲面片。

7.4　求方向导矢

由于三参数互相不是独立的，不同于张量积曲面求偏导矢，在这里使用方向导矢比较合适。设 τ 是三角形域内连接 $\boldsymbol{r}_0=[u_0\quad v_0\quad w_0]$ 与 $\boldsymbol{r}_1=[u_1\quad v_1\quad w_1]$ 两点的直线：

$$\boldsymbol{r}(\tau)=(1-\tau)\boldsymbol{r}_0+\tau\boldsymbol{r}_1 \tag{7.11}$$

的局部参数。则可得曲面片关于 τ 的如下导矢：

$$\frac{\mathrm{d}\boldsymbol{p}}{\mathrm{d}\tau}=n\sum_{i=0}^{n-1}\sum_{j=0}^{n-1-i}\boldsymbol{b}_{i,j,k}^{1}B_{i,j,k}^{n-1}(\boldsymbol{r}(\tau)) \tag{7.12}$$

这里有：

$$\boldsymbol{b}_{i,j,k}^{1}=\Delta u_0\boldsymbol{b}_{i+1,j,k}+\Delta v_0\boldsymbol{b}_{i,j+1,k}+\Delta w_0\boldsymbol{b}_{i,j,k+1}$$
$$i+j+k=n-1,\ \ i,j,k\geqslant 0$$

其中，由于 $u+v+w=1$，有 $\Delta u_0+\Delta v_0+\Delta w_0=0$。矢量 $\boldsymbol{b}_{i,j,k}^{1}$ 是在 $\boldsymbol{r}_0$ 和 $\boldsymbol{r}_1$ 处执行 de Casteljau 算法第一级递推所得相应中间顶点的差分。

将一阶方向导矢推广，可以得 l 阶方向导矢：

$$\frac{\mathrm{d}^l\boldsymbol{p}}{\mathrm{d}\tau^l}=\frac{n!}{(n-l)!}\sum_{i=0}^{n-l}\sum_{j=0}^{n-l-i}\boldsymbol{b}_{i,j,k}^{l}B_{i,j,k}^{n-l}(\boldsymbol{r}(\tau)),\quad l=1,2,\cdots,n \tag{7.13}$$

这里有：

$$\begin{cases}\boldsymbol{b}_{i,j,k}^{0}=\boldsymbol{b}_{i,j,k}\\ \boldsymbol{b}_{i,j,k}^{l}=\Delta u_0\boldsymbol{b}_{i+1,j,k}^{l-1}+\Delta v_0\boldsymbol{b}_{i,j+1,k}^{l-1}+\Delta w_0\boldsymbol{b}_{i,j,k+1}^{l-1}\\ i+j+k=n-l,\quad i,j,k\geqslant 0\end{cases} \tag{7.14}$$

如果 $\boldsymbol{r}(\tau)$ 是域三角形平行于任一边的直线，则差分矢量 $\boldsymbol{b}_{i,j,k}^{l}$ 退化为通常的向前差分矢量。例如，若固定参数 $v,\tau=w$，则 $\Delta u_0=1,\ \Delta v_0=0$，$\Delta\omega_0=-1$，因此得

$$\boldsymbol{b}_{i,j,k}^{l}=\boldsymbol{b}_{i+1,j,k}^{l-1}-\boldsymbol{b}_{i,j,k+1}^{l-1}$$

7.5　组合三边 Bézier 曲面片的几何连续性

考察三边 Bézier 曲面片在 $v=0$ 边界上沿 $\Delta u=0$ 方向（即 $\tau=v,\Delta v=1,\Delta w=-1$）的方向导矢：

$$\left.\frac{\mathrm{d}\boldsymbol{p}}{\mathrm{d}\tau}\right|_{\substack{v=0\\ \Delta u=0}}=n\sum_{i=0}^{n-1}\boldsymbol{a}_iB_{i,n-1}(u) \tag{7.15}$$

其中：

$$\boldsymbol{a}_i=\boldsymbol{b}_{i,1,n-i-1}-\boldsymbol{b}_{i,0,n-i},\quad i=0,1,\cdots,n-1$$

此为该边界上关于 v 参数的跨界切矢 $\boldsymbol{p}_v = \left.\frac{\mathrm{d}\boldsymbol{p}}{\mathrm{d}v}\right|_{v=0}$ 。它与四边形曲面片在 $v=0$ 边界的跨界切矢的表达有一致之处。它们都与定义该边界的一排顶点及相邻一排顶点有关。

设与三边 Bézier 曲面片具有 $v=0$ 公共边界的另一 n 次三边 Bézier 曲面片为：

$$\boldsymbol{q}(u,v,w) = \sum_{i=0}^{n}\sum_{j=0}^{n-i}\boldsymbol{b}_{i,j,k}^{*}B_{i,j,k}^{n}(u,v,w)$$

类似地，它在该公共边界上关于参数 v 的跨界切矢可以表示为：

$$q_v = \left.\frac{\mathrm{d}\boldsymbol{q}}{\mathrm{d}v}\right|_{v=0} = n\sum_{i=0}^{n-1}\boldsymbol{a}_i^{*}B_{i,n-1}(u) \tag{7.16}$$

其中，$\boldsymbol{a}_i^{*} = \boldsymbol{b}_{i,1,n-i-1}^{*} - \boldsymbol{b}_{i,0,n-i}^{*}(i=0,1,\cdots,n-1)$ 。公共边界的边界切矢为：

$$\begin{aligned}\boldsymbol{p}_u &= \left.\frac{\mathrm{d}\boldsymbol{p}}{\mathrm{d}u}\right|_{v=0} = \boldsymbol{q}_u = \left.\frac{\mathrm{d}\boldsymbol{q}}{\mathrm{d}u}\right|_{v=0} = n\sum_{i=0}^{n-1}\boldsymbol{c}_i B_{i,n-1}(u)\\ \boldsymbol{c}_i &= \boldsymbol{b}_{n-i,0,i} - \boldsymbol{b}_{n-i-1,0,i+1} = \boldsymbol{b}_{n-i,0,i}^{*} - \boldsymbol{b}_{n-i-1,0,i+1}^{*}\end{aligned} \tag{7.17}$$

两曲面片沿 $v=0$ 公共边界处有公共切平面 G^1 连续时，必须满足 $\boldsymbol{p}_v$、 $\boldsymbol{p}_u$ 与 $\boldsymbol{q}_v$ 共面，即有：

$$(\boldsymbol{p}_v, \boldsymbol{p}_u, \boldsymbol{q}_v) = \boldsymbol{0}$$

或可表示为：

$$\boldsymbol{q}_v = \alpha\boldsymbol{p}_u + \beta\boldsymbol{p}_v$$

其中，α 与 β 是两个任意的因子。将式(7.15)～式(7.17)代入上式，即可得网格边矢量表示的 G^1 连续性条件：

$$\boldsymbol{a}_i^{*} = \alpha\boldsymbol{c}_i + \beta\boldsymbol{a}_i,\quad i=0,1,\cdots,n-1 \tag{7.18}$$

参 考 文 献

[1] Coons S A. Surfaces for computer aided design of space forms. Massachusetts: Massachusetts Institute of Technology, 1967.

[2] Farin G E. Bézier polynomials over triangles and the construction of piecewise C^r polynomials. Uxbridge: Brunel University, 1980.

[3] Barnhill R E, Riesenfeld R F. Computer Aided Geometric Design. New York: Academic Press, 1974.

[4] Sabin M A. The use of piecewise forms for the numerical representation of shape. Budapest: Hungarian Academy of Sciences, 1976.

[5] Farin G. Curvature continuity and offsets for piecewise conics. ACM Transactions on Graphics, 1989, 8(2):89-99.

[6] Barnhill R E, Boehm W. Surfaces in Computer Aided Geometric Design. Amsterdam: North-Holland, 1983.

[7] Boehm W, Farin G, Kahmann J. A survey of curve and surface methods in CAGD. Computer Aided Geometric Design, 1984, 1(1):1-60.

[8] Farin G. Triangular Berstein-Bézier patches. Computer Aided Geometric Design, 1986, 3(2):83-127.

[9] Farin G, Piper B, Worsey A J. The octant of a sphere as a non-degenerate triangular Bézier patch. Computer Aided Geometric Design, 1987, 4(4):329-332.

[10] Liu D, Hoschek J. GC^1 continuity conditions between adjacent rectangular and triangular Bézier surface patches. Computer-Aided Design, 1989, 21(4):194-200.

[11] Li H, Liu S Q. Local interpolation of curvature-continuous surfaces. Computer Aided Design, 1992, 24(9):491-503.

[12] 施法中. 计算机辅助几何设计与非均匀有理 B 样条. 2 版. 北京: 高等教育出版社, 2013.

[13] 王国瑾, 汪国昭, 郑建民. 计算机辅助几何设计. 北京: 高等教育出版社, 2001.

第 8 章 T 样条曲面

曲面造型技术起源于飞机、汽车、船舶的几何外形放样(lofting)和设计，它的首要任务就是要建立描述几何形体表面形状的数学表示，即曲面的数学模型，也称几何模型。由于参数曲面表示方法具有几何不变性、易于几何变换、易于分片表示、易于离散、方便几何操作和计算简单等优点，成为最早使用，目前仍广泛采用的自由曲面表达形式。

20 世纪 60 年代主要使用的曲面造型技术是 Bézier 方法，Bézier 曲线具有许多优美性质，但它没有形状局部可调和连续阶数可调等特性，存在逼近精度差等问题。20 世纪 70 年代出现的 B 样条方法不仅继承了 Bézier 方法的几何特性，还克服了 Bézier 曲线的致命缺陷，在表示与设计自由曲线曲面时显示出了强大的优势。然而，B 样条方法不能精确表示机械产品中常用的二次曲线曲面。20 世纪 80 年代诞生的非均匀有理 B 样条(NURBS)技术弥补了这一不足，它将 Bézier 和 B 样条方法融为一体，统一表达、统一编程，并通过调整控制点和权因子为各种几何形状设计提供充分的灵活性。由于这些突出的优点，到 80 年代后期，NURBS 方法成了自由曲面造型的首选工具，并于 1991 年，被国际标准化组织作为定义工业产品数据交换的 STEP 标准。现在已是新曲面造型方法不可缺少的重要基础[1,2]。

传统 NURBS 曲面控制网格的顶点需整行整列规则摆放，这就对其在实际应用时有了更多的限制，使得 NURBS 在实际造型中控制点冗余度很大，往往只因为要保持控制网格的矩形拓扑结构而加入过多的控制顶点，给后继数据的处理带来了很多的不便；另外，对 B 样条曲面控制网格的局部修正操作代价高，为了插入一个控制顶点进行修正而又要保持其仍为一个 B 样条曲面的控制网格，就必须向控制网格里加入成排成列的控制顶点；在多张 B 样条曲面拼接时，也因为其网格拓扑条件的限制而变得十分困难等。2003 年，Sederberg 等[3]提出的 T 样条曲面方法允许出现 T 交点，突破了传统的 B 样条曲面控制网格必须满足的拓扑限制的局限，在曲面拼接、曲面加细、曲面简化等方面具有独到之处。T 样条曲面可视为允许 T 形状交点的 B 样条曲面，在继承了 B 样条曲面优点的基础上又允许很多非常有价值的操作：比如控制网格的生成简单，控制网格的局部细化，多张样条曲面之间的高效拼接，可容易地转化为 B 样条曲面以应用到当前 CAD 系统等。T 样条还有一个很特别的性质，就是它是一种基于点的 B 样条，除去奇异点之外的每一个控制点都有一个基函数与之对应，从而 T 样条曲面在除非奇异点外有一个统一的表达式，这也给曲面的重建等相应的分析与处理带来了极大的方便。当前 T 样条曲面的理论正在不断完善中。

8.1　PB 样条

2003 年 Sederberg 等[3]推广了参数张量积曲面，首次提出 T 样条与 T-NURCCs。他们先引进一种基于点的样条——PB 样条来代替传统的基于网格的样条。

PB 样条曲面(point-based splines surfaces)是基于点的样条曲面：在 PB 样条里没有控制网格的概念，控制顶点无拓扑连接关系，在每个控制顶点上定义一个基函数，每个基函数的节点向量与其他基函数的节点向量相互间完全独立，PB 样条的方程为

$$\boldsymbol{P}(s,t)=\frac{\sum_{i=1}^{n}\boldsymbol{P}_i B_i(s,t)}{\sum_{i=1}^{n}B_i(s,t)},\quad (s,t)\in D \tag{8.1}$$

其中，$\boldsymbol{P}_i$ 是控制顶点；$B_i(s,t)$ 是基函数，$B_i(s,t)=N_{i0}^3(s)N_{i0}^3(t)$，其中 $N_{i0}^3(s)$ 是三次 B 样条基函数，其节点向量有两个方向，分别是 $\boldsymbol{s}_i=[s_{i0},s_{i1},s_{i2},s_{i3},s_{i4}]$ 和 $\boldsymbol{t}_i=[t_{i0},t_{i1},t_{i2},t_{i3},t_{i4}]$。为了确定一个 PB 样条，必须提供一组控制顶点和每个顶点对应的两个节点向量，如图 8.1 所示。

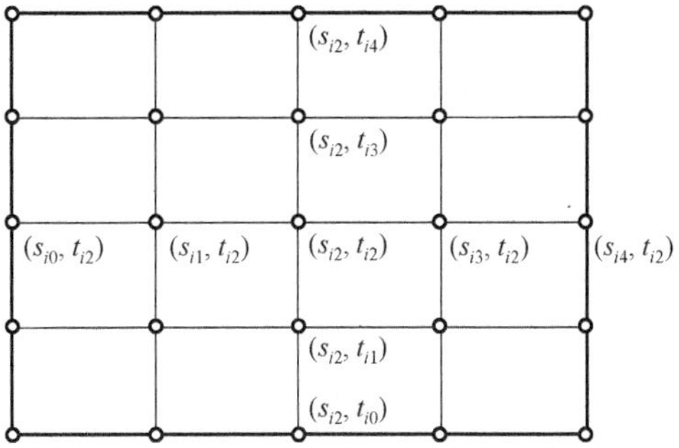

图 8.1　PB 样条

每个控制顶点 $\boldsymbol{P}_i$ 有自己的参数域，记为 $D_i=(s_{i0},s_{i4})\times(t_{i0},t_{i4})$，但是参数域并不要求是正交的。式(8.1)中的参数域 D 是整个 PB 样条的参数域。对区域 D 的唯一约束是对于所有的 (s,t)，$\sum_{i=1}^{n}B_i(s,t)>0$。由于 PB 样条是由不依附控制网格、无拓扑连接关系的控制点生成的样条曲面，PB 样条的核心思想就是不要求具有正交特性的参数域，而是用控制顶点和其叠加参数域计算曲面，所以它是一类非常灵活的曲面造型工具。研究 PB 样条是为了下一节的 T 样条研究。

T 样条是 PB 样条的一个特例，虽然 T 样条仍有控制网格存在，但是与原有参

数曲面不同，它不再要求控制点必须贯穿整行整列。应该指出的是，T 样条的控制点与节点一一对应。

8.2　T 样条理论基础

8.2.1　节点区间

对于三次 B 样条曲线，控制多边形的每条边都对应一段曲线段。节点区间就是控制多边形的每条边所对应的非负数。节点区间主要用来传递节点信息。图 8.2 所示为一条三次 B 样条曲线，其中 t 为节点值，则节点向量为 $[1,2,3,4,6,9,10,11]$，控制多边形每条边上的 d_i 就是对应的节点区间，每个节点区间都是节点矢量中两相邻节点的差分，$\boldsymbol{P}_i$ 则是给定的数据点。

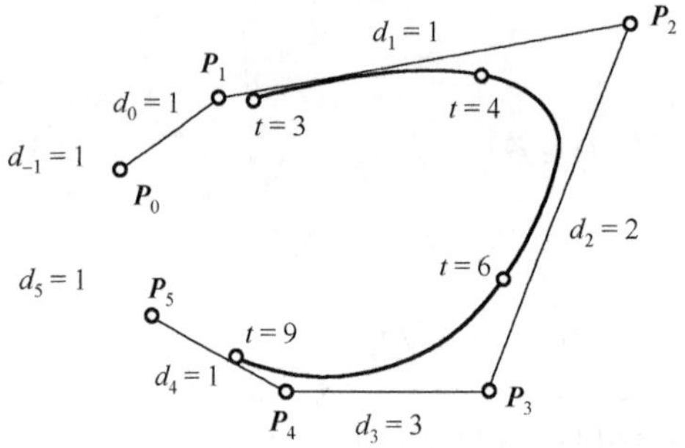

图 8.2　节点区间

对于非周期的曲线，在首末端点处各添加一条虚边，该边所带的非负数就是首末节点区间(如图中的 d_{-1} 和 d_5)。控制多边形的非首末边所对应的节点区间表示该边所对应的曲线段的参数长度。

对于曲线的节点向量来说，所有节点可以同时加上一个常量而不改变该曲线的节点区间。因此，当已知节点区间想要推出其节点向量时，可以随意选取节点向量的初始值。

8.2.2　T 样条的概念[4]

定义 8.1　称矩形网格中 s 坐标为常量的线段为 s 边，t 坐标为常量的线段为 t 边。

定义 8.2　在矩形网格的内部顶点处，若有两条 s 边，一条 t 边或者两条 t 边，一条 s 边通过该顶点，则称这样的内部顶点为 T 节点。

定义 8.3　含有 T 节点的矩形网格称为 T 网格。

T 节点是 T 网格和 B 网格的本质差别。若 T 网格中没有 T 节点，则退化为 B 网格。

T 网格的边和对应的节点区间需满足以下规则。

规则 8.1　T 网格的任意一个面中，对边的节点间距之和必须相等。如图 8.3 所示，面 F 满足：

$$d_2 + d_6 = d_7,\quad e_6 + e_7 = e_8 + e_9$$

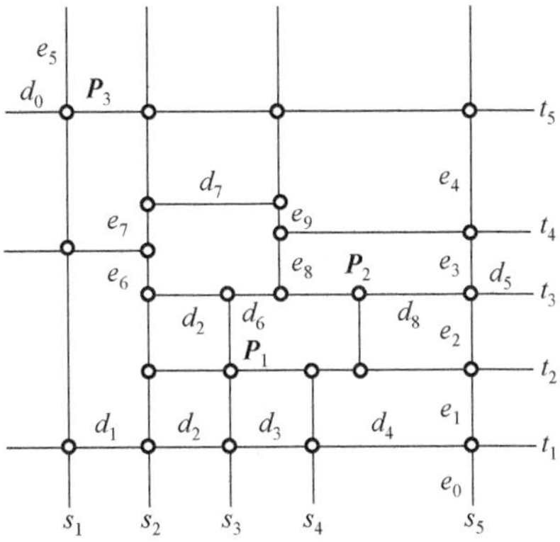

图 8.3 二维 T 网格

规则 8.2 T 网格中，位于一个面的一条边上的 T 节点，若可以与对边的 T 节点相连而不违背规则 8.1，则该边就包含于 T 网格中。

定义 8.4 定义在 T 网格上的 PB 样条曲面称为 T 样条曲面。

8.3 T 样条曲面的基本方法

T 样条曲面的控制网格中含有 T 节点，使得过控制点的网格线不必全部贯穿。由于这个原因，T 样条曲面具有一些很好的性质，例如，可以实现真正意义上的局部加细，几个含有不同节点矢量的样条曲面可以进行无缝合并，控制点少，引起曲面设计者对节点去除理论的进一步探索，使得节点去除理论更加丰富。下面就简单介绍上面提到的三个样条曲面的性质[5]。

8.3.1 混合函数局部加细

对于一个曲线曲面而言，所谓局部加细是指在控制多边形(网格)中插入一个控制点，但不会增加一整行或一整列的控制点。NURBS 曲线曲面的局部加细是通过插入节点实现的，这个过程不会改变曲线曲面的形状。现存的几种节点插入方法如 Oslo 算法[6,7]，计算了所谓的离散 B 样条，定义了 B 样条从一个加细样条空间到一个子空间的基变换；Boehm 算法[6]，则直接作用于 B 样条系数；以及之后出现的开花算法[7]，都使得节点插入问题得到了很好的解决。

对于 B 样条曲线，节点插入基本能够实现局部作用，即在节点矢量中插入一个节点，只会引起局部范围内几个控制点的更新。但是对于张量积 B 样条曲面，实现真正意义上的局部加细几乎是不可能的，因为在曲面的任何一个节点矢量中插入一个节点，都会引起一整行或一整列的控制点的插入。

1988 年，Forsey 和 Bartels[8]构造了用于局部加细和多尺度编译的 Hierchical B

样条，使得 B 样条曲面的局部加细成为可能。而且这个方法可以扩展到任何加细曲面如细分曲面上。

对于样条曲面，因为控制网格线不必全部贯穿，所以真正意义上的局部加细成为可能。而且样条曲面局部加细过程中，不再含有“递阶”的概念，即所有的局部加细过程都是在同一个控制网格上进行，所有的控制点对曲面形状的作用也几乎相同。

T 样条曲面的局部加细，是指在一个 T 网格中插入一个或多个控制点，同时不改变 T 样条曲面的形状，这个过程也称作局部节点插入过程。因 T 样条曲面的控制网格线不是全部贯穿，故在 T 网格中插入指定控制点前，必然要先插入其他控制点。假设要在 T 网格中插入一个或多个指定控制点，其加细算法大致包括两个阶段：拓扑阶段和几何阶段。其中，拓扑阶段是指确定哪些控制点的插入要在插入指定控制点之前完成；几何阶段是指所插入的指定控制点的笛卡儿坐标和权值的计算。下面主要介绍加细算法的几何阶段。

设一节点矢量 $\boldsymbol{U}=(u_0,u_1,u_2,u_3,u_4)$，$\tilde{\boldsymbol{U}}$ 是含 m 个节点且以 $\boldsymbol{U}$ 为其子集的一个节点矢量，则节点矢量 $\tilde{\boldsymbol{U}}$ 所对应的 B 样条基函数可以写成 $m-4$ 个基函数的线性组合。这 $m-4$ 个基函数均定义在 $\tilde{\boldsymbol{U}}$ 上，且由含有 6 个节点的节点矢量确定[9]。下面假设 $m=6$，给出具体的 B 样条基函数加细公式，对于 $m>0$ 的情况，可以反复利用下列公式。

设 $\boldsymbol{N}(u)=\boldsymbol{N}[u_0,u_1,u_2,u_3,u_4](u)$，若 $\tilde{\boldsymbol{U}}=(u_0,k,u_1,u_2,u_3,u_4)$，则

$$\boldsymbol{N}(u)=c_0\boldsymbol{N}[u_0,k,u_1,u_2,u_3]+d_0\boldsymbol{N}[k,u_1,u_2,u_3,u_4]$$

其中，k 为插入的节点值，$c_0=\dfrac{k-u_0}{u_3-u_0},d_0=1$。

若 $\tilde{\boldsymbol{U}}=(u_0,u_1,k,u_2,u_3,u_4)$，则

$$\boldsymbol{N}(u)=c_1\boldsymbol{N}[u_0,u_1,k,u_2,u_3]+d_1\boldsymbol{N}[u_1,k,u_2,u_3,u_4]$$

其中，$c_1=\dfrac{k-u_0}{u_3-u_0},d_1=\dfrac{u_4-k}{u_4-u_1}$。

若 $\tilde{\boldsymbol{U}}=(u_0,u_1,u_2,k,u_3,u_4)$，则

$$\boldsymbol{N}(u)=c_2\boldsymbol{N}[u_0,u_1,u_2,k,u_3]+d_2\boldsymbol{N}[u_1,u_2,k,u_3,u_4]$$

其中，$c_2=\dfrac{k-u_0}{u_3-u_0},d_2=\dfrac{u_4-k}{u_4-u_1}$。

若 $\tilde{\boldsymbol{U}}=(u_0,u_1,u_2,u_3,k,u_4)$，则

$$\boldsymbol{N}(u)=c_3\boldsymbol{N}[u_0,u_1,u_2,u_3,k]+d_3\boldsymbol{N}[u_1,u_2,u_3,k,u_4]$$

其中，$c_3 = 1, d_3 = \dfrac{u_4 - k}{u_4 - u_1}$。

若 $k \leqslant u_0$ 或 $k \geqslant u_4$，则 $\boldsymbol{N}(u)$ 不变化。

8.3.2　插入控制顶点

插入控制顶点是指在已存在的 T 网格中插入新的控制顶点。如果增加控制顶点仅仅是增强控制能力，那么可以简单地在 T 网格中增加控制顶点，并且保持笛卡儿坐标系下其他控制顶点不变。当然插入控制顶点将改变 T 样条的形状(至少改变新控制顶点影响的部分)。在更多情况下需要在 T 网格中插入控制顶点但不改变 T 样条的面面，而这种在不改变几何形状的条件下增加控制顶点的方法称为局部节点插入[10,11]。

如图 8.4 所示，在 $\boldsymbol{P}_2$ 与 $\boldsymbol{P}_4$ 控制顶点之间插入顶点 $\boldsymbol{P}_3'$，则强制使用规则 8.3。

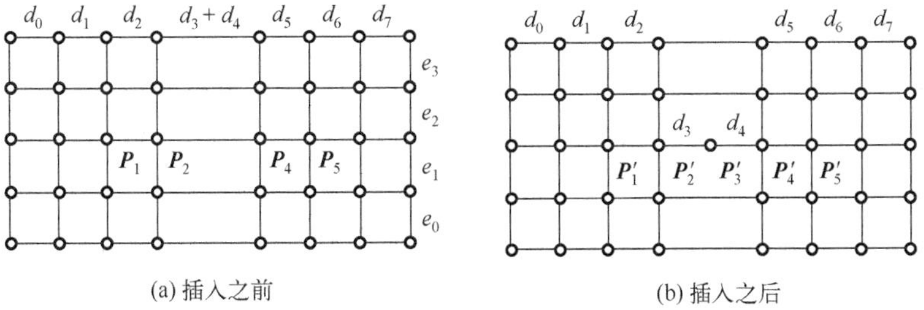

图 8.4　T 节点的插入

规则 8.3　若所插入控制顶点在 s 方向的边上，则满足所有 t 方向向量为 t_i，且满足 $t_1 = t_2 = t_4 = t_5$。若插入控制顶点在 t 方向的边上，则满足所有 s 方向向量为 s_i，且满足 $s_1 = s_2 = s_4 = s_5$。

局部节点插入是通过对所有的基函数进行节点插入来完成的，这些基函数的节点向量将因为新的控制顶点的存在而改变。在图 8.4 中，插入顶点 $\boldsymbol{P}_3'$ 后，有：

$$\boldsymbol{P}_1' = \boldsymbol{P}_1, \quad \boldsymbol{P}_5' = \boldsymbol{P}_5$$

$$\boldsymbol{P}_2' = [d_4\boldsymbol{P}_1 + (d_1 + d_2 + d_3)\boldsymbol{P}_2] / (d_1 + d_2 + d_3 + d_4)$$

$$\boldsymbol{P}_4' = [(d_6 + d_5 + d_4)\boldsymbol{P}_4 + d_3\boldsymbol{P}_5] / (d_3 + d_4 + d_5 + d_6)$$

$$\boldsymbol{P}_3' = [(d_5 + d_4)\boldsymbol{P}_2 + (d_2 + d_3)\boldsymbol{P}_4] / (d_2 + d_3 + d_4 + d_5)$$

由于规则 8.3 的约束，控制顶点并不能随意插入。如图 8.5(a)所示，规则 8.3 不允许 $\boldsymbol{A}$ 点插入，因为 t_2 与 t_1，t_4 和 t_5 不同。然而如图 8.5(b)所示，则 $\boldsymbol{A}$ 点就可以被插入子网格中。

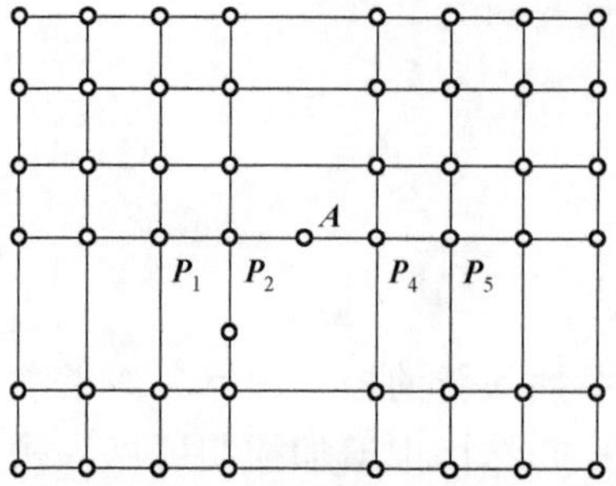

(a) 不能插入 A 点　　(b) 可以插入 A 点

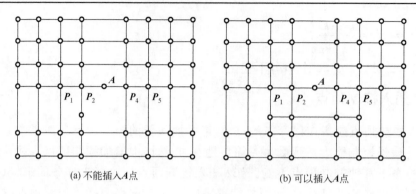

图 8.5　插入新的控制顶点 A

8.3.3　T 样条局部细化

对 T 样条而言，T 样条空间是用于描述一组具有相同 T 网格拓扑、节点间隔和节点坐标的方法。一个 T 样条空间 S_1 可以看成是 S_2 的子空间，由 S_1 经过局部细化可以得到 S_2。如果 T_1 是一个 T 样条曲面，$T_1 \in S_1$ 意味着 T_1 的控制网格的拓扑以及节点间隔是由 S_1 确定的。如图 8.6 所示，则有 $S_1 \subset S_2 \subset S_3 \subset \cdots \subset S_n$。

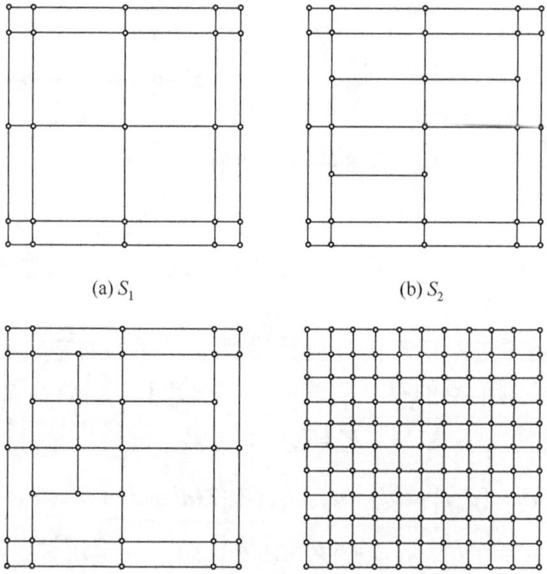

(a) S_1　　(b) S_2

(c) S_3　　(d) S_n

图 8.6　T 样条局部细化

给定一个 T 样条 $\boldsymbol{P}(s,t) \in S_1$，使用 $\boldsymbol{P}$ 表示 $P(s,t)$ 控制顶点的列向量。给定另外一个 T 样条 $\tilde{\boldsymbol{P}}(s,t) \in S_2$。使用 $\tilde{\boldsymbol{P}}$ 表示 $\tilde{\boldsymbol{P}}(s,t)$ 控制顶点的列向量。则 $\boldsymbol{P}$ 与 $\tilde{\boldsymbol{P}}$ 之间存在一个线性转化，记为

$$\boldsymbol{M}_{1,2}\boldsymbol{P} = \tilde{\boldsymbol{P}}$$

其中，矩阵 $\boldsymbol{M}_{1,2}$ 是 $\boldsymbol{P}$ 与 $\tilde{\boldsymbol{P}}$ 之间的线性转换矩阵。

$$\boldsymbol{P}(s,t) = \sum_{i=1}^{n} \boldsymbol{P}_i B_i(s,t), \quad \tilde{\boldsymbol{P}}(s,t) = \sum_{i=1}^{\tilde{n}} \tilde{\boldsymbol{P}}_i \tilde{B}_i(s,t)$$

其中，$\tilde{n}$ 表示 $\tilde{\boldsymbol{P}}$ 的个数。由于 $S_1 \subset S_2$，每个 $B_i(s,t)$ 可以表示为 $\tilde{B}_j(s,t)$ 的线性组合：

$$B_i(s,t) = \sum_{j=1}^{\tilde{n}} c_i^j \tilde{B}_j(s,t)$$

其中，c_i^j 表示矩阵 $\boldsymbol{M}_{1,2}$ 的第 j 行第 i 列元素。

如果满足 $\tilde{\boldsymbol{P}}_j = \sum_{i=1}^{n} c_i^j \boldsymbol{P}_i$，则可得到 $\boldsymbol{P}(s,t) \equiv \tilde{\boldsymbol{P}}(s,t)$。

因此假设 $S_i \subset S_j$，同样可以找到转换矩阵 $\boldsymbol{M}_{i,j}$ 建立 T 样条 S_i 和 S_j 之间的映射关系。但是并不是随意增加控制顶点就可以实现 T 样条的局部细化，需要遵从一定的规则。

规则 8.4　对于 T 网格中的每个控制点 $\boldsymbol{P}_i$ 需要计算节点向量 $\boldsymbol{r}_i$、$\boldsymbol{s}_i$ 和 $\boldsymbol{t}_i$，从而确定基函数 $B_i(s,t)$。如图 8.3 所示，在二维情形下，以 $d=4$ 为例，控制点 $\boldsymbol{P}_i$ 的节点坐标为 (s_{i2},t_{i2})，那么节点 s_{i3} 和 s_{i4} 通过射线 $\boldsymbol{R}(\alpha)=(s_{i2}+\alpha,t_{i2})$ 确定，其值为两个最先与射线相交 s 边的交点，其他 s 和 t 节点的确定方法类似。如点 $\boldsymbol{P}_1$，其 $\boldsymbol{s}_i=[s_1,s_2,s_3,s_4,s_5-d_8]$，$\boldsymbol{t}_i=[t_1-e_0,t_1,t_2,t_3,t_4+e_9]$；点 $\boldsymbol{P}_2$，其 $\boldsymbol{s}_i=[s_3,s_3+d_6,s_5-d_8,s_5,s_5+d_5]$，$\boldsymbol{t}_i=[t_1,t_2,t_3,t_4,t_5]$。

局部细化算法确定应该加入哪些所需新的控制顶点，这样 T 网格就可以被计算出来[12]。T 样条、混合函数(blending functions)和 T 网格之间是紧密相连的，每个控制顶点对应一个，每个混合函数的节点向量采用规则 8.4 定义。

违背 1　当前 T 网格中混合函数缺失满足规则 8.4 的节点。

违背 2　当前 T 网格中混合函数有不满足规则 8.4 的节点。

违背 3　一个控制顶点缺少与其关联的混合函数。

如果不存在上述违背情况，则 T 样条是有效的。如果有违背存在，则可以逐个解决违背，直到不存在违背。局部细化的步骤如下。

(1) 在 T 网格中插入所需的控制顶点。

(2) 如果 T 网格的任何混合函数符合违背 1，则在混合函数中执行节点插入操作。

(3) 如果 T 网格的任何混合函数符合违背 2，则增加合适的控制顶点。

(4) 重复步骤(2)和(3)，直到消除所有的违背情况。

(5) 解决了违背 1 与违背 2 后，违背 3 的情况自动消除。

如图 8.7(a)所示是一个准备插入新控制顶点 $\boldsymbol{P}_2$ 的初始 T 网格，其中不存在违背情况。但是如果简单地插入 $\boldsymbol{P}_2$ 到 T 网格中而不改变任何混合函数，则会产生违背情况，如图 8.7(b)所示。因为 $\boldsymbol{P}_2$ 的节点坐标为 (s_3,t_2)，四个混合函数的中点在 (s_1,t_2)、(s_2,t_2)、(s_4,t_2) 和 (s_5,t_2)，存在违背情况。为了解决这些违背，可以在每个混合函数中插入节点 s_3。原在 (s_2,t_2) 处的混合函数是 $\boldsymbol{N}[s_0,s_1,s_2,s_4,s_5](s)\boldsymbol{N}[t_0,t_1,t_2,t_3,t_4](t)$。如图 8.7(c)和(d)所示，在 s 方向节点向量中插入节点 s_3 后，原混合函数被分为两个混合函数：

$$c_2\boldsymbol{N}[s_0,s_1,s_2,s_3,s_4](s)\boldsymbol{N}[t_0,t_1,t_2,t_3,t_4](t) \text{ 和 } d_2\boldsymbol{N}[s_1,s_2,s_3,s_4,s_5](s)\boldsymbol{N}[t_0,t_1,t_2,t_3,t_4](t)$$

混合函数 $c_2\boldsymbol{N}[s_0,s_1,s_2,s_3,s_4](s)\boldsymbol{N}[t_0,t_1,t_2,t_3,t_4](t)$ 满足规则 8.1。同样，局部细分的混合函数 (s_1,t_2)、(s_4,t_2) 和 (s_5,t_2) 都满足规则 8.1。然而，t 方向节点向量的混合函数 $d_2\boldsymbol{N}[s_1,s_2,s_3,s_4,s_5](s)\boldsymbol{N}[t_0,t_1,t_2,t_3,t_4](t)$ 出现了违背 2 的情况，因为 t 方向向量为 $[t_0,t_1,t_2,t_3,t_4]$。没有对应于 t_3 的控制顶点，因此必须加入新的控制顶点。

加入新控制顶点 $\boldsymbol{P}_3$ 到图 8.7(e)中，插入的节点可以修正违背 2，但是又产生了违背 1，如图 8.7(f)所示。中心为 (s_2,t_3) 的混合函数在 s 方向节点向量不包含 s_3，产生了违背 1。在节点向量中插入 s_3 可以修正这个问题。

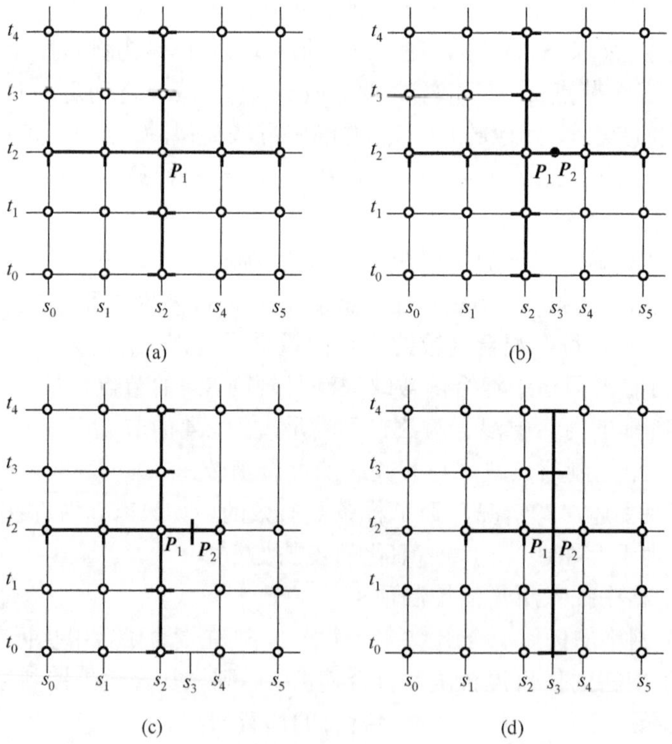

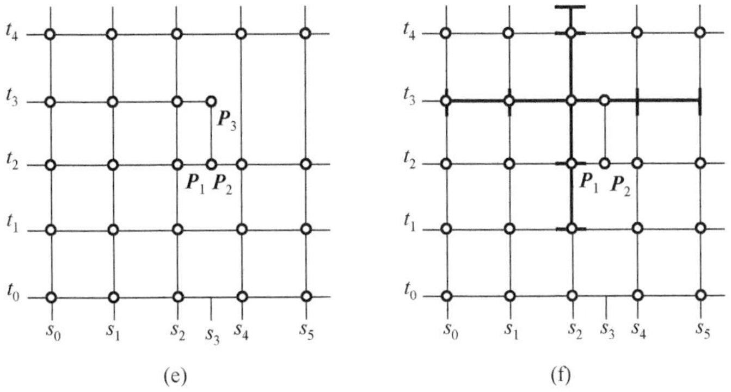

图 8.7　局部细分案例

8.4　隐式 T 样条曲面及其基底性质

本节研究了隐式 T 样条曲面表达式中混合函数的性质。通过将隐式 T 样条曲面控制网格和相应的隐式 B 样条曲面控制网格相比较，寻找发生变化的混合函数，证明了混合函数的线性无关性。由于三次 B 样条曲面的广泛适用性，本节讨论的曲面都是三次的[13]。

8.4.1　三维 T 网格及隐式 T 样条曲面

将 T 网格的定义推广到三维空间[7]。三维 T 网格中 r,s,t 坐标为常量的矩形分别称为 r 矩形、s 矩形和 t 矩形。若 1 个顶点被称为 T 节点，则需满足以下情形之一。

情形 1。该顶点被 1 个 r 矩形、2 个 s 矩形和 2 个 t 矩形共享；或者被 2 个 r 矩形、1 个 s 矩形和 2 个 t 矩形共享；或者被 2 个 r 矩形、2 个 s 矩形和 1 个 t 矩形共享，如图 8.8 中节点 1 所示。

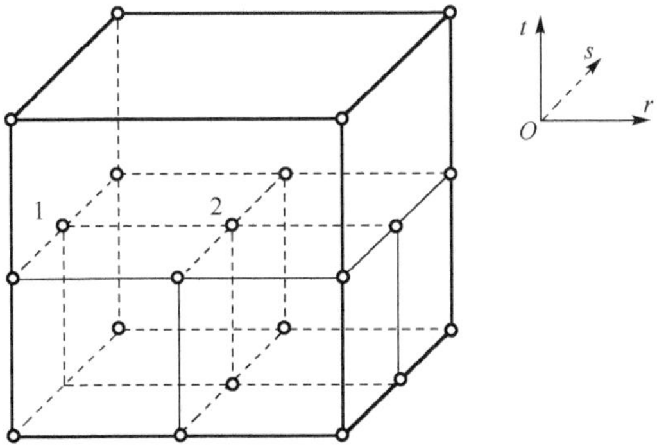

图 8.8　三维 T 网格及 T 节点

情形 2。该顶点被 4 个 r 矩形、2 个 s 矩形和 2 个 t 矩形共享；或者被 2 个 r 矩形、4 个 s 矩形和 2 个 t 矩形共享；或者被 2 个 r 矩形、2 个 s 矩形和 4 个 t 矩形共享，如图 8.8 中节点 2 所示。

给三维 T 网格中每个面的每条边都赋予节点间距，并要求网格中每个长方体的每个面都必须满足如下规则。

规则 8.5 对边的节点区间的和必须相等。

规则 8.6 若面中某条边的 T 节点可以和对边的 T 节点连成一条边，从而将该面分成两个面，而且不违背规则 8.1，那么该边必须被该三维 T 网格所包含。

定义 8.5 对于空间中给定的控制点集 $\{q_i\}_{i=1}^m$，赋予相应的控制系数 $\{c_i\}_{i=1}^m$ 与节点向量 $\{r_i,s_i,t_i\}_{i=1}^m$，则隐式 PB 样条函数定义为

$$f(r,s,t)=\frac{\sum_{i=1}^{m}c_iB_i(r,s,t)}{\sum_{i=1}^{m}B_i(r,s,t)},\quad (r,s,t)\in\Omega$$

其中，$B_i(r,s,t)=N_{i0}^3(r)N_{i0}^3(s)N_{i0}^3(t)$，$N_{i0}^3(r),N_{i0}^3(s),N_{i0}^3(t)$ 为三次 B 样条基函数，相应的节点向量 $\boldsymbol{r}_i=[r_{i0},r_{i1},r_{i2},r_{i3},r_{i4}]$，$\boldsymbol{s}_i=[s_{i0},s_{i1},s_{i2},s_{i3},s_{i4}]$，$\boldsymbol{t}_i=[t_{i0},t_{i1},t_{i2},t_{i3},t_{i4}]$。

定义 8.6 定义在三维 T 网格上的隐式 PB 样条函数称为隐式 T 样条函数。

定义 8.7 设 $f(r,s,t)$ 为隐式 T 样条函数，称由 $f^{-1}(0)$ 所定义的曲面为隐式 T 样条曲面。

8.4.2 三维 T 网格的构造

和二维 T 网格一样，三维 T 网格的构造也是隐式 T 样条曲面重建的重要环节。为了充分描述原始曲面的特征，减少曲面重建的资源消耗，本节利用八叉树及其细分过程来自动地生成三维 T 网格。与二维 T 网格不同，三维 T 网格是根据原始的三角网格曲面直接构造的，而不需要参数化的环节[14,15]。

定义一个阈值 n_m，表示每个立方体内允许包含的最大的点数。对于某个立方体，若里面包含的数据点大于指定的 n_m，则对其细分，然后对其每个子结点(即小立方体)做同样的处理，直到所有立方体里面包含的点均不大于 n_m。初始立方体为包含数据点集的最小立方体。

图 8.9(a)为 Cow 原始网格模型，共有 2904 个采样点、5804 个三角片；图 8.9(b)为利用八叉树构造的三维 T 网格，共有 1048 个控制顶点、2284 个面和 568 个立方体。

三维 T 网格构造完毕后，给每条边赋以节点区间。对于网格中的每个控制顶点 q_i 需要计算节点向量 $\boldsymbol{r}_i,\boldsymbol{s}_i,\boldsymbol{t}_i$，从而确定相应的基函数。设 q_i 的节点坐标为 (r_{i2},s_{i2},t_{i2})，

那么 r_{i3} 和 r_{i4} 可以通过射线 $\boldsymbol{R}(\alpha)=(r_{i2}+\alpha,s_{i2},t_{i2})$ 来确定，其值为最先与射线相交的两个 r 矩形的 r 坐标。r_{i0} 和 r_{i1} 可以通过射线 $\boldsymbol{R}(\alpha)=(r_{i2}-\alpha,s_{i2},t_{i2})$ 来确定。

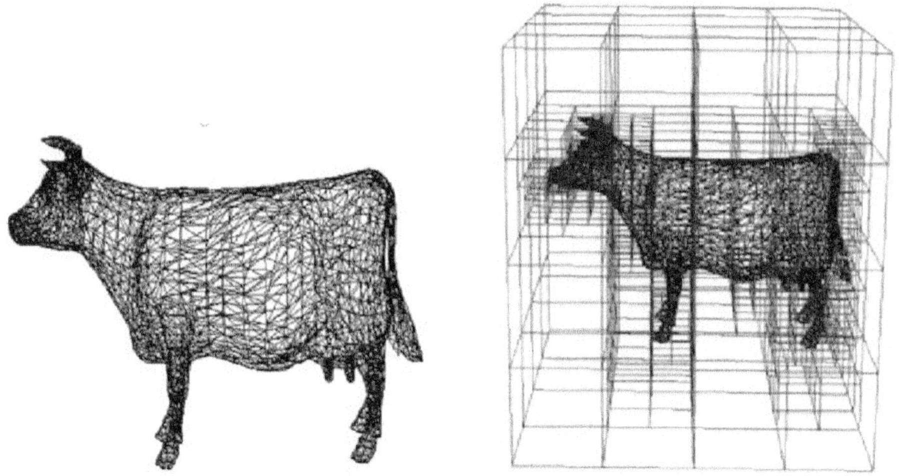

(a) Cow 原始网格模型　　(b) 三维 T 网格

图 8.9　三维 T 网格的构造

参 考 文 献

[1] 王国瑾, 汪国昭, 郑建民. 计算机辅助几何设计. 北京: 高等教育出版社, 2001.

[2] 施法中. 计算机辅助几何设计与非均匀有理 B 样条. 2 版. 北京: 高等教育出版社, 2013.

[3] Sederberg T W, Zheng J, Bakenov A, et al. T-splines and T-NURCCs. ACM Transactions on Graphics, 2003, 22(3): 477-484.

[4] 张明. 二元 T 样条若干性质的研究. 长春: 吉林大学, 2005.

[5] 李新. T 样条和 T 网格上的样条. 合肥: 中国科学技术大学, 2008.

[6] Boehm W. Inserting new knots into B-splines curves. Computer-Aided Design, 1980, 12(4): 199-201.

[7] Seidel H P. Knot insertion from a blossoming point of view. Computer Aided Geometric Design, 1988, 5(1): 81-86.

[8] Forsey D R, Bartels R H. Hierarchical B-spline refinement. ACM SIGGRAPH Computer Graphics, 1988, 22(4): 205-212.

[9] 李桃. T 样条函数空间的维数研究. 大连: 大连理工大学, 2007.

[10] 庄鑫. T 样条局部细分算法的改进. 大连: 大连理工大学, 2010.

[11] Scott M A, Li X, Sederberg T W, et al. Local refinement of analysis-suitable T-splines. Computer

Methods in Applied Mechanics and Engineering, 2012, 213-216(3): 206-222.

[12] Yang H, Fuchs M, Juttler B, et al. Evolution of T-spline level sets with distance field constraints for geometry reconstruction and image segmentation. Proceedings of the IEEE International Conference on Shape Modeling and Applications, Matsushima, 2006: 37-43.

[13] 童伟华, 冯玉瑜, 陈发来. 基于隐式 T 样条的曲面重构算法. 计算机辅助设计与图形学学报, 2006, 18(3): 358-365.

[14] 彭小新, 唐月红. 自适应 T 样条曲面重建. 中国图象图形学报, 2010, 15(12): 1818-1825.

[15] 唐月红, 李秀娟, 程泽铭, 等. 隐式 T 样条实现封闭曲面重建. 计算机辅助设计与图形学学报, 2011, 23(2): 270-275.

第9章　隐式曲线曲面

早期的几何造型技术基本上都是围绕着参数化表示来研究的。参数化表示具有易于绘制、易于确定曲线或曲面上点的位置等优点，已成为几何形状数学描述的标准形式。大量的用于实际的CAD/CAM系统都是采用参数形式进行曲线曲面造型设计的。但是另一方面，参数表示也存在着不易判定给定点是否在曲线或曲面上、不易判定任意给定点与曲线或曲面的相对位置关系等局限性。作为参数化方法的典型代表，NURBS 的局限性和一些不足也非常明显，比如微分运算相当烦琐、积分运算无法控制误差等，而在诸如曲线曲面拼接等应用中，这些操作都是不可避免的。此外，单一的 NURBS 曲面，如其他参数曲面，只能表示拓扑上等价于平面、圆环面或圆柱面的曲面，而对于任意拓扑结构的曲面则无能为力。但是实际应用领域却对此有着强烈的需求，譬如影视动画中对角色形象的表现、医学可视化中对复杂人体结构的描述等。因此，隐式方法开始进入人们的视野、受到研究者的重视并开始被应用于几何造型实践之中，而且这种方法很快便显示出了参数方法所不具有的大量优点，进而一跃成为一种重要的造型方法。与参数曲面相比，隐式曲面在构造拓扑结构复杂的形体方面具有不可替代的优势[1-4]。

9.1　隐式曲线曲面的基本概念

隐式曲线曲面的定义[1]：设 $\boldsymbol{C} \subset \boldsymbol{R}^n$ 为一凸集，$f: \boldsymbol{C} \to \mathbf{R}$ 为一实值函数。称：

$$\boldsymbol{S}(f,\alpha) = \{x \in \boldsymbol{C} \mid f(x) = \alpha\}$$

$$\boldsymbol{U}(f,\alpha) = \{x \in \boldsymbol{C} \mid f(x) \geqslant \alpha\}$$

分别为水平曲面(level-surface)和上水平集(upper level set)。而零等值面 $\boldsymbol{S}(f,0)$ 称为相应的隐式超曲面。当 $n=2$ 时，称为隐式曲线；当 $n=3$ 时称为隐式曲面。特别地，当 f 为多项式时，零等值面 $\boldsymbol{S}(f,0)$ 称为代数曲线或代数曲面。通常，隐式曲面围成一个闭合形体，同时将整个空间分为两部分：在曲面内部定义函数的函数值大于零，在曲面外部定义曲面的函数值小于零。理论上，隐式曲面可以表示任意拓扑结构的三维曲面，这也是近年来隐式曲面被越来越广泛地应用于几何造型实践的一个原因。

简单地讲，所谓隐式曲线曲面就是在特定的区域中使某个给定的函数取零值的所有点的集合，因此可以将隐式曲线和隐式曲面分别表示为 $f(x,y)=0$ 和 $f(x,y,z)=0$，其中当 $f(x,y)$ 和 $f(x,y,z)$ 为多项式时，分别称为代数曲线和代数曲面。

目前，在计算机辅助几何设计和计算机图形学领域中，隐式曲线和隐式曲面受到了越来越广泛的重视和研究。相对于传统的参数曲线曲面表示方法，隐式曲线曲面具有如下几个优点。

(1)容易判断给定的点是否在曲线曲面上或者位于曲线曲面的某一侧，同时隐式曲线能方便地表示半平面 $f(x,y)\leqslant 0$ 和 $f(x,y)\geqslant 0$，隐式曲面则能方便地表示半空间 $f(x,y,z)\leqslant 0$ 和 $f(x,y,z)\geqslant 0$，这在动画制作以及研究物体的碰撞检测中能发挥其自然的优势。

可以用以下的例子比较一下三维表面的隐式表示和参数表示的差异。以一个单位半径的半球面为例[5]，用参数表示：

$$p_x(u,v)=\frac{(1-u^2)(1-v^2)}{(1+u^2)(1+v^2)},\quad p_y(u,v)=\frac{2u}{1+u^2},\quad p_z(u,v)=\frac{2v}{1+v^2},\quad u,v\in[-1,1]$$

如果用隐式表示，则显得简洁得多：

$$f(x,y,z)=x^2+y^2+z^2-1=0,\quad (x,y,z)\in\mathbf{R}^3$$

(2)隐式曲线(曲面)在求交、求和(差)、偏移(offset)、卷积、等距等许多常用的几何操作之后仍为隐式曲线(曲面)，也就是说在上述这些操作之下，它们具有某种封闭性，在几何造型中经常利用隐式曲线(曲面)的这个性质，由一些相对简单的体素构成较为复杂的形体。

(3)隐式曲面简单而灵活的表达形式，更易于表现立体形状，比如基本的三维形体都可以用简单的代数曲面表示出来，这在实体造型中具有重要的意义。同时，理论上隐式曲面可以用于表示任何形体。

(4)在插值或逼近给定点和曲线时，隐式曲线和隐式曲面使用起来较之参数表示更加方便和自然，并且在 B-B 表示下代数曲面的 Bézier 控制顶点对曲面形状的控制很直观。

(5)采用有理参数表示的曲线和曲面的代数次数通常都很高，如双三次参数曲面的代数次数便达到 18，而这就可能使计算不稳定，分析和操作变得麻烦。同样高次代数曲面也会使计算及几何操作更复杂，给造型带来困难，不过通常可以研究用分片低次代数曲面造型来避免这个问题。Bajaj[2]建议使用不超过五次的代数曲面，而 Sederberg[3,4]建议使用三次代数曲面。

然而隐式形式有若干不利于使用的缺陷[5]，具体如下：

(1)计算不如参数形式简单，因为隐式形式的曲线、曲面由多项式的零点定义，所以求值隐式曲线、曲面原则上等价于解一个非线性方程；

(2)隐式曲线、曲面可有奇异性，在奇异点处的各偏导数为零；

(3)隐式曲线、曲面有多分支性，如双曲线或双曲面等。

因此，隐式曲线、曲面想要更加广泛地进入几何造型应用领域，还有许多问题需要解决，许多困难需要克服。比如如何发挥其优点，克服其不足，开发关于隐式曲线、曲面的精确高效的实时显示技术，设计便于形状控制和调整的代数曲线、曲面表示形式，将隐式曲线曲面用于造型与设计时如何避免多余分支的出现等。

9.2　隐式曲线曲面的基本性质

9.2.1　隐式曲线曲面的几何不变量

欧氏空间中曲线、曲面主要有两种表示方式：参数曲线、曲面和隐式曲线、曲面。随着对参数曲线、曲面研究的深入，早在 20 世纪 80 年代初苏步青教授等就将几何不变量的研究引入并应用到参数曲线、曲面的研究中，并取得了重要的成果 [6-11]。最近几年对隐式曲线、曲面的应用研究越来越受到关注[12-15]，因此将参数曲线、曲面的一些重要结论推广到隐式曲线、曲面上去有着重要的意义。本节将参数曲线、曲面的内在几何不变量：曲线的曲率公式、曲面的高斯曲率和平均曲率公式推广到隐式曲线、曲面情形，给出了简单整齐的计算公式。对曲线来说，G^1 连续是切线连续，G^2 连续是曲率连续；对曲面来说，G^1 连续是法向平行，G^2 连续是高斯曲率和平均曲率都连续。因此，曲线曲面的曲率计算公式可用来研究隐式曲线、曲面之间的至少二阶几何连续性问题[6]。

定义 9.1　设 $\boldsymbol{C}: f(x,y)=0$，其中 $f(x,y)$ 是关于 x,y 连续可微的二元函数，称 $\boldsymbol{C}$ 为二维平面中的隐式曲线。

定理 9.1[7]　设 $f(x,y)=0$ 是平面上的隐式曲线，其中 $f(x,y)$ 是关于 (x,y) 的至少二阶连续可微函数，(x,y) 是 $\boldsymbol{C}$ 上的正则点，则曲线 $\boldsymbol{C}$ 在点 (x,y) 的曲率为：

$$\kappa(x,y)=\frac{\begin{vmatrix} f_{xx} & f_{xy} & f_x \\ f_{xy} & f_{yy} & f_y \\ f_x & f_y & 0 \end{vmatrix}}{(f_x^2+f_y^2)^{3/2}} \tag{9.1}$$

证明　由微分几何理论[10]可知，对于用显函数 $y=f(x)$ 表示的曲线的曲率公式为：

$$\kappa(x,y)=\frac{y''}{(1+(y')^2)^{3/2}} \tag{9.2}$$

对于用隐函数 $f(x,y)=0$ 表示的曲线在正则点处的导数及二阶导数分别为：

$$y'=-\frac{f_x}{f_y}$$

$$y'' = -\frac{f_{xx}f_y^2 - 2f_{xy}f_x f_y + f_{yy}f_x^2}{f_y^3} \tag{9.3}$$

将式(9.3)代入式(9.2)并进行整理即得到式(9.1)。证毕。

推论 9.1 处处正则的平面隐式曲线 $f(x,y)=0$ 是凸曲线的充要条件为：

$$\det(f) = \begin{vmatrix} f_{xx} & f_{xy} & f_x \\ f_{xy} & f_{yy} & f_y \\ f_x & f_y & 0 \end{vmatrix} \neq 0 \tag{9.4}$$

定义 9.2 设 $\boldsymbol{S}: f(x,y,z)=0$，其中 $f(x,y,z)$ 是关于 x,y,z 连续可微的三元函数，称 $\boldsymbol{S}$ 为三维欧氏空间中的隐式曲面。

定理 9.2[7] 设 $\boldsymbol{S}: f(x,y,z)=0$ 是一张在定义域范围内正则的隐函数曲面，并且 $f(x,y,z)$ 在定义域内至少存在二阶连续偏导数，则其高斯曲率 K 和平均曲率 H 的计算公式如下：

$$K = -\frac{\begin{vmatrix} f_{xx} & f_{xy} & f_{xz} & f_x \\ f_{xy} & f_{yy} & f_{yz} & f_y \\ f_{xz} & f_{yz} & f_{zz} & f_z \\ f_x & f_y & f_z & 0 \end{vmatrix}}{(f_x^2 + f_y^2 + f_z^2)^{3/2}} \tag{9.5}$$

$$H = -\frac{\begin{vmatrix} f_{xx} & f_{xy} & f_x \\ f_{xy} & f_{yy} & f_y \\ f_x & f_y & 0 \end{vmatrix} + \begin{vmatrix} f_{yy} & f_{yz} & f_y \\ f_{yz} & f_{zz} & f_z \\ f_y & f_z & 0 \end{vmatrix} + \begin{vmatrix} f_{zz} & f_{zx} & f_z \\ f_{zx} & f_{xx} & f_x \\ f_z & f_x & 0 \end{vmatrix}}{(f_x^2 + f_y^2 + f_z^2)^{3/2}} \tag{9.6}$$

证明 由微分几何可知，对于显式 $z=f(x,y)$ 表示的曲面，其高斯曲率 K 和平均曲率 H 可分别由下式表示：

$$\begin{aligned} K &= \frac{z_{xx}z_{yy} - z_{xy}^2}{(1+z_x^2+z_y^2)^2} \\ H &= \frac{(1+z_x^2)z_{yy} - 2z_x z_y z_{xy} + (1+z_y^2)z_{xx}}{(1+z_x^2+z_y^2)^{3/2}} \end{aligned} \tag{9.7}$$

而对于隐式函数 $f(x,y,z)=0$ 表示的隐式曲面，变量 z 关于变量 x,y 的一阶和二阶偏导数可由下式计算：

$$z_x = -\frac{f_x}{f_y}, \quad z_y = -\frac{f_y}{f_z}$$

$$
\begin{aligned}
z_{xx} &= -\frac{f_{xx}f_z^2 - 2f_{xz}f_xf_z + f_{zz}f_x^2}{f_z^3} \\
z_{xy} &= -\frac{f_{xy}f_z^2 - f_{xz}f_xf_z - f_{yz}f_xf_z + f_{zz}f_xf_y}{f_z^3} \\
z_{yy} &= -\frac{f_{yy}f_z^2 - 2f_{yz}f_yf_z + f_{zz}f_y^2}{f_z^3}
\end{aligned} \tag{9.8}
$$

将式(9.8)代入式(9.7)并经过比较复杂的运算就可以得到式(9.5)和式(9.6)。由于式(9.5)和式(9.6)是显式表示的，故其计算比较简单。式(9.7)要求计算隐函数中一个变量关于其他两个变量的偏导数，其计算就相对比较复杂。在另一方面，式(9.5)和式(9.6)在数学表示上相当整齐，不仅易于记忆，也体现了数学学科的严整性。证毕。

9.2.2　隐式曲线曲面的几何连续问题

曲线、曲面的几何连续性问题近年来引起人们的广泛注意和兴趣，一方面是计算机辅助几何设计中总希望所构造的曲线和曲面有更多的自由度或者有更多的几何控制参数，以便设计人员能更自由地控制所要设计的对象的几何形状；另一方面是要研究自由曲线、曲面的光滑拼接和各种形式的连续过渡曲面来构造更为复杂而灵活的几何体。

从计算几何和 CAGD 领域的历史发展来看，对这个问题的处理大致分两个阶段：第一阶段是以函数连续性的研究代替几何连续性的阶段。这是因为样条函数插值和逼近的理论与方法对 CAGD 的发展有着重要的影响。第二阶段开始于 20 世纪 80 年代，古老的接触阶(柯西、杜邦等)问题日益受到人们的重视。苏步青、刘鼎元首先提出曲线几何连续性概念，Barsky、Farin 等提出 β-样条使几何连续性得到成功的应用；Farin 研究了三角域的一阶、二阶几何连续性问题；随后 Kahmalm 研究了两曲面间的一阶、二阶几何连续性条件；梁友栋对曲线、曲面的几何连续性进行了系统的总结，从接触不变的观点出发来研究几何连续性问题，指出几何连续性是曲线、曲面的接触不变性质，引入曲面向量全微分作为接触不变量来定义几何连续性。

Garrity 和 Warren[8]证明了此前各种类型的曲线、曲面所定义的几何连续彼此之间的等价性，它们是：

(1) 显式表示的曲线、曲面的导数连续；

(2) 隐式表达的曲线、曲面的重新标度连续；

(3) 参数形式表示的曲线、曲面的重新参数化连续；

(4) 代数曲线、曲面的交点重数。

下面根据 9.2.1 节给出的隐式曲面的几何不变量和相关的几何连续性知识[6]，显式地给出两个隐式曲面间的几何连续性条件[12]。

设 $\boldsymbol{S}_1: f(x,y,z)=0$, $\boldsymbol{S}_2: g(x,y,z)=0$ 为两张给定的隐式曲面，它们有非空的交线 $\boldsymbol{C}$，由微分几何理论[10]可知，$\boldsymbol{S}_1$ 与 $\boldsymbol{S}_2$ 沿曲线 $\boldsymbol{C}$ 有至少二阶几何连续的充要条件是：

(1) $\boldsymbol{S}_1$ 与 $\boldsymbol{S}_2$ 沿 $\boldsymbol{C}$ 曲线的法向量平行；

(2) $\boldsymbol{S}_1$ 与 $\boldsymbol{S}_2$ 沿曲线 $\boldsymbol{C}$ 的高斯曲率和平均曲率相同。

对隐式曲面而言，这两个条件相当于如下定理。

定理 9.3[7]　两张隐式曲面 $\boldsymbol{S}_1: f(x,y,z)=0$，$\boldsymbol{S}_2: g(x,y,z)=0$ 沿它们的交线 $\boldsymbol{C}$ 有至少二阶几何连续的充要条件是沿曲线 $\boldsymbol{C}$ 有以下公式成立。

(1) $(f_x, f_y, f_z)=\lambda(g_x, g_y, g_z)$

(2) $$\begin{vmatrix} f_{xx} & f_{xy} & f_{xz} & f_x \\ f_{xy} & f_{yy} & f_{yz} & f_y \\ f_{xz} & f_{yz} & f_{zz} & f_z \\ f_x & f_y & f_z & 0 \end{vmatrix} = \lambda^4 \begin{vmatrix} g_{xx} & g_{xy} & g_{xz} & g_x \\ g_{xy} & g_{yy} & g_{yz} & g_y \\ g_{xz} & g_{yz} & g_{zz} & g_z \\ g_x & g_y & g_z & 0 \end{vmatrix}$$

(3) $$\begin{vmatrix} f_{xx} & f_{xy} & f_x \\ f_{xy} & f_{yy} & f_y \\ f_x & f_y & 0 \end{vmatrix} + \begin{vmatrix} f_{yy} & f_{yz} & f_y \\ f_{yz} & f_{zz} & f_z \\ f_y & f_z & 0 \end{vmatrix} + \begin{vmatrix} f_{zz} & f_{zx} & f_z \\ f_{zx} & f_{xx} & f_x \\ f_z & f_x & 0 \end{vmatrix}$$
$$= \lambda^3 \left(\begin{vmatrix} g_{xx} & g_{xy} & g_x \\ g_{xy} & g_{yy} & g_y \\ g_x & g_y & 0 \end{vmatrix} + \begin{vmatrix} g_{yy} & g_{yz} & g_y \\ g_{yz} & g_{zz} & g_z \\ g_y & g_z & 0 \end{vmatrix} + \begin{vmatrix} g_{zz} & g_{zx} & g_z \\ g_{zx} & g_{xx} & g_x \\ g_z & g_x & 0 \end{vmatrix} \right)$$

本节得到的高斯曲率和平均曲率公式可以毫无困难地推广到 n 维隐式曲面的情形，为 n 维欧氏空间几何不变量研究起到了抛砖引玉的作用。

9.3　隐式曲线造型

研究[16-26]表明，隐式曲线对物体描述非常有效。一个隐式曲线就可描述不规则的复杂物体形状，具有对数据噪声和模型的轻微变形不敏感、能够修复物体部分缺失的信息等优点。利用隐式曲线描述物体的方法已得到广泛应用[18,20]，目前主要的方法分别为插值隐式函数方法[23-25]和拟合隐式多项式方法[16-22]。

9.3.1　隐式曲线插值算法

代数曲线在几何造型中的应用应是由 Sederberg[27]最早提出的，在随后的时间里，一些学者致力于代数曲线在应用中的研究，也取得了较好的应用[6]。代数曲线是隐式曲线中最常见的，故本节只以基于点切的三次代数曲线插值算法为例进行展开。

1. 基于点切的三次代数曲线的构造方法

如图 9.1 所示，l_4 是经过 $\boldsymbol{P}_1$ 和 $\boldsymbol{P}_2$ 的直线，l_5 是经过 $\boldsymbol{P}_2$ 和 $\boldsymbol{P}_3$ 的直线，l_6 是经过 $\boldsymbol{P}_1$ 和 $\boldsymbol{P}_3$ 的直线。六条直线的方程用式(9.9)表示：

$$l_i(x,y)=a_i x+b_i y+c_i=0,\quad i=1,2,\cdots,6 \tag{9.9}$$

其中，c_i 为常数；各直线方程中的系数是标准化了的，即

$$a_i^2+b_i^2=1,\quad i=1,2,\cdots,6$$

且三角形内任一点 $\boldsymbol{P}(x,y)$，都有：

$$l_i(\boldsymbol{P})=l_i(x,y)>0,\quad i=1,2,\cdots,6$$

则构造三次代数曲线簇：

$$\boldsymbol{C}(\lambda): f(x,y)=(1-\lambda)l_1 l_2 l_3+\lambda l_4 l_5 l_6 \tag{9.10}$$

现证明三次曲线簇 $\boldsymbol{C}(\lambda)$ 经过三型值点 $\boldsymbol{P}_1,\boldsymbol{P}_2,\boldsymbol{P}_3$，并且在三型值点处的切线分别为 l_1,l_2,l_3（证明过程省略，详细内容请见文献[28]）。

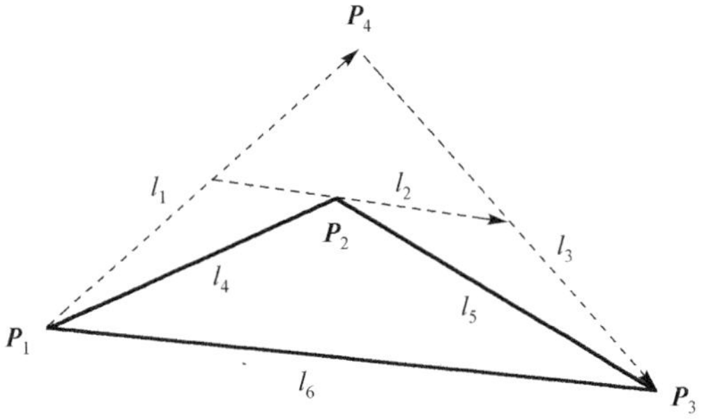

图 9.1　给定三个型值点和三切线

2. 曲线的连续性分析

如图 9.2 所示，设 l_2 与直线 l_1 和 l_3 的交点分别记为 $\boldsymbol{P}_2'$ 和 $\boldsymbol{P}_1'$，在 $\triangle \boldsymbol{P}_1\boldsymbol{P}_2\boldsymbol{P}_3$ 中取一点 $\boldsymbol{P}$，在 $\boldsymbol{P}_1\boldsymbol{P}_2'$ 选取一点，记为 $\boldsymbol{P}_\partial$。

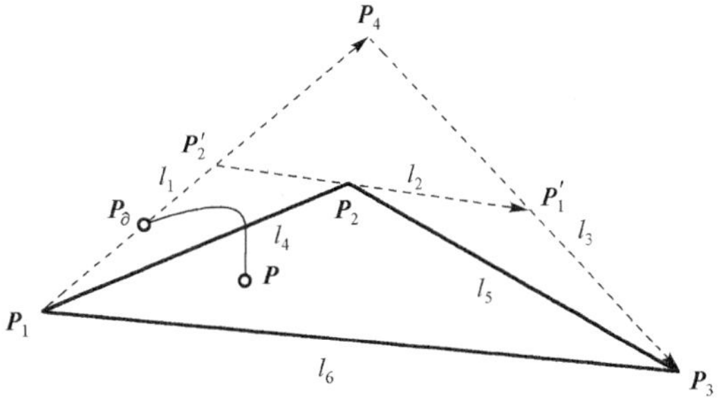

图 9.2　连续性分析

(反证法)取定 $\lambda>0$，假设曲线 $\boldsymbol{C}(\lambda)$ 在 $\boldsymbol{P}_1\boldsymbol{P}_2$ 之间不连续，则一定可以构造一条与 $\boldsymbol{C}(\lambda)$ 不相交的连续曲线段以 $\boldsymbol{P}_\partial$ 和 $\boldsymbol{P}$ 为两端点。由于曲线段 $\boldsymbol{P}_\partial\boldsymbol{P}$ 与 $\boldsymbol{C}(\lambda)$ 没有交点，由连续函数的性质，沿此曲线 $\boldsymbol{C}(\lambda): f(x,y)$ 不变号。又由于 $l_1(\boldsymbol{P}_\partial)=0, l_2(\boldsymbol{P}_\partial)>0$, $l_3(\boldsymbol{P}_\partial)<0, l_4(\boldsymbol{P}_\partial)<0, l_5(\boldsymbol{P}_\partial)>0, l_6(\boldsymbol{P}_\partial)>0$，代入式(9.10)可知，$f(\boldsymbol{P}_\partial)<0$。而对于点 $\boldsymbol{P}$，$l_i(\boldsymbol{P})>0\ \ (i=1,2,\cdots,6)$，故 $f(\boldsymbol{P})>0$，即 $f(\boldsymbol{P}_\partial)\cdot f(\boldsymbol{P})<0$，矛盾。故 $\boldsymbol{C}(\lambda)$ 在 $\boldsymbol{P}_1\boldsymbol{P}_2$ 之间必有连续三次代数曲线段。同理，在 $\boldsymbol{P}_2\boldsymbol{P}_3$ 之间必有连续三次曲线段。

3. 实例计算

例 9.1　给定平面上 3 个待插值的型值点：

$$\boldsymbol{P}_1(-1,0),\quad \boldsymbol{P}_2(0,2),\quad \boldsymbol{P}_3(1,-1)$$

以及各型值点处的切线：

$$l_1: 3x-y+3=0,\quad l_2: -x-y+2=0,\quad l_3: -4x-y+3=0$$

插值三次代数曲线的结果如图 9.3 所示。

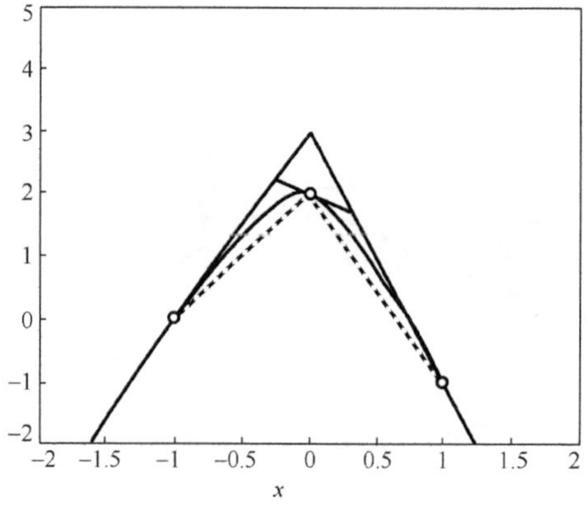

图 9.3　当 $\lambda=0.2$ 时三次代数曲线顶点-切向插值

此外，插值平面上的 4 个型值点及各型值点处切向的四次代数曲线也可类似得到，在此不具体阐述，只展示相关实例，详细内容请见文献[28]。

例 9.2　给定平面上 4 个待插值的型值点：

$$\boldsymbol{P}_1(-2,1),\quad \boldsymbol{P}_2(-1,3),\quad \boldsymbol{P}_3(1,2),\quad \boldsymbol{P}_4(2,0)$$

以及各型值点处的切线：

$$l_1: 3x-y+7=0,\quad l_2: x-y+4=0,\quad l_3: -x-y+3=0,\quad l_4: -3x-y+6=0$$

四次代数曲线的顶点-切向插值结果如图 9.4 所示。

实验结果分析：构造的代数曲线簇中的 λ 系数是关于曲线形状的参数，改变 λ 的值可以改变对应曲线的局部形状。当 $\lambda\in(0,1)$ 时，对应的代数曲线都有光滑连续的曲线段能插值给定型值点及切向，且形状较规则。

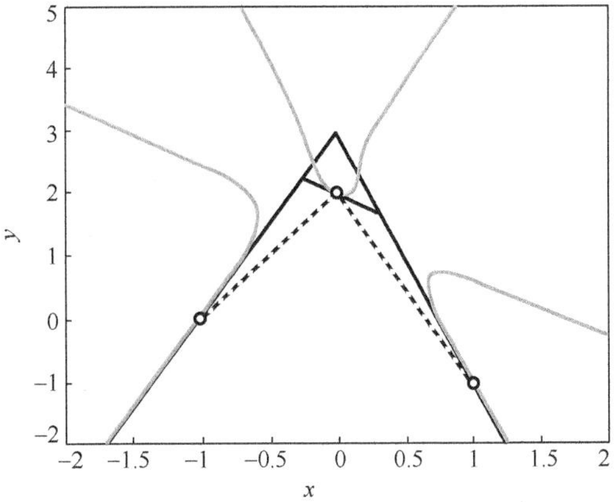

图 9.4　当 $\lambda = 0.5$ 时，四次代数曲线的顶点-切向插值

在实际应用中，给定的待插值点和切向不会是仅有的三个或者四个，因此在实际 CAGD 设计中，要考虑的是用光滑的三次或四次曲线段拼接得到一条插值多个型值点和切向的曲线。在设计应用中，采集待插值数据点及切向后，以连续三个型值点为一组进行考虑，在各组型值点都满足构成凸性图形时，可以得到满足约束的三次插值代数曲线段，拼接每一段三次代数曲线段，即得到插值所有型值点的三次代数曲线。

例 9.3　考虑给定型值点中连续型值点：

$$\boldsymbol{P}_1(-1,0),\quad \boldsymbol{P}_2(0,2),\quad \boldsymbol{P}_3(1,-1),\quad \boldsymbol{P}_4(2,-3),\quad \boldsymbol{P}_5(4,1)$$

以及各型值点处的切线：

$$l_1: 3x-y+3=0,\quad l_2: -x-y+2=0,\quad l_3: -4x-y+3=0$$
$$l_4: -x-y-1=0,\quad l_5 = -4x+y+15=0$$

将型值点分为两组：$\boldsymbol{P}_1,\boldsymbol{P}_2,\boldsymbol{P}_3$ 为一组，$\boldsymbol{P}_3,\boldsymbol{P}_4,\boldsymbol{P}_5$ 为一组，分别取 $\lambda_1 = 0.2, \lambda_2 = -0.2$，得到的三次拼接代数曲线插值型值点及切向如图 9.5 所示。

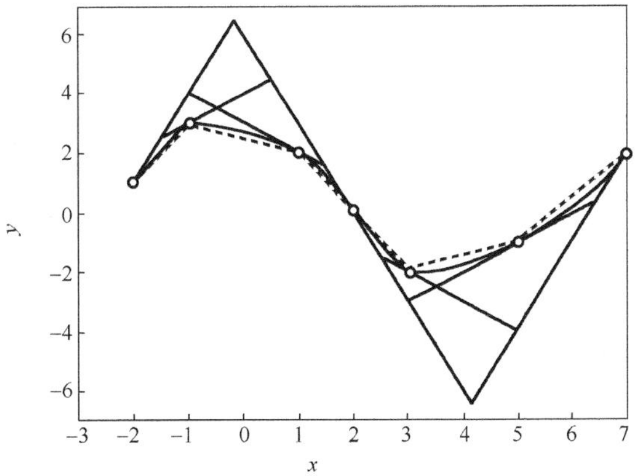

图 9.5　拼接的三次代数曲线

同理，以连续四个型值点为一组进行考虑，在各组型值点都满足凸性要求时，一定可以构造出相应的四次插值代数曲线。拼接四次曲线段即得到插值型值点的四次代数曲线，在此不做展示。

以上例子都是简单的数据点之间的插值拼接，为验证算法对实践生产设计的适用性，设计数据点及法向量，通过实验实现字母形状设计的代数曲线插值以及手型曲线的插值，曲线的重建效果如图 9.6 和图 9.7 所示。

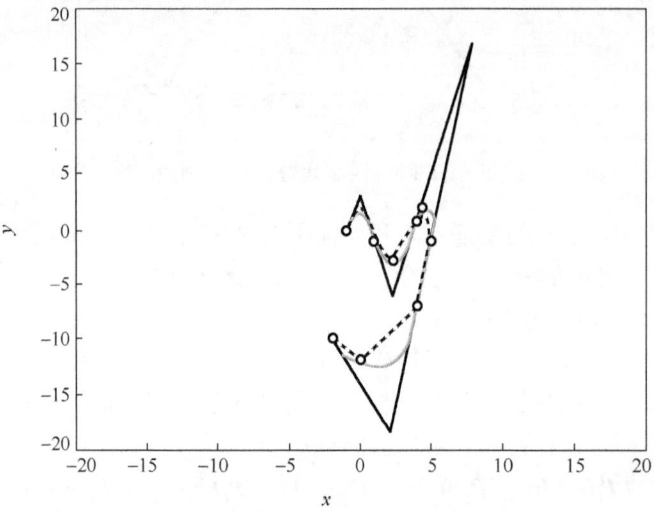

图 9.6　字母 y 的插值

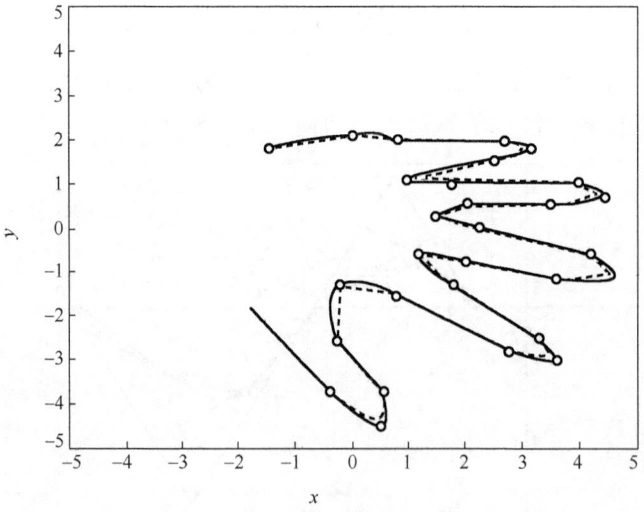

图 9.7 “手型”的插值曲线

代数曲线特别是三次代数曲线和四次代数曲线在几何造型中的应用很有潜力。本节提出的构造三次、四次代数曲线的带法向量约束的插值算法，使得插值型值点的同时插值切向，还包含可改变曲线形状的参数，也使得代数曲线在应用上更具有灵活性：曲线形状的调节可由顶点、法向以及形状参数来控制，这使得代数曲线具有与参数曲线一样的操作简单的特性。

9.3.2 基于径向基网络的隐式曲线

李道伦等[26]提出的方法是用神经网络代替文献[17]中的最小化方法和文献 [23]～[25]中的求解线性方程组方法来构造隐式曲线，通过适当的输入输出变换，将表示曲面的函数关系存储于神经网络的连接权值中，最后由仿真曲面得到物体边界的拟合曲线。由于神经网络有较强的容错能力、联想能力和非线性逼近能力，该方法有很强的修复缺损能力和抗噪声能力，且具有很高的逼近精度。

由于径向基函数(radial basis function，RBF)网络在函数拟合等方面优于 BP (back-propagation)神经网络，因而该方法在物体边界描述、缺损图像复原等方面优于 BP 神经网络的隐式曲线方法。

与拟合隐式多项式曲线方法相比较，该方法的一大优点是容易得到封闭有界的拟合曲线，并且该方法稳定，而隐式多项式曲线容易出现无界、自相交和有洞等问题[21]。另一优点是使用方便。当边点能反映图形边界的特征，该方法就能得到很好的效果，并且对数据的多少不敏感，而拟合的隐式多项式曲线对多项式次数敏感。在插值隐式函数方法中，约束点的个数就是线性方程组的阶数，又由于约束点的个数的阶往往是 10^2～10^4 的，因而求解方程所需的时间长，所占的内存大[24]，并且方程组可能无解。与之相比较，基于径向基函数的优化方法无须求解方程组，从而不存在上述问题。

定义 9.3　零集合是指使函数输出为 0 的输入点集[17]，即为 $\{(x,y)|\,f(x,y)=0\}$。

定义 9.4　零曲线是对已训练的神经网络进行仿真时，使输出为 0 的输入点的集合。

定义 9.5[23]　称在物体边界上的点为边界点，简称为边点，其值为 0；在物体边界之外的点为外部点，简称为外点，其值一般为 1；在物体边界之内的点为内部点，简称为内点，其值一般为 –1。

图 9.8 给出的是约束点分布示意图，其中封闭曲线为物体边界，“o” 表示边点，在物体边界上；“*” 表示内点，在物体边界内部；“+” 表示外点，在物体边界外部。

如图 9.9 所示，RBF 网络通常是一种 3 层前馈网络，隐节点的基函数对输入激励产生一个局部化的响应，即仅当输入落在输入空间的一个很小的指定区域时，隐节点才做出有意义的非零响应，输出节点是隐节点基函数的线性组合，该网络有时也称为局部化接收场网络。

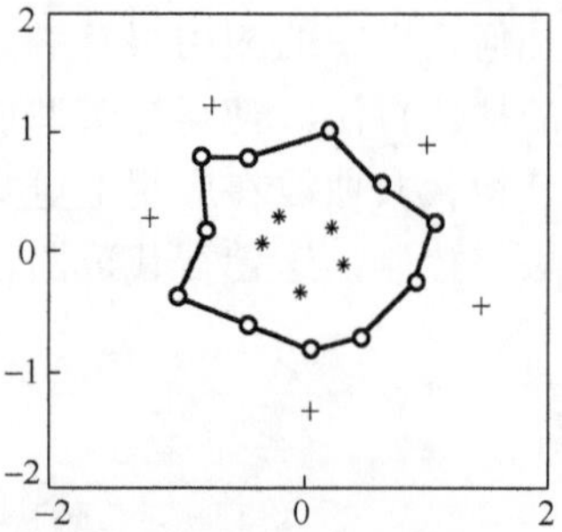

图 9.8　约束点分布图

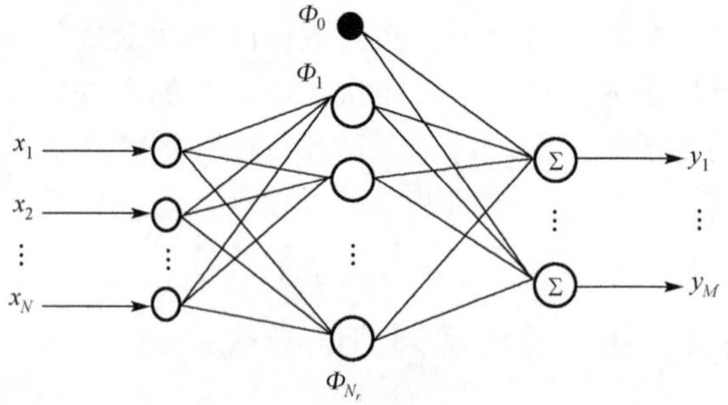

图 9.9　RBF 网络

1. 神经网络的输入与输出

为叙述方便，设约束点的个数为 n，其中边点的个数为 k，内点的个数为 j，则外点的个数为 $n-k-j$。为方便起见，不妨设只有一层内外点。

神经网络输入构造方法：由每个约束点坐标 (x_i, y_i) 得到的列向量 $(x_i, y_i)^{\mathrm{T}}$ 构成输入矢量的第 i 列，所有约束点就构成一个 2 行 n 列的输入矢量矩阵 $\boldsymbol{P}$，即

$$\boldsymbol{P}=\begin{bmatrix} x_1 & x_2 & \cdots & x_n \\ y_1 & y_2 & \cdots & y_n \end{bmatrix} \tag{9.11}$$

其中，前 k 列为由边点坐标所得到的列向量，后 $n-k-j$ 列为由外点坐标所得到的列向量，中间 j 列为由内点坐标所得到的列向量。

神经网络输出构造方法：各约束点的对应值组成一个 1 行 n 列的输出矢量矩阵 $\boldsymbol{T}$，即

$$\boldsymbol{T}=[0 \quad \cdots \quad 0 \quad -1 \quad \cdots \quad -1 \quad 1 \quad \cdots \quad 1] \tag{9.12}$$

其中，前 k 个值为 0，后 $n-k-j$ 个值为 1，中间 j 个值为 −1。

2. 基于 RBF 函数网络的拟合算法的数学描述

设某物体边界曲线 $\boldsymbol{B}$ 可描述为

$$\boldsymbol{B}=\{(x,y)\,|\,f(x,y)=0\}$$

其中，$f(x,y)$ 是隐式多项式函数。构造显式函数 z：

$$z=\begin{cases} f(x,y), & (x,y)\in \boldsymbol{B} \\ -1, & (x,y)\in \boldsymbol{I} \\ 1, & (x,y)\in \boldsymbol{O} \end{cases} \tag{9.13}$$

其中，$\boldsymbol{B},\boldsymbol{I},\boldsymbol{O}$ 分别为给定的物体边界、内点集和外点集。

引理 9.1　输入矢量矩阵 ***P*** 第 i 列所对应的点的坐标 (x_i, y_i) 在函数 z 上的值为输出矢量矩阵 ***T*** 第 i 列的值。

引理 9.2　以式(9.11)为输入矢量矩阵，式(9.12)为输出矢量矩阵，对径向基函数网络进行训练，则训练后的神经网络是对式(9.13)的逼近。

定理 9.4　由式(9.13)定义的函数 z 是一个具有有限间断点的函数。

定理 9.5　训练后的径向基函数网络的零曲线能对物体边界曲线 $\{(x,y)|f(x,y)=0\}$ 进行任意精度的逼近。

3. 约束点变换

bmp 格式的图形坐标是以像素为单位的，所以边界点的坐标往往在一个较大的区域内。若不对边界点做坐标变换，则容易出现一个边界点与相邻的内外点形成一个独立的作用区域，这些区域间相互没有任何关系，形成一个多峰值的曲面，从而得不到物体边界的拟合曲线。对物体边界的拟合是建立在全局逼近基础上的，所以需对边界点做坐标变换，使变换后的边界点在 $[-2,2]\times[-2,2]$ 的区域内。实验表明，RBF 神经网络在变换后的小区域上具有很好的全局逼近性，能得到非常好的拟合效果。

4. 基于 RBF 网络的拟合算法描述

基于 RBF 网络构造隐式曲线的算法步骤如下。

(1) 提取物体图像边界。

(2) 选取边界约束点：所选取的边界约束点应能反映物体轮廓的特征，应根据物体轮廓的复杂程度，合理选择内外点的层数。

(3) 变换：对边界约束点做坐标变换，使边界约束点的范围在 $[-2,2]\times[-2,2]$ 内。

(4) 构造输入矢量与输出矢量：输入矢量 ***P*** 与输出矢量 ***T*** 由式(9.11)与式(9.12)给出。

(5) 选择神经网络：采用两层 RBF 网络，隐含层的传递函数为高斯函数，输出层的传递函数为线性函数。

(6) 求拟合的物体边界曲线：训练仿真后神经网络的零曲线即为所求的边界拟合曲线。

5. 实验结果

由图 9.10～图 9.12 可见，该方法具有对约束点的数量不敏感、稳定性好、修复能力强、神经网络训练次数少等特点，因而在物体重建、图形矢量化、缺损图像修复与模式识别等方面有较好的应用前景。

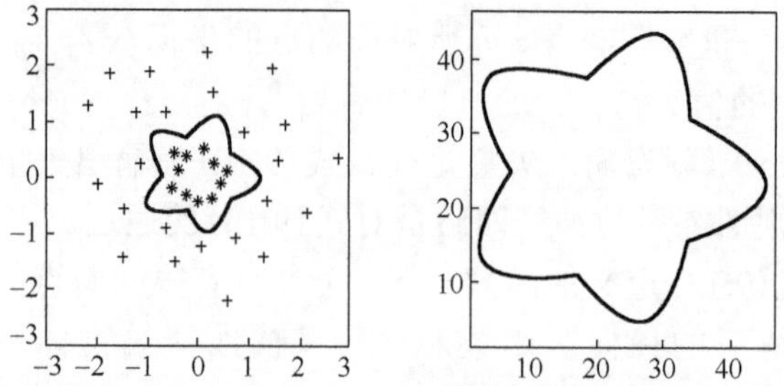

(a) 约束点分布图　　(b) 拟合结果

图 9.10　边点数为 55 的约束点分布图及其拟合结果

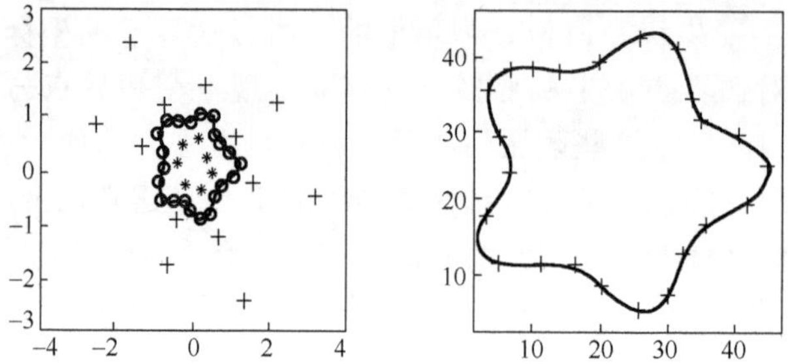

(a) 约束点分布图　　(b) 拟合结果

图 9.11　边点数为 23 的约束点分布图及其拟合结果

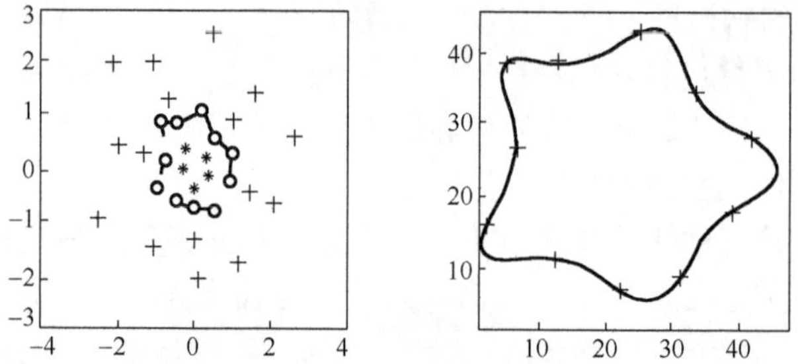

(a) 约束点分布图　　(b) 拟合结果

图 9.12　边点数为 11 的约束点分布图及其拟合结果

9.4　隐式曲面重建

9.4.1　隐式曲面重建问题的一般数学描述

进行表面重建的实质是用一个数学模型来拟合输入采样数据点集[5]。在输入的点云有足够的采样密度,采样引入的噪声也比较低的条件下(通常要借助点云的预处理来实现这一点)，进行隐式曲面重建就是为了得到一个隐式的输出函数:

$$f:\mathbf{R}^3 \to \mathbf{R}$$

重建表面为零的水平集 $\boldsymbol{S}$：

$$\boldsymbol{S} = \{x_i \in \mathbf{R}^3 \,|\, f(x_i) = 0,\ i = 1,2,\cdots,n\}$$

其中，最常采用隐式代数曲面。隐式代数曲面是用多项式来表示的，多项式的运算比一般的解析函数和有理函数的运算更为简单、计算效率更高，Weierstrass 定理说明了用多项式进行曲面拟合的可能性。

定理 9.6（Weierstrass 定理）　设 $p:\mathbf{R}\to\mathbf{R}$ 为一个连续的实函数，对任意的 $\varepsilon>0$，都存在多项式 f，满足：

$$\forall x \in \mathbf{R}: |p(x) - f(x)| < \varepsilon$$

9.4.2　隐式曲面重建的经典算法

隐式曲面重构方法具有易于表示拓扑复杂的几何形体和便于布尔运算等优点。Muraki[29]引入 Blobby 模型，通过求解一个非线性最优化问题来确定隐式函数；Hoppe[30]通过构造有向的距离场函数，得到附近点集切平面的符号距离来达到拟合点云的目的。Alexa 等[31-35]通过移动最小二乘(moving least squares，MLS)算法来构造隐式函数。Carr 等[36]使用全局支撑的多元调和径向基函数(RBF)从点云数据重构出光滑的流形曲面及修复不完全采样的曲面，其计算和存储消耗都很大，难以实现大规模点模型的快速重构；紧支撑 RBF[36,37]克服了计算和存储问题，但在处理采样密度变化较大的非均匀点集时效果不好，且本质上仍是全局的计算；文献[38]～[40]对 RBF 方法进行了多方位改进；文献[41]～[48]等应用单元分解(partition of unit，POU)的思想将点模型分解成一系列子域(单元)，通过融合各单元的局部 RBF 曲面快速地实现全局隐式曲面的重构。Kazhdan 等[49]根据法向信息建立泊松方程求得隐式函数，并且使用自适应多尺度算法提高了效率。Ohtake 等[42]提出了一种新的隐式曲面重建方法——多层次剖分(multilevel partition of unity，MPU)方法。

根据隐式曲面重建的范围划分，可以将曲面重建方法大致分为基于全局的和基于局部的曲面重建。基于局部的曲面重建方法可以将大规模的散乱数据点分割成一些小的数据点，从而可以在小范围内进行重建，最后再将这些隐式曲面进行局部加权求取点的函数值；而基于全局的曲面重建方法更适合于不规则、非均匀散乱数据的插值和孔洞的修补。在本节中，将详细阐述 RBF、MLS、MPU、泊松方程等曲面重构方法[50,51]。

1. *RBF 方法*

RBF 又称距离基函数，是一类特殊的函数，它以空间距离为基本变量，具有形式简单、各向同性等优点，因此非常适合在数值计算中使用。RBF 隐式曲面不需要任何散乱数据点之间的连接信息，仅通过每个数据点为中心计算的权值和散乱数据构造的 RBF 隐式函数的零水平集来描述曲面模型。

RBF 法是一种全局的方法，它采用一个连续可微的单一隐式函数来对整个物体进行建模。相对于分片参数曲面或分片隐式曲面，采用单一的函数描述整个表面有许多优点，除了用一种更为直接的方式描述稀疏的、非均匀采样表面外，还避免了分片拟合带来的曲面参数化问题。

曲面插值问题的一般表述形式为：给定 $\mathbf{R}^3$ 中光滑曲面 $\boldsymbol{M}$ 上的 n 个离散点 $\{(x_i,y_i,z_i)\}_{i=1}^n$，找到一个合理插值 $\boldsymbol{M}$ 的曲面 $\boldsymbol{M}'$。解决曲面插值问题的常用方法是找到一个隐式函数 $f(x,y,z)$ 以定义曲面 $\boldsymbol{M}'$，满足以下方程：

$$f(x_i,y_i,z_i)=0,\quad i=1,\cdots,n$$

其中，$\{(x_i,y_i,z_i)\}_{i=1}^n$ 是曲面 $\boldsymbol{M}$ 上的点，即插值点。为避免 $f(x,y,z)$ 产生处处为 0 的无用解，还必须给出一些不在 $\boldsymbol{M}$ 上的函数值非零的约束点，即隐式函数 $f(x,y,z)$ 还须满足约束条件：

$$f(x_i,y_i,z_i)=d_i\neq 0,\quad i=n+1,\cdots,N$$

约束点通常由插值点沿其法向量的正反两个方向平移一定距离得到。$f(x,y,z)$ 的一个直观选择就是带符号的距离函数，这样 d_i 就是点 (x_i,y_i,z_i) 到曲面 $\boldsymbol{M}$ 最近点的带符号的距离值。

RBF 的一般形式为：

$$s(x)=p(x)+\sum_{i=1}^{N}\omega_i\varphi(|x-x_i|) \tag{9.14}$$

其中，$p(x)$ 为一阶多项式，本节中 $p(x)=c_1+c_2x+c_3y+c_4z$；$|\cdot|$ 是 $\mathbf{R}^3$ 中的欧氏距离；ω_i 为采样点的权重；φ 为取值范围为 $[0,+\infty)$ 的基函数，通常为无界的、非紧支撑函数；x_i 是 RBF 支撑区域的中心。基函数比较常用的包括：薄板样条函数 $\varphi(r)=r^2\log(r)$，高斯函数 $\varphi(r)=\exp(-cr^2)$，二次函数 $\varphi(r)=\sqrt{r^2+c^2}$ 等。可以根据数据的差异选择不同的基函数(以调和函数 $\varphi(x)=|x|^3$ 为例)，其能量最小的特性使得它常用于三维图形数据处理。

此外，$s(x)$ 还应满足以下正交性条件：

$$\sum_{i=1}^{N}\omega_i=\sum_{i=1}^{N}\omega_i x_i=\sum_{i=1}^{N}\omega_i y_i=\sum_{i=1}^{N}\omega_i z_i=0$$

根据离散插值问题的约束条件和正交条件，得到以下线性方程组：

$$\begin{bmatrix} \varphi_{11} & \varphi_{12} & \cdots & \varphi_{1N} & 1 & x_1 & y_1 & z_1 \\ \varphi_{21} & \varphi_{22} & \cdots & \varphi_{2N} & 1 & x_2 & y_2 & z_2 \\ \vdots & \vdots & & \vdots & \vdots & \vdots & \vdots & \vdots \\ \varphi_{N1} & \varphi_{N2} & \cdots & \varphi_{NN} & 1 & x_N & y_N & z_N \\ 1 & 1 & \cdots & 1 & 0 & 0 & 0 & 0 \\ x_1 & x_2 & \cdots & x_N & 0 & 0 & 0 & 0 \\ y_1 & y_2 & \cdots & y_N & 0 & 0 & 0 & 0 \\ z_1 & z_2 & \cdots & z_N & 0 & 0 & 0 & 0 \end{bmatrix} \begin{bmatrix} \omega_1 \\ \omega_2 \\ \vdots \\ \omega_N \\ c_1 \\ c_2 \\ c_3 \\ c_4 \end{bmatrix} = \begin{bmatrix} f_1 \\ f_2 \\ \vdots \\ f_N \\ 0 \\ 0 \\ 0 \\ 0 \end{bmatrix} \tag{9.15}$$

求解式(9.15)的方程组可以确定式(9.14)的方程的系数 $\{\omega_i\}_{i=1}^N \in \mathbf{R}$ 和 c_1, c_2, c_3, c_4。确定了径向基函数后用 Marching Tetrahedrals 隐式曲面多边形化方法可以获得隐式曲面的采样点。

用 RBF 重建曲面需要求解一个大型的线性方程组，计算代价比较高。基于局部性的要求，可以只考虑 RBF 中心附近一小片区域内的数据点，因此可以利用紧致支撑的径向基函数重建出光滑流形表面。RBF 方法不仅可以进行曲面重建，还可以应用于具有孔洞模型的修补以及模型的光顺等。

2. MLS 方法

MLS 方法[32,52]通过采用局部高阶多项式为一组给定的离散采样点提供了一个逼近或插值曲面。Alexa 等[31,53]首次将其应用于点模型上。给定点 $\boldsymbol{P}=\{\boldsymbol{p}_i \mid \boldsymbol{p}_i \in \mathbf{R}^3, i=1,\cdots,N\}$ 为连续曲面 $\boldsymbol{S}$ 上采样的离散点集(采样过程可能存在噪点)，曲面 $\boldsymbol{S}$ 附近点 $\boldsymbol{r} \in \mathbf{R}^3$ 为待投影的点，MLS 方法投影的目标即为将该点 $\boldsymbol{r}$ 投影到一张逼近该离散点集的曲面 $\boldsymbol{S}$，从而减少噪点对投影的影响。

MLS 方法投影的计算主要由两步组成：参考域的计算以及局部映射与拟合。对于三维笛卡儿坐标系而言，参考域即参考平面。

(1)参考平面的计算。

参考平面的建立主要是为了给待投影点 $\boldsymbol{r}$ 建立一个局部坐标系，使得点 $\boldsymbol{r}$ 及其邻近点在该局部坐标系下尽量呈现高度场的特性，从而可以利用一个双变量的多项式在该局部坐标系下对这些点进行拟合。

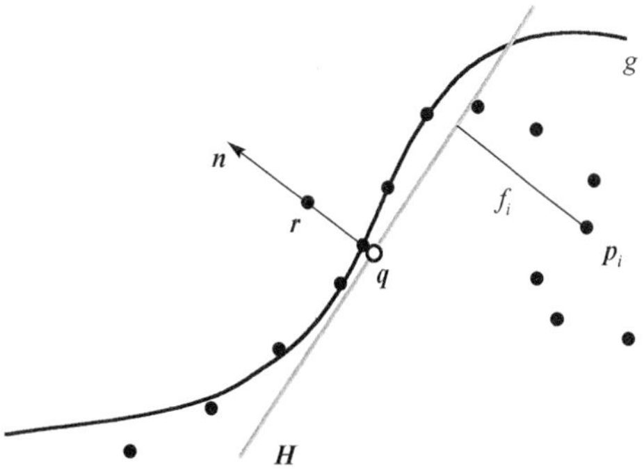

图 9.13　移动最小二乘投影的原理

如图 9.13 所示，参考平面 $\boldsymbol{H}=\{x \mid \langle \boldsymbol{n}, x\rangle - D = 0, x \in \mathbf{R}^3, \|\boldsymbol{n}\|=1\}$ 可以通过最小化各点 $\boldsymbol{p}_i$ 到该参考平面的加权距离和得到，各点 $\boldsymbol{p}_i$ 的权即为一个关于该点到点 $\boldsymbol{r}$ 在该参考平面上的投影点 $\boldsymbol{q}$ 的距离的函数 θ，即

$$\min\sum_{i=1}^{N}(\langle \boldsymbol{n},\boldsymbol{p}_i\rangle - D)^2\theta(\|\boldsymbol{p}_i-\boldsymbol{q}\|) \tag{9.16}$$

其中，$D=\langle \boldsymbol{n},\boldsymbol{q}\rangle$，$\theta$ 为一个径向单调递减函数，通常可以取为高斯核函数 $\theta(d)=\mathrm{e}^{-d^2/h^2}$，其中 h 为固定的参数值，反映了期望的相邻两点之间的距离，不同的 h 值对点云曲面的特征会产生不同的光滑程度影响。h 值越小，特征保持越好；反之，h 值越大，特征被平滑得越厉害。将投影点 $\boldsymbol{q}$ 表示为 $\boldsymbol{q}=\boldsymbol{r}+t\boldsymbol{n},t\in\mathbf{R}$，则式(9.16)可表示为：

$$\min\sum_{i=1}^{N}\langle \boldsymbol{n},\boldsymbol{p}_i-\boldsymbol{r}-t\boldsymbol{n}\rangle^2\theta(\|\boldsymbol{p}_i-\boldsymbol{r}-t\boldsymbol{n}\|) \tag{9.17}$$

(2)局部映射与拟合。

参考平面建立好后，可以以点 $\boldsymbol{r}$ 在该参考平面上的投影点 $\boldsymbol{q}$ 为坐标原点建立局部坐标系，各点 $\boldsymbol{p}_i$ 在该局部坐标系下的投影点为 $\boldsymbol{q}_i=(x_i,y_i)$，高度 f_i 为：$f_i=\boldsymbol{n}(\boldsymbol{p}_i-\boldsymbol{q})$。则点 $\boldsymbol{r}$ 及其邻近点在该局部坐标系下可通过一个双变量多项式 $g(x,y)$ 进行拟合，$g(x,y)$ 可以通过最小化如下能量得到：

$$\min\sum_{i=1}^{N}(g(x_i,y_i)-f_i)^2\theta(\|\boldsymbol{p}_i-\boldsymbol{q}\|) \tag{9.18}$$

由于点 $\boldsymbol{r}$ 在该局部坐标系下的坐标为坐标原点 $(0,0,0)$，因此，点 $\boldsymbol{r}$ 在拟合曲面 $\boldsymbol{S}_p$ 上的投影可表示为 $\boldsymbol{q}+g(0,0)\boldsymbol{n}$。

3. MPU 方法

Ohtake 等[42]提出的 MPU 方法是局部隐式曲面重建的经典算法，利用多层次剖分，将散乱数据曲面重建问题转换为基于局部的曲面重建。重建的输入数据是 3D 点云 $\boldsymbol{P}=\{x_1,x_2,\cdots,x_N\}$ 及法向量 $\boldsymbol{N}=\{n_1,n_2,\cdots,n_N\}$。借助于八叉树，首先把点云 $\boldsymbol{P}$ 分割成互相交叠的子集 $\boldsymbol{P}^1,\boldsymbol{P}^2,\cdots,\boldsymbol{P}^M$。每个子集被包括在一个支撑半径为 R_i 的球域内，在每个球域内，都将通过最小二乘法拟合出相应的隐式曲面片 $\boldsymbol{Q}_i(x)$，再用光滑的权函数 ω_i 将之拼接成完整的曲面。代表完整曲面的隐函数具有如下形式：

$$f(x)=\frac{\sum_{i=1}^{N}\omega_i(x)\boldsymbol{Q}_i(x)}{\sum_{i=1}^{N}\omega_i(x)} \tag{9.19}$$

选择二次 B 样条函数作为权函数 ω_i：

$$\omega_i(x)=b\left(\frac{3|x-c_i|}{2R_i}\right) \tag{9.20}$$

为了精确地重建表面尖锐部分[5]，根据不同的需要，局部隐函数基元 $\boldsymbol{Q}_i(x)$ 拥有三种形式：①一般二次曲面；②局部坐标系上的双二次多项式；③分段二次曲面。

具体选择哪种形式的 $\boldsymbol{Q}_i(x)$，需要检测球域内的采样点数和法向量的情况来决定。粗略地说，①用于拟合较大面积或无边界的表面；②用于拟合小块光滑部分；③用于重建尖锐特征[54,55]。

算得局部隐函数基元 $\boldsymbol{Q}_i(x)$ 后，还要判定其是否满足设定的误差阈值 ε_0，如果拟合误差大于 ε_0，则该子集 $\boldsymbol{P}^i$ 细分为更小子集，在新的子集里继续进行这一过程，直到满足误差要求，这就是多层次单位分解隐函数的自适应空间分割机制。

4. 泊松重建

利用泊松方程进行三维曲面重建是近年来这一领域的新进展，这一方法是由稍早的快速傅里叶变换(fast Fourier transfor，FFT)[38]发展而来。尽管基于泊松方程的三维曲面重建也属于隐式曲面重建方法，但与使用较多的有向距离场函数不同，泊松重建采用的是指示函数 χ，即在模型内部为 1，外部为 0。泊松重建的输入数据是有向点云，即带有法向量的坐标点。

先求取指示函数 χ，再提取等值面作为重建表面，如图 9.14 所示。

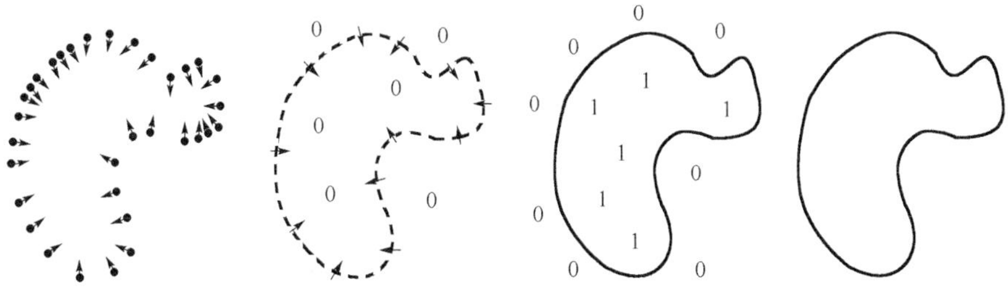

(a) 有向点云　(b) 指示函数的梯度　(c) 指示函数　(d) 重建表面

图 9.14 泊松重建的相关概念

根据指示函数的定义，除了重建表面上的点，指示函数在空间其他点处的梯度都为 0。在表面上的点处的梯度为指向表面内部的法向量。也就是说，采样点的法向量可以看作是待重建表面的指示函数在该点处的梯度。因此，求取指示函数就相当于一个梯度运算的逆过程。需要寻找标量函数 χ，使 $\|\nabla\chi-\boldsymbol{V}\|$ 最小，其含义是 χ 的梯度场逼近原表面的法向量场 $\boldsymbol{V}$。

在已知法向量场 $\boldsymbol{V}$ 的情况下，三维重建的目标是求解满足 $\Delta\chi=\Delta\cdot\boldsymbol{V}$ 的函数 χ，但通常 $\boldsymbol{V}$ 都是不可积的，所以这个方程的精确解是不存在的。为了寻找最小二乘意义的最优解，在方程两边同时乘以散度算子。在散度算子的作用下，这个变分问题可以转化为标准泊松问题，即标量函数在拉普拉斯算子的作用下等于向量场的散度：

$$\Delta\chi\equiv\nabla\cdot\nabla\chi=\Delta\cdot\boldsymbol{V} \tag{9.21}$$

设输入数据为包含了法向量 $\boldsymbol{M}$ 的有向点云 $\boldsymbol{S}$，对其中的每个点 $\boldsymbol{s}\in\boldsymbol{S}$，都具有坐标信息 $\boldsymbol{s.p}$ 和法向量信息 $\boldsymbol{s.N}$，原表面为 $\partial\boldsymbol{M}$，重建得到的表面为 $\boldsymbol{M}$。重建的关键是从采样点云 $\boldsymbol{S}$ 计算出指示函数 χ，这需要利用指示函数的梯度与表面法向量的积分之间的关系。由于指示函数是一个分段的常值函数，其函数值发生了突变，直接求它的梯度会在曲面边界处产生无穷大的情况。为了处理这个问题，需要给指示函数 χ 作用一个平滑滤波函数。平滑滤波后的指示函数与原表面法向量场的关系用如下的引理来表达。

引理 9.3 假定模型 $\boldsymbol{M}$ 的边界为 $\partial\boldsymbol{M}$，$\boldsymbol{M}$ 的指示函数记为 χ_M，$\boldsymbol{N}_{\partial M}(p)$ 是 p 处指向曲面内部的法向量，$\boldsymbol{F}(q)$ 是一个平滑滤波函数，记 $\boldsymbol{F}_p(q)=\boldsymbol{F}(q-p)$，平滑滤波后的指示函数的梯度与原表面法向量场之间有如下关系：

$$\Delta(\chi_M * \boldsymbol{F})(q_0)=\int_{\partial\boldsymbol{M}}\boldsymbol{F}_p(q_0)\boldsymbol{N}_{\partial M}(p)\mathrm{d}p \tag{9.22}$$

这个引理揭示了平滑滤波后的指示函数在某一点的梯度与所有点的法向量之间的关系。如果根据采样点把原表面 $\partial\boldsymbol{M}$ 分割成不同的小块 $\boldsymbol{P}_s\subset\partial\boldsymbol{M}$，则可以用采样点 $\boldsymbol{s.p}$ 处的值与小块面积的乘积来近似代替小块上的积分值：

$$\Delta(\chi_M * \boldsymbol{F})(q_0)=\sum_{\boldsymbol{s}\in\boldsymbol{S}}\int_{\partial\boldsymbol{M}}\boldsymbol{F}_p(q_0)\boldsymbol{N}_{\partial\boldsymbol{M}}(p)\mathrm{d}p\approx\sum_{\boldsymbol{s}\in\boldsymbol{S}}\left|\boldsymbol{P}_s\right|\boldsymbol{F}_{\boldsymbol{s}.p}(q)\boldsymbol{s}.\boldsymbol{N}\equiv\boldsymbol{V}_q \tag{9.23}$$

这样，就把三维重建的问题归结为求解泊松方程[5]。

参 考 文 献

[1] 徐晨东. 代数曲线曲面设计与造型的研究. 合肥:中国科学技术大学, 2006.

[2] Bajaj C L. Surface fitting with implicit algebraic surface patches//Hagen H. Topics in Surface Modeling. Philadelphia: SIAM, 1992:23-52.

[3] Sederberg T W. Piecewise algebraic surface patches. Computer Aided Geometric Design, 1985, 2(1/2/3): 53-59.

[4] Sederberg T W. Algebraic geometry for surface and solid modeling//Farin G. Geometric Modeling. Philadelphia: SIAM, 1987: 29-42.

[5] 国光跃. 基于法向量约束的隐式曲面重建算法研究. 哈尔滨: 哈尔滨工业大学, 2009.

[6] 秦洪元. 隐式代数曲线在 CAGD 中的性质及应用研究. 西安: 西北工业大学, 2004.

[7] 张三元. 隐式曲线、曲面的几何不变量及几何连续性. 计算机学报, 1999, 22(7): 774-776.

[8] Garrity T, Warren J. Geometric continuity. Computer Aided Geometric Design, 1991, 8(1): 51-65.

[9] 苏步青, 胡和生. 微分几何. 北京: 高等教出版社, 1984.

[10] 苏步青. 现代微分几何概论. 上海: 上海科学技术出版社, 1985.

[11] 张三元, 彭群生. 求解二次曲面交线的平面分支的一种简洁方法. 计算机辅助设计与图形学学报, 1992, 4(3): 41-45.

[12] 张三元, 梁友栋. G^1 管状曲面的整体造型方法. 计算机辅助设计与图形学学报, 1999, 2(1): 4-7.

[13] 梁友栋. 曲线、曲面几何连续性问题. 数学年刊, 1990, 11(3): 97-107.

[14] Ma L, Peng Q. Smoothing of free-form surfaces with Bézier patches. Computer Aided Geometric Design, 1995, 12(3): 231-249.

[15] 徐国良. CAGD 中的隐式曲线与曲面. 数值计算与计算机应用, 1997, 18(2):114-124.

[16] Sampson P D. Fitting conic section to very scattered data: An interactive improvement of the book Stein algorithm. Computer Vision, Graphics, and Image Processing, 1982, 18(1): 97-108.

[17] Taubin G. Estimation of planar curves, surfaces, and nonplanar space curves defined by implicit equations, with applications to edge and range image segmentation. IEEE Transactions on Pattern Analysis & Machine Intelligence, 1991,13(11): 1115-1138.

[18] 吴刚, 李道伦. 基于隐含多项式曲线的物体描述与对称性检测. 计算机研究与发展, 2002, 39(10): 1337-1344.

[19] Keren D, Cooper D. Describing complicated objects by implicit polynomial. IEEE Transactions on Pattern Analysis & Machine Intelligence, 1994, 16(1): 38-53.

[20] Subrahmonia J, Cooper D, Kenren D. Practical reliable Bayesian recognition of 2D and 3D objects using implicit polynomials and algebraic invariants. IEEE Transactions on Pattern Analysis and Machine Intelligence, 1995, 18(5): 505-519.

[21] Keren D, Gotsman D. Fitting curves and surfaces with constrained implicit polynomials. IEEE Transactions on Pattern Analysis and Machine Intelligence, 1999, 21(1): 31-41.

[22] 陈发来. 有理曲线的近似隐式化表示. 计算机学报, 1998, 21(9): 855-859.

[23] Turk G, Dinh H Q, O'Brien J F, et al. Implicit surfaces that interpolate. Proceedings of the International Conference on Shape Modeling and Applications, Genova, 2002.

[24] Morse B S, Yoo T S, Rheingans P, et al. Interpolating implicit surfaces from scattered surface data using compactly supported radial basis functions. Proceedings of the International Conference on Shape Modeling and Applications, Genova, 2001.

[25] Turk G, O'Brien J F. Shape transformation using variational implicit functions. Computer Graphics, 1999:335-342.

[26] 李道伦, 卢德唐, 孔祥言. 基于径向基函数网络的隐式曲线. 计算机研究与发展, 2005, 42(4): 599-603.

[27] Sederberg T W. Planar piecewise algebraic curves. Computer Aided Geometric Design, 1984, 1(3): 241-255.

[28] Hu Q, Shou H. Construction of point-tangent interpolating algebraic curve. International Journal

of Modelling and Simulation, 2016, 36(1): 28-33.

[29] Muraki S. Volumetric shape description of range data using "Blobby Model". ACM SIGGRAPH Computer Graphics, 1991, 25(4): 227-235.

[30] Hoppe H. Surface reconstruction from unorganized points. ACM SIGGRAPH Computer Graphics, 1992, 26(2):71-78.

[31] Alexa M, Behr J, Cohenor D, et al. Point set surfaces. Proceedings of the Conference on Visualization, San Diego, 2001:21-28.

[32] Levin D. Mesh-independent surface interpolation//Geometric Modeling for Scientific Visualization. Berlin: Springer, 2003: 37-49.

[33] Guennebaud G, Gross M. Algebraic point set surfaces. ACM Transactions on Graphics, 2007, 26(3): 23-31.

[34] Wang H, Scheidegger C E, Silva C T. Optimal bandwidth selection for MLS surfaces. IEEE International Conference on Shape Modeling and Applications, Stony Brook, 2008: 111-120.

[35] Li J, Wang R. Robust denoising of point-sampled surfaces. WSEAS Transactions on Computers, 2009, 8(1): 153-162.

[36] Carr J C, Beatson R K, Cherrie J B, et al. Reconstruction and representation of 3D objects with radial basis functions. Proceedings of the 28th Annual Conference on Computer Graphics and Interactive Techniques, Los Angeles, 2001:67-76.

[37] Ohtake Y, Belyaev A, Seidel H P. 3D scattered data approximation with adaptive compactly supported radial basis functions. Proceedings of the Shape Modeling Applications, Genova, 2003: 31-39.

[38] Crivellaro A, Perotto S, Zonca S. Reconstruction of 3D scattered data via radial basis functions by efficient and robust techniques. Applied Numerical Mathematics, 2017, 113: 93-108.

[39] Liu S, Xiao J, Hu L, et al. Implicit surfaces from polygon soup with compactly supported radial basis functions. The Visual Computer, 2018, 34(6/7/8): 779-791.

[40] Macêdo I, Gois J P, Velho L. Hermite interpolation of implicit surfaces with radial basis functions. XXII Brazilian Symposium on Computer Graphics and Image Processing, Rio de Janeiro, 2009:1-8.

[41] Ohtake Y, Belyaev A, Seidel H P. A multi-scale approach to 3D scattered data interpolation with compactly supported basis functions. Proceedings of the Shape Modeling, Seoul, 2003:153-161.

[42] Ohtake Y, Belyaev A, Alexa M, et al. Multi-level partition of unity implicits. ACM Transactions on Graphics, 2003, 22(3): 463-470.

[43] Chen Y L, Lai S H. A partition-of-unity based algorithm for implicit surface reconstruction using belief propagation. IEEE International Conference on Shape Modeling and Applications, Minneapolis, 2007:147-155.

[44] 吕方梅, 习俊通, 马登哲. 基于径向基函数和自适应单元分解的大规模散乱点云快速重构. 机械科学与技术, 2007, 26(10):1300-1303.

[45] Gois J P, Polizelli-Junior V, Etiene T, et al. Robust and adaptive surface reconstruction using partition of unity implicits. XX Brazilian Symposium on Computer Graphics and Image Processing, Rio de Janeiro, 2007:95-102.

[46] Mederos B, Lage M, Arouca S, et al. Regularized implicit surface reconstruction from points and normals. Journal of the Brazilian Computer Society, 2007, 13(4):7-15.

[47] 刘含波, 王昕, 强文义. RBF 隐式曲面的离散数据快速重建. 光学精密工程, 2008, 16(2):338-344.

[48] Gois J P, Polizelli-Junior V, Etiene T, et al. Twofold adaptive partition of unity implicits. The Visual Computer, 2008, 24(12):1013-1023.

[49] Kazhdan M, Bolitho M, Hoppe H. Poisson surface reconstruction. Proceedings of the 4th Eurographics Symposium on Geometry Processing, Stony Brook, 2006: 61-70.

[50] 王仁芳, 张三元. 数字几何处理的若干问题研究进展. 北京: 清华大学出版社, 2012.

[51] 薛耀红, 赵建平, 蒋振刚, 等. 点云数据配准及曲面细分技术. 北京: 国防工业出版社, 2011.

[52] Levin D. The approximation power of moving least-squares. Mathematics of Computation, 1998, 67(224): 1517-1532.

[53] Alexa M, Behr J, Cohenor D, et al. Computing and rendering point set surfaces. IEEE Transactions on Visualization and Computer Graphics, 2015, 9(1): 3-15.

[54] 刘大诚, 王玉林. 隐函数曲面在车身造型中的应用. 山东理工大学学报(自然科学版), 2006, 20(1): 37-40.

[55] 张淑芹. 多层次单元整体划分的曲面重构算法研究. 青岛: 中国石油大学(华东), 2006.

第 10 章　细分曲线曲面

目前在计算机辅助几何设计(CAGD)及相关行业领域，形状建模的国际标准是非均匀有理 B 样条(NURBS)。然而，NURBS 的控制顶点要求使用刚性矩形网格，并且在操作一般拓扑的形状方面存在限制。细分曲线曲面提供了一个与 NURBS 造型方法不同的互补解决方案。它允许设计高效的、分层的、局部的和自适应的算法，用于建模、绘制和操作任意拓扑的自由形状的对象。

在 CAGD 中，自由曲线曲面往往由离散数据通过指定的调配函数表示成连续的参数形式。但这种连续的信息一旦用于实际，例如，在计算机屏幕上或在绘图仪上绘制出来，或用数控机床进行加工，还需要将连续的模型离散化。这是一个“离散→连续→离散”的过程。然而，以连续表示作为中间媒介有时并非必要，而且还增加麻烦、降低效率。相反，放弃连续模型，直接用离散数据表示、操作曲线曲面更适合于显示、加工等，也更适合于外形设计。直接从离散到离散的造型方法与传统的方法不同，它通常没有具体的表达式，仅提供一个算法描述过程，用以产生加密的离散点列或点阵来表达曲线曲面的信息。

在离散细分曲面造型中，有一类方法可以被形象地描述为“切割磨光”(cutting and grinding)。美术师和设计师在绘图时，总是先用折线画出轮廓，然后用更密的折线逐步割去多边形的尖角，最后得到被“磨光”的曲线。雕塑家在创造雕像时，也往往先用油泥、石块、木头或金属的多面体作为轮廓，然后用铲刀或凿子逐步“切割”多面体的棱边或尖角，最后得到被“磨光”的曲面。这种思想给了人们启示：切割磨光技术可作用到初始控制多边形或控制多面体以产生自由曲线曲面。实际上，著名的 Bézier 曲线[1]、B 样条曲线就是切割磨光曲线的特例。

1974 年，Chaikin[2]研究曲线的快速绘制，把离散细分的概念引入图形学界。在极限条件下，Chaikin 算法生成一致的二次 B 样条曲线。1978 年，Catmull 和 Clack、Doo 和 Sabin 又扩展了这一方法，从任意拓扑的初始控制网格开始定义自由曲面。对于一组规则的矩形控制点，Doo-Sabin 细分不仅产生均匀的双二次 B 样条曲面，还产生均匀的双三次 B 样条曲面。因此，它们是均匀双二次和双三次 B 样条曲面的扩展，分别适用于任意拓扑类型的控制网格，从此，离散细分曲面造型得到了广泛的研究[3-5]。Loop[6]推广了三角域上的 B 样条方法；Peters 和 Reif[7]提出了一类最简单的细分构造；Dyn 等[8]和 Levin[9,10]提出了著名的“Butterfly”插值细分算法，随后 Zorin 等改进了这一算法以取得更好的光滑性质，它们是基于三角形网格的。还有大量基于细分的实用有效的算法研究，如 Nasri[11-14]将基本的细分算法应用到各种造型要求中去；Hoppe 等[15]修改规则用于产生具有尖点、尖边等特性的细分曲面。

本章首先讨论对多边形割角产生自由曲线的造型原理和方法，研究极限曲线的性质和光滑性条件；然后将这一方法和思想推广到曲面情形，给出对矩形拓扑网格和任意拓扑网格控制多面体的切割磨光算法；最后介绍经典的细分算法，包括 Catmull-Clark 细分、Doo-Sabin 细分、Loop 细分、改进的 Butterfly 细分和 $\sqrt{3}$ 细分。

10.1　细分曲线的切割磨光法

10.1.1　细分曲线的切割磨光法的算法

设空间有序点列 $\{\boldsymbol{P}_1,\boldsymbol{P}_2,\cdots,\boldsymbol{P}_N\}$，把这些点依次用折线相连(若构造闭多边形，则将首末两点连接)，得到一个刻画曲线轮廓的多边形，称为初始控制多边形。例如，可以把它设想为由某已知曲线的若干条切线所构成的多边形(图 10.1)。为了“还原”得到所给的光滑曲线，一种自然的方法就是采用割角磨光。记 $\boldsymbol{P}_i^{(0)}=\boldsymbol{P}_i$，$\boldsymbol{\varGamma}^{(0)}$ $(=\boldsymbol{P}_1^{(0)}\boldsymbol{P}_2^{(0)}\cdots\boldsymbol{P}_N^{(0)})$ 是由点列所组成的初始控制多边形。在边 $\boldsymbol{P}_i^{(0)}\boldsymbol{P}_{i+1}^{(0)}$ 上按照切割分比 μ_i^1,λ_{i+1}^1 $(\mu_i^1,\lambda_{i+1}^1>0;\mu_i^1+\lambda_{i+1}^1<1)$ 取分点 $\boldsymbol{P}_{2i}^{(1)},\boldsymbol{P}_{2i+1}^{(1)}$ 来进行割角(图 10.2)，割角后由每个点产生两点：

$$\begin{cases}\boldsymbol{P}_{2i-1}^{(1)}=(1-\lambda_i^1)\boldsymbol{P}_i+\lambda_i^1\boldsymbol{P}_{i-1}\\ \boldsymbol{P}_{2i}^{(1)}=\mu_i^1\boldsymbol{P}_{i+1}+(1-\mu_i^1)\boldsymbol{P}_i\end{cases}\quad i=1,2,\cdots,N \tag{10.1}$$

约定当多边形 $\boldsymbol{\varGamma}^{(0)}$ 为开多边形时，$\boldsymbol{P}_0=\boldsymbol{P}_1$，$\boldsymbol{P}_{N+1}=\boldsymbol{P}_N$；当 $\boldsymbol{\varGamma}^{(0)}$ 为闭多边形时，$\boldsymbol{P}_0=\boldsymbol{P}_N$，$\boldsymbol{P}_{N+1}=\boldsymbol{P}_1$。

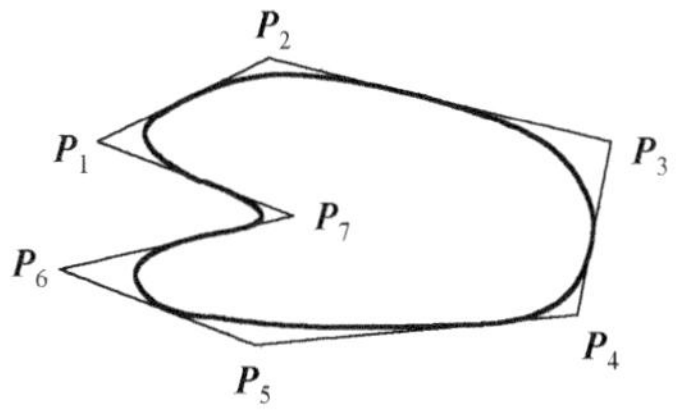

图 10.1　初始控制多边形

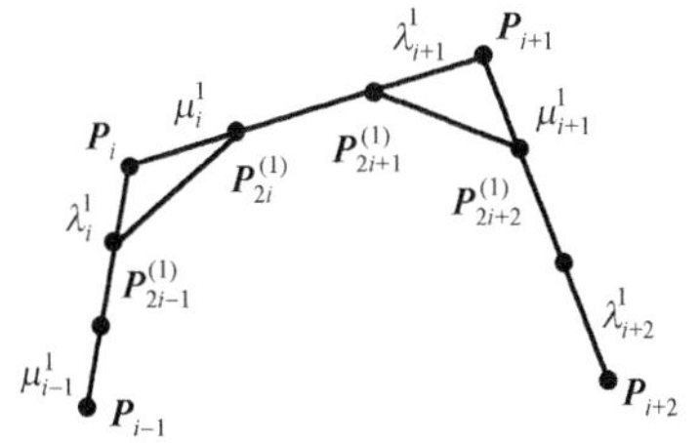

图 10.2　割角法产生的新点

于是一次割角后点数增加一倍。依次连接这些新点 $\boldsymbol{P}_1^{(1)},\boldsymbol{P}_2^{(1)},\cdots,\boldsymbol{P}_{2N}^{(1)}$，产生一个新的加密多边形，记为 $\boldsymbol{\varGamma}^{(1)}$，上述过程可以重复进行。一般，设 $\boldsymbol{\varGamma}^{(k-1)}$ 已经得到，其中 $\boldsymbol{\varGamma}^{(k-1)}$ 是由 $k-1$ 次割角后得到的 $2^{k-1}N$ 个点 $\boldsymbol{P}_1^{(k-1)},\cdots,\boldsymbol{P}_{2^{k-1}N}^{(k-1)}$ 所构成的多边形，取边

$P_i^{(k-1)}P_{i+1}^{(k-1)}$ 上的分比为 $\mu_i^k,\lambda_{i+1}^k(\mu_i^k,\lambda_{i+1}^k>0;\mu_i^k+\lambda_{i+1}^k<1)$，则第 k 次分割点按下面的规则产生：

$$\begin{cases}P_{2i-1}^{(k)}=(1-\lambda_i^k)P_i^{(k-1)}+\lambda_i^k P_{i-1}^{(k-1)}\\ P_{2i}^{(k)}=\mu_i^k P_{i+1}^{(k-1)}+(1-\mu_i^k)P_i^{(k-1)}\end{cases}\quad i=1,2,\cdots,2^{k-1}N \tag{10.2}$$

上式中同样约定，对于开多边形，$P_0^{(k-1)}=P_1^{(k-1)},P_{2^{k-1}N+1}^{(k-1)}=P_{2^{k-1}N}^{(k-1)}$；对于闭多边形，$P_0^{(k-1)}=P_{2^{k-1}N}^{(k-1)},P_{2^{k-1}N+1}^{(k-1)}=P_1^{(k-1)}$。当分割次数趋于无限时，多边形序列 $\{\Gamma^{(k)}\}$ 收敛到一条极限曲线，此即为由切割磨光法[16]生成的自由曲线。

定义 10.1　曲线 $C(\Gamma^{(0)},S)=\lim\limits_{k\to+\infty}\Gamma^{(k)}$ 称为切割曲线，这一表达式中的空间多边形 $\Gamma^{(0)}=P_1P_2\cdots P_N$ 称为初始控制多边形，集合 $S=\{(\lambda_i^k,\mu_i^k)\mid\lambda_i^k>0,\mu_i^k>0,\lambda_{i+1}^k+\mu_i^k<1,k=1,2,\cdots\}$ 称为切割参数集。

由切割磨光法产生曲线，关键是确定初始控制多边形和切割参数。控制多边形给出曲线的大致形状，切割参数决定切割方法，即迭代规则。例如，如果控制多边形取为正方形，再把切割参数取为 $\lambda_i^k=\mu_i^k=\left(\dfrac{1}{2}\right)\left(1+\cos\left(\dfrac{\pi}{2^{k+1}}\right)\right)^{-1}$，$k=1,2,\cdots$，则容易验证，每次迭代后得到的都是正多边形，第 k 次切割后为 2^{k+2} 正边形，因此极限曲线为一个整圆(图 10.3)。注意，这个有趣的结果是 Bézier 方法或 B 样条方法所不能得到的。

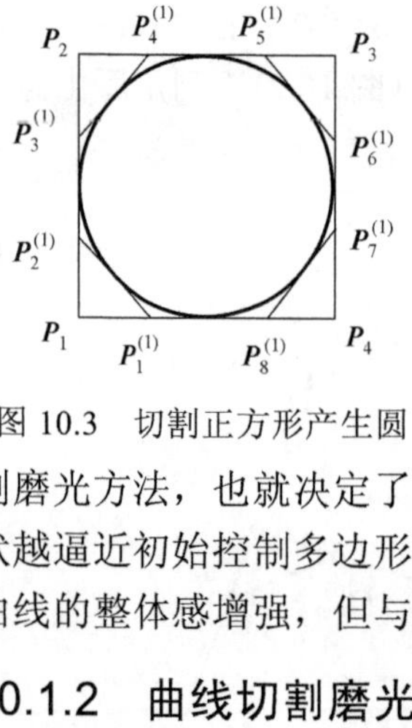

图 10.3　切割正方形产生圆

对于切割磨光法产生的细分曲线，由于切割参数的选择不同，得到的结果也不相同。切割参数与初始控制多边形的选择是切割磨光法的关键。初始控制多边形给出了极限曲线的大体形状，而切割参数决定了具体的切割磨光方法，也就决定了极限曲线的最终形状。一般来说，切割参数越小，曲线形状越逼近初始控制多边形，而曲线整体感越弱，相当于将边角磨光；切割参数越大，曲线的整体感增强，但与初始控制多边形的接近程度越低。

10.1.2　曲线切割磨光法的性质

曲线切割磨光法的性质有逼近性、连续性和光滑性，文献[17]详细地介绍了曲线切割磨光法的性质以及相关性质的证明。

1. 逼近性

细分曲线能够很好地近似初始控制多边形，关于细分曲线的逼近性有如下重要定理。

定理 10.1　对于控制多边形 $\boldsymbol{\Gamma}^{(0)}=\boldsymbol{P}_1\boldsymbol{P}_2\cdots\boldsymbol{P}_N$ 中的任一边 $\boldsymbol{P}_i\boldsymbol{P}_{i+1}$，此边上以如下两点为端点的线段落在切割曲线 $C(\boldsymbol{\Gamma}^{(0)},S)$ 上：

$$\begin{cases}\boldsymbol{P}_i^l=\boldsymbol{P}_i+\left(\sum\limits_{j=0}^{+\infty}\mu_{2^j i}^{j+1}\prod\limits_{m=0}^{j-1}(1-r_{2^m i}^{m+1})\right)(\boldsymbol{P}_{i+1}-\boldsymbol{P}_i)\\ \boldsymbol{P}_i^r=\boldsymbol{P}_{i+1}-\left(\sum\limits_{j=0}^{+\infty}\lambda_{2^j i+1}^{j+1}\prod\limits_{m=0}^{j-1}(1-r_{2^m i}^{m+1})\right)(\boldsymbol{P}_{i+1}-\boldsymbol{P}_i)\end{cases}\tag{10.3}$$

其中，$r_i^k=\lambda_{i+1}^k+\mu_i^k$；并且当且仅当 $\sum\limits_{j=0}^{+\infty}r_{2^j i}^{j+1}=+\infty$ 时，线段的两端点重合，即 $\boldsymbol{P}_i^l=\boldsymbol{P}_i^r$。

定理 10.1 给出了切割磨光法产生的细分曲线逼近初始控制多边形的理论依据。由此定理出发，可以给出如下几条实际中便于应用的推论。

推论 10.1　设 $\lambda,\mu>0$，$\lambda+\mu<1$，则在割角过程中的每一边上都有切割曲线 $C(\boldsymbol{\Gamma}^{(0)},S)$ 的点。此点对该边的分割比为 $\mu:\lambda$。特别地，对于初始控制多边形 $\boldsymbol{\Gamma}^{(0)}$ 的任一边 $\boldsymbol{P}_i\boldsymbol{P}_{i+1}$，其上的点：

$$\overline{\boldsymbol{P}_i}=(\lambda/(\lambda+\mu))\boldsymbol{P}_i+(\mu/(\lambda+\mu))\boldsymbol{P}_{i+1}\tag{10.4}$$

落在 $C(\boldsymbol{\Gamma}^{(0)},S)$ 上。

推论 10.2　在控制多边形 $\boldsymbol{\Gamma}^{(0)}$ 中，若某顶点 $\boldsymbol{P}_i$ 为重顶点(完全重合的顶点)，则切割曲线 $C(\boldsymbol{\Gamma}^{(0)},S)$ 通过 $\boldsymbol{P}_i$；并且若此重顶点与相邻的两顶点共线，则不产生尖点，否则产生尖点。

推论 10.3　设控制多边形 $\boldsymbol{\Gamma}^{(0)}=\boldsymbol{P}_1\boldsymbol{P}_2\cdots\boldsymbol{P}_N$ 中三个顶点 $\boldsymbol{P}_i,\boldsymbol{P}_{i+1},\boldsymbol{P}_{i+2}$ 共线，但不是重顶点，则切割曲线 $C(\boldsymbol{\Gamma}^{(0)},S)$ 通过边 $\boldsymbol{P}_i\boldsymbol{P}_{i+2}$ 上的一条直线段 $\boldsymbol{Q}_1\boldsymbol{Q}_2$，其中点 $\boldsymbol{Q}_1$ 和 $\boldsymbol{Q}_2$ 分别在边 $\boldsymbol{P}_i\boldsymbol{P}_{i+1}$ 和 $\boldsymbol{P}_{i+1}\boldsymbol{P}_{i+2}$ 内。

2. 连续性

将多边形 $\boldsymbol{\Gamma}^{(k)}$ 表示成逐段线性参数曲线的形式：

$$\boldsymbol{\Gamma}^{(k)}(t)=(i-Kt)\boldsymbol{P}_i^{(k)}+(Kt-i+1)\boldsymbol{P}_{i+1}^{(k)},\quad t\in[(i-1)/K,i/K],\quad i=1,2,\cdots,K\tag{10.5}$$

其中，K 为 2^kN-1 (多边形为开时)或 2^kN (多边形为闭时)。于是 $\boldsymbol{\Gamma}^{(k)}(t)$ 是定义在 $[0,1]$ 上的连续曲线。对于定义在 $[0,1]$ 上的两条参数曲线 $\boldsymbol{r}_1(t)$ 和 $\boldsymbol{r}_2(t)$，再定义它们的距离为：

$$d(\boldsymbol{r}_1,\boldsymbol{r}_2)=\max_{0\leqslant t\leqslant 1}\min_{0\leqslant s\leqslant 1}\|\boldsymbol{r}_1(t)-\boldsymbol{r}_2(s)\|\tag{10.6}$$

考虑由切割磨光所产生的多边形序列 $\{\boldsymbol{\Gamma}^{(k)}(t)\}$，设 $h^{(k)}$ 为多边形 $\boldsymbol{\Gamma}^{(k)}(t)$ 各顶点到分割一次后所产生的三角形对应边上的高 $h_i^{(k)}$ 的最大值(图 10.4)，显然有：

$$d(\boldsymbol{\Gamma}^{(k)}(t),\boldsymbol{\Gamma}^{(k+1)}(t))\leqslant h^{(k)}\tag{10.7}$$

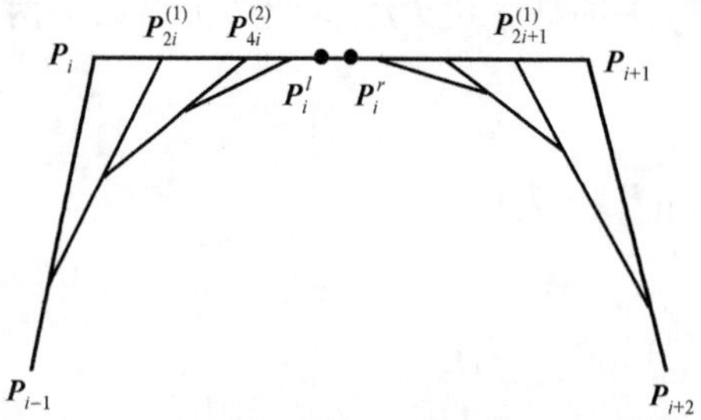

图 10.4　落在曲线上的直线段 $\boldsymbol{P}_i^l\boldsymbol{P}_i^r$

令 $\overline{\lambda}^k=\max\limits_i\{\lambda_i^k\}$，$\underline{\lambda}^k=\min\limits_i\{\lambda_i^k\}$，$\overline{\lambda}=\overline{\lim\limits_{k\to+\infty}}\,\overline{\lambda}^k$，$\underline{\lambda}=\underline{\lim\limits_{k\to+\infty}}\,\underline{\lambda}^k$；类似地定义 $\overline{\mu}^k,\underline{\mu}^k$，$\overline{\mu},\underline{\mu}$ 等。

那么对于控制多边形序列 $\{\boldsymbol{\Gamma}^{(k)}(t)\}$ 收敛性问题有如下定理。

定理 10.2　当切割参数满足：

$$\underline{\lambda}>0,\quad \underline{\mu}>0,\quad \overline{\lambda}+\overline{\mu}<1 \tag{10.8}$$

由式(10.1)和式(10.2)迭代产生的加密多边形序列收敛到一条连续的曲线（定理证明可参考文献[17]）。

3. 光滑性

现就切割参数 λ_i^k,μ_i^k 为常数这一简单情形来讨论切割曲线的光滑性。设 $\lambda_i^k\equiv\lambda$，$\mu_i^k\equiv\mu$。令 $\theta_i^{(k)}\in[0,\pi]$ 为控制多边形 $\boldsymbol{\Gamma}^{(k)}$ 中两相邻边矢量 $\boldsymbol{P}_{i-1}\boldsymbol{P}_i$ 到 $\boldsymbol{P}_i\boldsymbol{P}_{i+1}$ 的转角，它是多边形 $\boldsymbol{\Gamma}^{(k)}$ 的外角。如果 $\boldsymbol{\Gamma}^{(k)}$ 没有重顶点，并且对所有 i 满足 $\theta_i^{(k)}\in[0,\pi]$，则称这种控制多边形 $\boldsymbol{\Gamma}^{(k)}$ 是正则的。记 $\theta^{(k)}=\max\limits_i\{\theta_i^{(k)}\}$，则切割曲线为一阶几何连续(即 G^1)，当且仅当 $\lim\limits_{k\to+\infty}\theta^{(k)}=0$。

定理 10.3　对于任一正则控制多边形 $\boldsymbol{\Gamma}^{(0)}$，只要切割参数满足 $\lambda>0$，$\mu>0$，$2\lambda+\mu<1$，$2\mu+\lambda<1$，则经过有限切割后，所有两相邻边矢量的转角均不大于 $\pi/2$。

定理 10.4　如果切割参数 λ,μ 满足：

$$\lambda>0,\quad \mu>0,\quad 2\lambda+\mu<1,\quad 2\mu+\lambda<1 \tag{10.9}$$

则由一个正则多边形切割产生的曲线为一阶光滑。

4. 几何性质

切割曲线还具有许多良好的几何性质，下面介绍其中最主要的。为此先设 $C(\boldsymbol{\Gamma}^{(0)},S)$ 的控制多边形为 $\boldsymbol{\Gamma}^{(0)}=\boldsymbol{P}_1\boldsymbol{P}_2\cdots\boldsymbol{P}_N$。

若平面连续曲线是平面上某一凸集的边界或边界的一部分，则称其为凸曲线，多边形 $\boldsymbol{P}_1\boldsymbol{P}_2\cdots\boldsymbol{P}_N$ 为凸，是指连接其两端点 $\boldsymbol{P}_1$ 和 $\boldsymbol{P}_N$ 后，所围成的区域为凸集。

定理 10.5　切割曲线具有凸包性，即曲线在其控制多边形的凸包内。特别地，当控制多边形各顶点重合时，曲线也缩为一点。

定理 10.6　切割曲线具有局部性，即变动控制多边形的一个顶点，仅影响切割曲线在该点的附近部分。

定理 10.7　切割曲线具有保凸性，即若控制多边形为凸，则切割生成的曲线也凸。

10.2　细分曲面的切割磨光法

曲面切割磨光法的原理与曲线中的方法类似。在初始的控制多面体内取新顶点，从而产生新的控制多面体，将原来的控制网格的顶点、棱边切割磨光，不断进行切割磨光之后产生控制网格的极限曲面就是切割磨光法产生的细分曲面，如图 10.5 所示。与曲线切割磨光法一样曲面切割磨光法也具有很多性质。

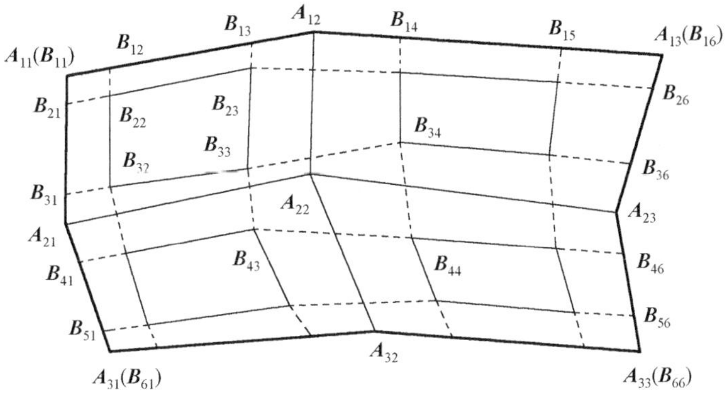

图 10.5　切割磨光示意图

10.2.1　细分曲面的切割磨光法的算法

本节讨论控制多面体网格为拓扑矩形的切割磨光算法[17]。控制顶点可表示为有序的二维点列 $\{\boldsymbol{P}_{ij} \mid i=1,2,\cdots,N; j=1,2,\cdots,M\}$。把 i 固定，j 变动的点列 $\{\boldsymbol{P}_{ij}\}$ 称为列向点列；把 j 固定，i 变动的点列 $\{\boldsymbol{P}_{ij}\}$ 称为行向点列。下面给出 4 种算法，它们都是曲线切割磨光法的推广。

1. *两步单向切割磨光法*

对每一个固定的 $i(i=1,2,\cdots,N)$，根据点列 $\{\boldsymbol{P}_{i1},\boldsymbol{P}_{i2},\cdots,\boldsymbol{P}_{iM}\}$ 得到控制多边形 T_i，对此 T_i 以切割分比 $\lambda_{ij}^l,\mu_{ij}^l$（$j$ 为多边形顶点序号，l 为切割次数，$\lambda_{ij}^l,\mu_{ij}^l>0,\lambda_{i,j+1}^l+\mu_{ij}^l<1$）进行 k 次切割，得到新点列 $\{P_{i1}^{0k},P_{i2}^{0k},\cdots,P_{i,2^kM}^{0k}\}$，即列向切割生成曲线的离散点值。然后，对每一固定的 $j(j=1,2,\cdots,2^kM)$，根据点列 $\{P_{1j}^{0k},P_{2j}^{0k},\cdots,P_{N,j}^{0k}\}$，得到控制多边形 R_j，对此 R_j 以切割分比 $\sigma_{ij}^l,\tau_{ij}^l$（$i$ 为多边形顶点序号，l 为切割次数，$\sigma_{ij}^l,\tau_{ij}^l>0,\sigma_{i+1,j}^l+\tau_{ij}^l<1$）进行 h 次切割，得到新点列 $\{P_{1j}^{hk},P_{2j}^{hk},\cdots,P_{2^hN,j}^{hk}\}$，此为行向切割生成曲线的离散点值，也是先列向后行向的两步切割磨光曲面的离散点值。当然，也可先行向，后列向切割。这一过程只要反复调用曲线切割磨光的子程序即可实现。

2. 交叉切割磨光法

首先按照两步单向切割法在列向切割一次，得点列$\{\boldsymbol{P}_{i1}^{01},\boldsymbol{P}_{i2}^{01},\cdots,\boldsymbol{P}_{i,2M}^{01}\}(i=1,2,\cdots,N)$，再在行向切割一次，得点列$\{\boldsymbol{P}_{1j}^{11},\boldsymbol{P}_{2j}^{11},\cdots,\boldsymbol{P}_{2N,j}^{11}\}(j=1,2,\cdots,2M)$，这称为交叉切割一次。如此继续下去，直到第$k-1$次交叉切割后，再以切割比$\lambda_{ij}^k,\mu_{ij}^k,\sigma_{ij}^k,\tau_{ij}^k$对刚产生的离散曲面交叉切割一次，最终得新点列$\{\boldsymbol{P}_{1j}^{kk},\boldsymbol{P}_{2j}^{kk},\cdots,\boldsymbol{P}_{2^kN,j}^{kk}\}(j=1,2,\cdots,2^kM)$，此为先列向后行向的$k$次交叉切割所生成的离散点值。

若每一行中的列向的切割系数取为一致，即$\lambda_{i,j}=\lambda_{i+1,j}=\cdots=\lambda_j$，$\mu_{i,j}=\mu_{i+1,j}=\cdots=\mu_j$；每一列中行向的切割系数也取为一致，即$\sigma_{i,j}=\sigma_{i,j+1}=\cdots=\sigma_i,\tau_{i,j}=\tau_{i,j+1}=\cdots=\tau_i$；则交叉切割过程中先列向后行向和先行向后列向所产生的结果完全一致。事实上，如图 10.6 所示，考察控制多面体网格中由 4 个顶点$\{\boldsymbol{P}_{ij},\boldsymbol{P}_{i,j+1},\boldsymbol{P}_{i+1,j+1},\boldsymbol{P}_{i+1,j}\}$所组成的一个空间四边形。经列向切割，由$\{\boldsymbol{P}_{ij},\boldsymbol{P}_{i,j+1}\}$得$\{\boldsymbol{A},\boldsymbol{B}\}$点值，由$\{\boldsymbol{P}_{i+1,j},\boldsymbol{P}_{i+1,j+1}\}$得$\{\boldsymbol{C},\boldsymbol{D}\}$点值，其中：

$$\boldsymbol{A}=(1-\mu_j)\boldsymbol{P}_{ij}+\mu_j\boldsymbol{P}_{i,j+1},\quad \boldsymbol{C}=(1-\mu_j)\boldsymbol{P}_{i+1,j}+\mu_j\boldsymbol{P}_{i+1,j+1}$$

$$\boldsymbol{B}=(1-\lambda_{j+1})\boldsymbol{P}_{ij}+\lambda_{j+1}\boldsymbol{P}_{i,j+1},\quad \boldsymbol{D}=(1-\lambda_{j+1})\boldsymbol{P}_{i+1,j}+\lambda_{j+1}\boldsymbol{P}_{i+1,j+1}$$

再经行向切割，由$\{\boldsymbol{A},\boldsymbol{C}\}$得$\{\boldsymbol{P}_{2i,2j}^{11},\boldsymbol{P}_{2i+1,2j}^{11}\}$，由$\{\boldsymbol{B},\boldsymbol{D}\}$得$\{\boldsymbol{P}_{2i,2j+1}^{11},\boldsymbol{P}_{2i+1,2j+1}^{11}\}$，则$\boldsymbol{P}_{2i,2j}^{11}$可表示为：

$$\begin{aligned}\boldsymbol{P}_{2i,2j}^{11}&=(1-\tau_i)\boldsymbol{A}+\tau_i\boldsymbol{C}\\&=(1-\mu_j)(1-\tau_i)\boldsymbol{P}_{ij}+(1-\mu_j)\tau_i\boldsymbol{P}_{i+1,j}+\mu_j(1-\tau_i)\boldsymbol{P}_{i,j+1}+\mu_j\tau_i\boldsymbol{P}_{i+1,j+1}\end{aligned}\tag{10.10}$$

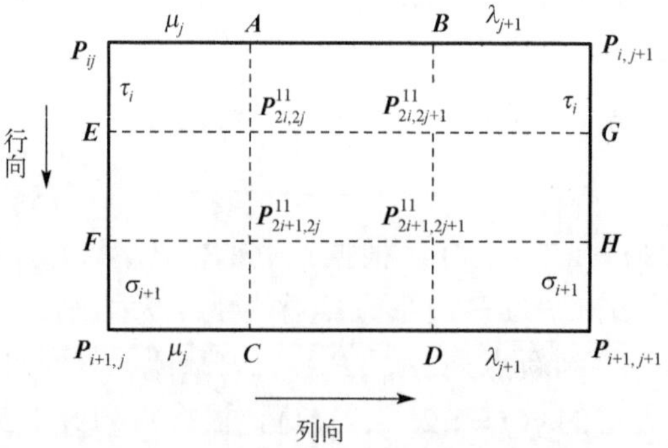

图 10.6　交叉切割法示意图

如果先做行向切割，则由$\{\boldsymbol{P}_{ij},\boldsymbol{P}_{i+1,j}\}$得$\{\boldsymbol{E},\boldsymbol{F}\}$，由$\{\boldsymbol{P}_{i,j+1},\boldsymbol{P}_{i+1,j+1}\}$得$\{\boldsymbol{G},\boldsymbol{H}\}$；再做列向切割，由$\{\boldsymbol{E},\boldsymbol{G}\}$可产生$\{\boldsymbol{P}_{2i,2j}^{11},\boldsymbol{P}_{2i,2j+1}^{11}\}$，由$\{\boldsymbol{F},\boldsymbol{H}\}$可产生$\{\boldsymbol{P}_{2i+1,2j}^{11},\boldsymbol{P}_{2i+1,2j+1}^{11}\}$。可以验证，由先行向后列向切割得到的$\boldsymbol{P}_{2i,2j}^{11}$也可表示成式(10.10)。其余三个新点也类似。

因此在这种情况下不需要考虑切割顺序，每交叉切割一次，所产生的四个新点可由原四边形的顶点表示出来：

$$\begin{pmatrix} P_{2i,2j}^{11} \\ P_{2i+1,2j}^{11} \\ P_{2i,2j+1}^{11} \\ P_{2i+1,2j+1}^{11} \end{pmatrix} = \begin{pmatrix} (1-\mu_j)(1-\tau_i) & (1-\mu_j)\tau_i & \mu_j(1-\tau_i) & \mu_j\tau_i \\ (1-\mu_j)\sigma_{i+1} & (1-\mu_j)(1-\sigma_{i+1}) & \mu_j\sigma_{i+1} & \mu_j(1-\sigma_{i+1}) \\ \lambda_{i+1}(1-\tau_i) & \lambda_{i+1}\tau_i & (1-\lambda_{i+1})(1-\tau_i) & (1-\lambda_{i+1})\tau_i \\ \lambda_{i+1}\sigma_{i+1} & \lambda_{i+1}(1-\sigma_{i+1}) & (1-\lambda_{i+1})\sigma_{i+1} & (1-\lambda_{i+1})(1-\sigma_{i+1}) \end{pmatrix} \begin{pmatrix} P_{ij} \\ P_{i+1,j} \\ P_{i,j+1} \\ P_{i+1,j+1} \end{pmatrix} \tag{10.11}$$

对于边界上的点，可仿照曲线切割磨光法来确定。易知交叉切割一次，则控制多面体顶点便加密一倍。

3. 平行线切割磨光法

假设原始的控制多面体，其每一小单元(空间多边形)均为平面，则按前面介绍的算法做切割磨光，所得到的加密控制多面体的每一单元不一定仍是平面，这在某些应用和计算机图形算法中会产生问题。现提出一个用平行于小单元棱边的平面去做切割的方法，可保证当原始控制多面体由平面片组成时，由该法获得的加密单元仍是平面。

平行线切割磨光法可按先行向后列向交叉切割来实现。不失一般性，仅考虑原始多面体为开多面体的情形。设控制多面体点列为 $\{P_{ij} \mid i=1,2,\cdots,N;\ j=1,2,\cdots,M\}$，取 $\{P_{ij}, P_{i,j+1}, P_{i+1,j+1}, P_{i+1,j}\}$ 为一小单元，先做行向切割(图 10.7)：

$$\begin{cases} Q_{2i,j} = (1-\tau_{ij}^1)\, P_{ij} + \tau_{ij}^1 P_{i+1,j} \\ Q_{2i+1,j} = \sigma_{i+1,j}^1 P_{ij} + (1-\sigma_{i+1,j}^1)\, P_{i+1,j} \quad i=1,2,\cdots,N-1;\ j=1,2,\cdots,M \\ Q_{1j} = P_{1j}, \quad Q_{2N,j} = P_{Nj} \end{cases} \tag{10.12}$$

对于 $Q_{ij}(i=1,\cdots,2N;\ j=1,\cdots,M)$ 再作列向切割磨光(图 10.8)：

$$\begin{cases} P_{i,2j}^1 = (1-\mu_{ij}^1)\, Q_{ij} + \mu_{ij}^1 Q_{i,j+1} \\ P_{i,2j+1}^1 = \lambda_{i,j+1}^1 Q_{ij} + (1-\lambda_{i,j+1}^1)\, Q_{i,j+1} \quad i=1,2,\cdots,2N;\ j=1,2,\cdots,M-1 \\ P_{i,1}^1 = Q_{i,1}, \quad P_{i,2M}^1 = Q_{iM} \end{cases} \tag{10.13}$$

这样，由 $P_{ij}(i=1,2,\cdots,N;\ j=1,2,\cdots,M)$，$\tau_{ij}^1, \sigma_{i+1,j}^1(i=1,2,\cdots,N-1;\ j=1,2,\cdots,M)$ 和 μ_{ij}^1, $\lambda_{i,j+1}^1$ $(i=1,2,\cdots,2N;\ j=1,2,\cdots,M-1)$ 即可得 $P_{ij}^1(i=1,2,\cdots,2N;\ j=1,2,\cdots,2M)$。

一般来说，向量 $Q_{2i,j}Q_{2i,j+1}$ 并不与棱边 $P_{ij}P_{i,j+1}$ 平行。为了得到棱边两侧的平行线，从而使得四边形 $Q_{2i,j}Q_{2i,j+1}Q_{2i+1,j+1}Q_{2i+1,j}$ 构成平行于棱边的平面，切割参数 $\tau_{ij}^1, \sigma_{ij}^1$ 需满足一定的约束条件。对于参数 $\mu_{ij}^1, \lambda_{ij}^1$ 也类似。下面给出递推关系。

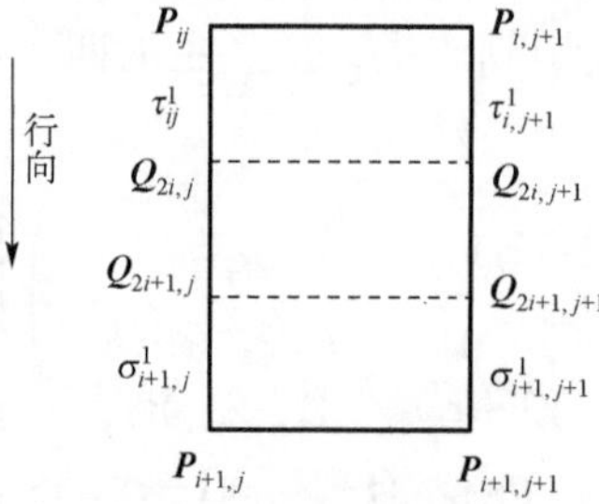

图 10.7　行向切割

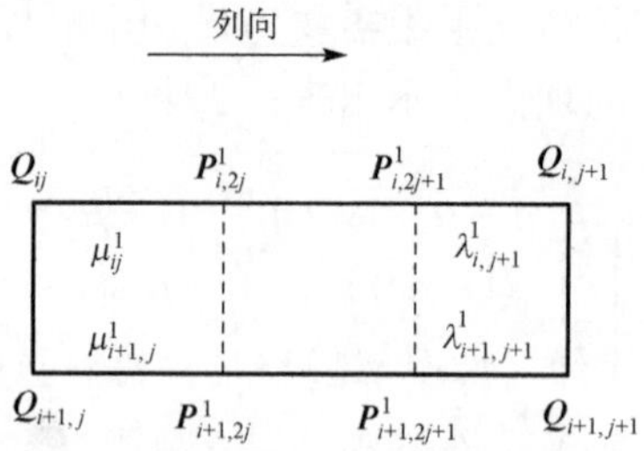

图 10.8　列向切割

第一步，选取σ,τ,λ,μ的适当值。

第二步，令$\sigma_{i+1,1}^1=\sigma,\tau_{i1}^1=\tau$，由约束条件：

$$(\boldsymbol{Q}_{2i,j+1}-\boldsymbol{Q}_{2i,j})//(\boldsymbol{P}_{i,j+1}-\boldsymbol{P}_{ij}),\quad (\boldsymbol{Q}_{2i+1,j+1}-\boldsymbol{Q}_{2i+1,j})//(\boldsymbol{P}_{i+1,j+1}-\boldsymbol{P}_{i+1,j})$$

可得：

$$\begin{cases}\tau_{i,j+1}^1=\dfrac{\left\|(\boldsymbol{P}_{i+1,j}-\boldsymbol{P}_{ij})\times(\boldsymbol{P}_{i,j+1}-\boldsymbol{P}_{ij})\right\|}{\left\|(\boldsymbol{P}_{i+1,j+1}-\boldsymbol{P}_{i,j+1})\times(\boldsymbol{P}_{i,j+1}-\boldsymbol{P}_{ij})\right\|}\tau_{ij}^1\\[2ex] \sigma_{i+1,j+1}^1=\dfrac{\left\|(\boldsymbol{P}_{i+1,j+1}-\boldsymbol{P}_{i,j+1})\times(\boldsymbol{P}_{i+1,j+1}-\boldsymbol{P}_{i+1,j})\right\|}{\left\|(\boldsymbol{P}_{i+1,j}-\boldsymbol{P}_{ij})\times(\boldsymbol{P}_{i+1,j+1}-\boldsymbol{P}_{i+1,j})\right\|}\sigma_{i+1,j}^1\end{cases}\tag{10.14}$$

其中，$j=1,2,\cdots,M-1$。于是由此递推关系可得出所有的τ_{ij}^1和σ_{ij}^1。

第三步，令$\lambda_{1,j+1}^1=\lambda,\mu_{1j}^1=\mu$，由约束条件：

$$(\boldsymbol{P}_{i+1,2j}^1-\boldsymbol{P}_{i,2j}^1)//(\boldsymbol{Q}_{i+1,j}-\boldsymbol{Q}_{ij}),\quad (\boldsymbol{P}_{i+1,2j+1}^1-\boldsymbol{P}_{i,2j+1}^1)//(\boldsymbol{Q}_{i+1,j+1}-\boldsymbol{Q}_{i,j+1})$$

可得：

$$\begin{cases}\mu_{i+1,j}^1=\dfrac{\left\|(\boldsymbol{Q}_{i,j+1}-\boldsymbol{Q}_{ij})\times(\boldsymbol{Q}_{i+1,j}-\boldsymbol{Q}_{ij})\right\|}{\left\|(\boldsymbol{Q}_{i+1,j+1}-\boldsymbol{Q}_{i+1,j})\times(\boldsymbol{Q}_{i+1,j}-\boldsymbol{Q}_{ij})\right\|}\mu_{ij}^1\\[2ex] \lambda_{i+1,j+1}^1=\dfrac{\left\|(\boldsymbol{Q}_{i,j+1}-Q_{ij})\times(\boldsymbol{Q}_{i+1,j+1}-\boldsymbol{Q}_{i,j+1})\right\|}{\left\|(\boldsymbol{Q}_{i+1,j+1}-\boldsymbol{Q}_{i+1,j})\times(\boldsymbol{Q}_{i+1,j+1}-\boldsymbol{Q}_{i,j+1})\right\|}\lambda_{i,j+1}^1\end{cases}\tag{10.15}$$

其中，$i=1,2,\cdots,2N-1$。由此递推出所有的μ_{ij}^1和$\lambda_{i,j+1}^1$。

图 10.9 是平行线切割磨光法在3×3网格$\{\boldsymbol{P}_{ij}\mid i=1,2,3;j=1,2,3\}$上作用一次的结果。当原网格小单元均为平面时，对应于每一单元的新四边形(如$\boldsymbol{P}_{22}^1\boldsymbol{P}_{23}^1\boldsymbol{P}_{33}^1\boldsymbol{P}_{32}^1$)仍位于原单元上，从而也是平面；对于跨越棱边的四边形，如$\boldsymbol{P}_{32}^1\boldsymbol{P}_{33}^1\boldsymbol{P}_{43}^1\boldsymbol{P}_{42}^1$，由于边$\boldsymbol{P}_{32}^1\boldsymbol{P}_{33}^1$与$\boldsymbol{P}_{42}^1\boldsymbol{P}_{43}^1$平行，所以它是平面四边形；同样，由于$\boldsymbol{P}_{23}^1\boldsymbol{P}_{33}^1$与$\boldsymbol{P}_{24}^1\boldsymbol{P}_{34}^1$平行，所以$\boldsymbol{P}_{23}^1\boldsymbol{P}_{24}^1\boldsymbol{P}_{34}^1\boldsymbol{P}_{33}^1$是平面四边形；至于对应于顶点$\boldsymbol{P}_{22}$的四边形$\boldsymbol{P}_{33}^1\boldsymbol{P}_{34}^1\boldsymbol{P}_{44}^1\boldsymbol{P}_{43}^1$，由于$\boldsymbol{P}_{33}^1\boldsymbol{P}_{43}^1$平

行于 $\boldsymbol{P}_{34}^1\boldsymbol{P}_{44}^1$，所以也是平面四边形。因此，所得到的加密控制多面体的每个小单元都为平面片。上述切割过程进行 k 次，即得到离散曲面的点列。

4. 仿射标架切割磨光法

对于控制多面体中每一个顶点 $\boldsymbol{P}_{ij}$，赋予四个切割参数 $\lambda_{ij}^1,\mu_{ij}^1,\tau_{ij}^1$ 和 σ_{ij}^1，满足 $\lambda_{ij}^1,\mu_{ij}^1,\tau_{ij}^1,\sigma_{ij}^1>0$，$\lambda_{i+1,j}^1+\mu_{ij}^1<1,\tau_{i,j+1}^1+\sigma_{ij}^1<1$。其中下标是这样规定的：若 i 超出范围，则取 $\max(1,\min(N,i))$ 代替之；对 j 也类似规定。

曲面的切割磨光就是对控制顶点的加密，而这种加密由下面方式给出(图 10.10)：

$$\begin{cases}\boldsymbol{P}_{2i-1,2j-1}^1=\boldsymbol{P}_{ij}+\lambda_{ij}^1(\boldsymbol{P}_{i,j-1}-\boldsymbol{P}_{ij})+\tau_{ij}^1(\boldsymbol{P}_{i-1,j}-\boldsymbol{P}_{ij})\\ \boldsymbol{P}_{2i-1,2j}^1=\boldsymbol{P}_{ij}+\mu_{ij}^1(\boldsymbol{P}_{i,j+1}-\boldsymbol{P}_{ij})+\tau_{ij}^1(\boldsymbol{P}_{i-1,j}-\boldsymbol{P}_{ij})\\ \boldsymbol{P}_{2i,2j-1}^1=\boldsymbol{P}_{ij}+\lambda_{ij}^1(\boldsymbol{P}_{i,j-1}-\boldsymbol{P}_{ij})+\sigma_{ij}^1(\boldsymbol{P}_{i+1,j}-\boldsymbol{P}_{ij})\\ \boldsymbol{P}_{2i,2j}^1=\boldsymbol{P}_{ij}+\mu_{ij}^1(\boldsymbol{P}_{i,j+1}-\boldsymbol{P}_{ij})+\sigma_{ij}^1(\boldsymbol{P}_{i+1,j}-\boldsymbol{P}_{ij})\end{cases}\tag{10.16}$$

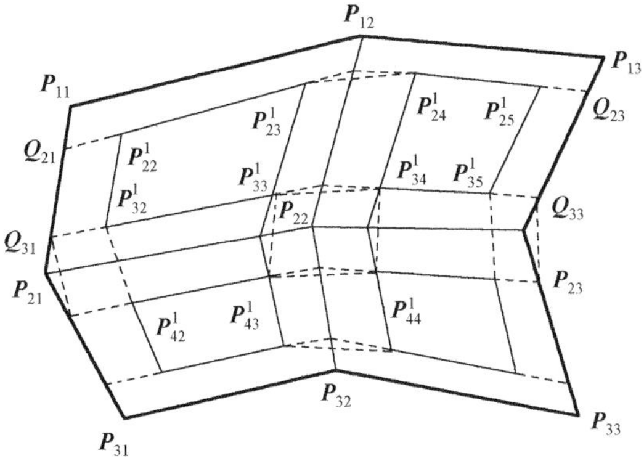

图 10.9　平行线切割一次

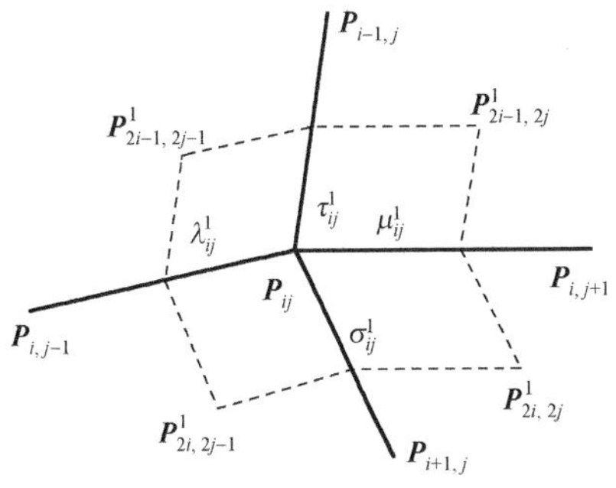

图 10.10　顶点加密

在几何上，控制网格上的一个顶点和由此点出发的相邻两条边组成一个仿射标架，新顶点就是在这个标架上的一个点。如 $\boldsymbol{P}_{2i,2j}$ 是仿射标架 $\{\boldsymbol{P}_{ij};\boldsymbol{P}_{ij}\boldsymbol{P}_{i,j+1},\boldsymbol{P}_{ij}\boldsymbol{P}_{i+1,j}\}$ 中由切割分比 $(\mu_{ij}^1,\sigma_{ij}^1)$ 所决定的点，$(\mu_{ij}^1,\sigma_{ij}^1)$ 是其仿射坐标。因此这种方法称为仿射标架切割磨光法。可以看出，每一个新顶点仅与原网格中三个顶点有关，因此该方法计算简单。将上述过程重复进行，即可得到离散曲面的加密点列。

上面四种切割磨光算法都是利用原控制网格来构造新的控制网格。切割算法可看作由一个切割算子作用到矩形拓扑网格上，产生一个新的密化的矩形网格的过程。因此这个过程可以一直继续下去，在一定条件下，当切割次数趋于无限时，加密的矩形网格收敛到一张曲面，这张曲面就是切割(磨光)曲面。

10.2.2 细分曲面的切割磨光法的性质

对于离散造型方法来说，极限曲面的收敛性、连续性是十分重要的。在实际设计过程中，切割参数经常在切割磨光若干次后被设定为常数。下面以仿射标架切割磨光法为例来讨论切割曲面的性质，并假设切割参数不依赖于切割次数和控制点的序号。

1. 收敛性

设切割参数 $\lambda_{ij}^k \equiv \lambda, \mu_{ij}^k \equiv \mu, \sigma_{ij}^k \equiv \sigma, \tau_{ij}^k \equiv \tau$，记由初始二维点列 $\{\boldsymbol{P}_{ij} \mid i=1,2,\cdots,N; j=1,2,\cdots,M\}$ 所组成的矩形控制网格为 $\boldsymbol{\Gamma}^{(0)}$，切割 k 次后产生的点列 $\{\boldsymbol{P}_{ij}^{(k)} \mid i=1,2,\cdots, 2^k N; j=1,2,\cdots,2^k M\}$ 所组成的网格为 $\boldsymbol{\Gamma}^{(k)}$。于是有定理 10.8。

定理 10.8 当参数 $\lambda,\mu,\sigma,\tau>0$ 且 $\lambda+\mu<1, \sigma+\tau<1$ 时，由仿射标架切割磨光法所产生的矩形控制网格序列 $\{\boldsymbol{\Gamma}^{(k)}\}$ 收敛到一张连续曲面。

进一步还有定理 10.9。

定理 10.9 如果切割参数满足：$\lambda,\mu,\sigma,\tau>0$，$\lambda+\mu<1$，$\sigma+\tau<1$，则对任意的一个初始网格 $\boldsymbol{\Gamma}^{(0)}$，由下式定义的点必在由仿射标架切割磨光法产生的极限曲面上：

$$\boldsymbol{P}_{ij}^* = \frac{\tau\lambda \boldsymbol{P}_{ij}^{(0)} + \tau\mu \boldsymbol{P}_{i,j+1}^{(0)} + \sigma\lambda \boldsymbol{P}_{i+1,j}^{(0)} + \sigma\mu \boldsymbol{P}_{i+1,j+1}^{(0)}}{(\tau+\sigma)(\lambda+\mu)}, \quad i=1,2,\cdots,N-1;\ j=1,2,\cdots,M-1 \tag{10.17}$$

2. 光滑性

如果对于任一个控制网格 $\boldsymbol{\Gamma}^{(k)}(k=0,1,2,\cdots)$ 的任一个空间四边形 $\boldsymbol{F}_{ij}^{(k)}$，它在 $\boldsymbol{F}_{ij}^{(k)}$ 所对应的收敛点 $\boldsymbol{P}_{ij}^{*(k)}$ 处为 G^1 连续，则称切割曲面为拟 G^1 连续。显然，切割曲面若为拟 G^1，则它必在无穷多个点处为 G^1。下面给出它为拟 G^1 的条件。

定理 10.10 对于任意正则的初始控制网格，切割曲面为拟 G^1 的充要条件为：

(1) $(\lambda,\mu),(\tau,\sigma)\in\Omega_1$；　　(10.18)

(2) $(R,r)=(\lambda+\mu,\sigma+\tau)\in\Omega_2$。　　(10.19)

其中：

$$\Omega_1 = \{(x,y) \mid 0<x,y<1, x+2y\leqslant 1, y+2x\leqslant 1\} \tag{10.20}$$

$$\Omega_2 = \{(x,y) \mid 0<x,y<1, x<2(1-y), y<2(1-x)\} \tag{10.21}$$

区域 Ω_1 和 Ω_2 可用图 10.11 表示。

定理 10.11 如果切割参数满足式(10.20)和式(10.21)，则对于正则初始控制网格 $\boldsymbol{\Gamma}^{(0)}$ 的任一个四边形 $\{\boldsymbol{P}_{ij}^{(0)}, \boldsymbol{P}_{i,j+1}^{(0)}, \boldsymbol{P}_{i+1,j+1}^{(0)}, \boldsymbol{P}_{i+1,j}^{(0)}\}$，切割曲面在对应于该四边形的收敛点：

$$P_{ij}^* = \frac{\tau\lambda P_{i,j}^{(0)} + \tau\mu P_{i,j+1}^{(0)} + \sigma\lambda P_{i+1,j}^{(0)} + \sigma\mu P_{i+1,j+1}^{(0)}}{(\tau+\sigma)(\lambda+\mu)}$$

处的单位法向量为 $\boldsymbol{n}(P_{ij}^*) = T_{ij}^1 \times T_{ij}^2 \Big/ \left\| T_{ij}^1 \times T_{ij}^2 \right\|$。其中 T_{ij}^1 和 T_{ij}^2 如下式定义。

$$\begin{cases} T_{ij}^1 = \tau(P_{i,j+1}^{(0)} - P_{ij}^{(0)}) - \sigma(P_{i+1,j}^{(0)} - P_{i+1,j+1}^{(0)}) \\ T_{ij}^2 = \mu(P_{i+1,j+1}^{(0)} - P_{i,j+1}^{(0)}) - \lambda(P_{ij}^{(0)} - P_{i+1,j}^{(0)}) \end{cases}$$

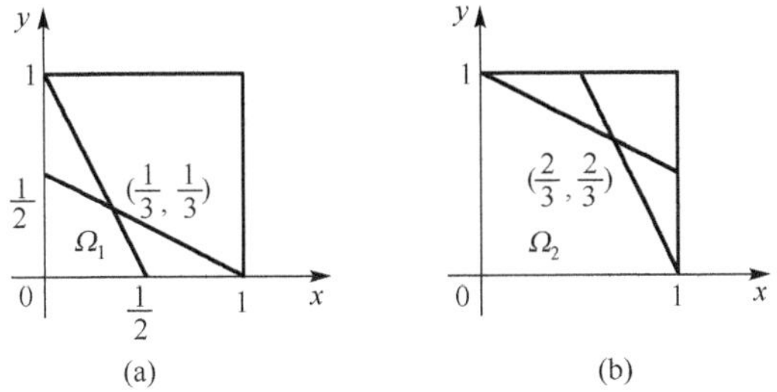

图 10.11　区域 Ω_1 和 Ω_2

显然，当四边形 $\{P_{ij}^{(0)}, P_{i,j+1}^{(0)}, P_{i+1,j+1}^{(0)}, P_{i+1,j}^{(0)}\}$ 为一个平面四边形时，单位法向量 $\boldsymbol{n}(P_{ij}^*)$ 就是该平面的法向量，因而切割曲面在此点相切于该平面。

10.2.3　任意拓扑网格的切割磨光法

在 CAGD 中，不仅需要矩形域上的自由曲面造型方法，还需要任意拓扑网格上的曲面造型方法。这是因为在各种外形设计、实验模型和机械零件中存在着很多非矩形区域上的曲面构造问题。对于任意拓扑网格来说，传统的张量积方法已不适用，必须探求新的工具和方法。

曲面离散构造的过程是离散点逐步加密的过程。一般来说，曲面的切割磨光过程包括两个方面：离散曲面中几何点的产生和拓扑关系建立的连接规则。对于矩形拓扑网格来说，其拓扑结构比较简单，离散点之间的关系可简单地用一个二维数组来表示；然而，对于一般拓扑网格而言，其拓扑关系的建立和表示往往非常复杂。这也是造成在任意拓扑网格上造型十分困难的一个主要原因。

根据前面介绍的切割磨光方法，只有仿射标架切割磨光法不依赖于顶点网格的矩形拓扑结构。现在将它推广到任意拓扑网格上去，这包括如下两个步骤[16]。

(1)新几何点的产生。

设 $\boldsymbol{f}_n = \{P_i\}_{i=1}^n$ 是拓扑结构 G 中度数为 n 的一个面。类似于生成曲线的切割磨光法，给每条边 P_iP_{i+1} 赋予两个切割参数 μ_i, λ_{i+1}，满足 $\mu_i, \lambda_{i+1} > 0$，$\mu_i + \lambda_{i+1} < 1$，这里假定下标 i 关于 n 取模(如果需要的话)。于是在面 $\boldsymbol{f}_n$ 上产生对应于原 n 个顶点的新点(图 10.12)：

$$\boldsymbol{P}_i^{(1)} = \boldsymbol{P}_i + \lambda_i(\boldsymbol{P}_{i-1} - \boldsymbol{P}_i) + \mu_i(\boldsymbol{P}_{i+1} - \boldsymbol{P}_i), \quad i = 1, 2, \cdots, n \tag{10.22}$$

对于每个面，都产生相应的新点，所有的新点组成新拓扑结构 $G^{(1)}$ 的几何点。

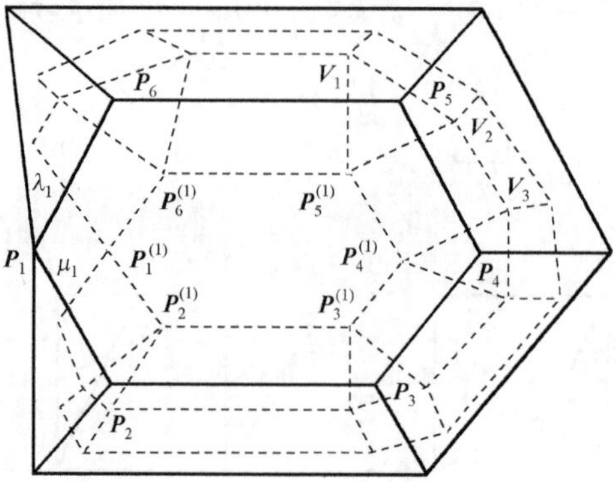

图 10.12　仿射标架切割磨光法

(2) 拓扑结构 $G^{(1)}$ 的建立。

$G^{(1)}$ 的面分为三类：

①新面面——对于 G 中的任一个面，把其对应的所有新几何点按该面原有点的顺序连接起来，产生一个新面；

②新边面——对于 G 中的任一条边，连接“位于”相邻面中对应于其端点的两个新顶点，再连接“位于”同一面中对应于该边两个端点的新顶点，这样产生一个新四边形面；

③新点面——对于 G 中的任一个顶点，依次连接对应于该点的“位于”相邻面上的新顶点，从而产生一个新面。

例如，图 10.12 中，$\{\boldsymbol{P}_i^{(1)}\}_{i=1}^6$ 为新面面，$\{\boldsymbol{P}_4^{(1)}, \boldsymbol{P}_5^{(1)}, \boldsymbol{V}_2, \boldsymbol{V}_3\}$ 为新边面，$\{\boldsymbol{V}_1, \boldsymbol{V}_2, \boldsymbol{P}_5^{(1)}\}$ 为新点面。所有这三类面组成了拓扑关系 $G^{(1)}$，同样也可得到 $G^{(2)}, G^{(3)}, \cdots$，如果切割次数 k 趋于无限时，序列 $\{G^{(k)}\}$ 有极限，则称此极限为切割(磨光)曲面。

从上面的构造过程可以看出，切割曲面的形状取决于初始控制网格和切割参数。设计人员可利用控制顶点来修改曲面形状，也可利用磨光参数调整曲面形状。这种切割曲面也具有凸包性、局部可调性等良好性质。

10.3　典型细分曲线

按极限曲线曲面是否过初始控制顶点，细分模式可分为逼近细分模式(approximating subdivision schemes)和插值细分模式(interpolatory subdivision schemes)。典型的逼近细分曲线模式有 Chaikin 割角模式等，典型的插值细分模式有四点插值细分模式、六点插值细分模式。

10.3.1　Chaikin 割角模式

著名的 Chaikin 割角曲线是 Chaikin 于 1974 年作为计算机显示技巧，为提高计算机显示曲线的速度而提出的，Chaikin 割角曲线是最早的细分曲线模式。

给定初始有序控制点集 $\boldsymbol{P}^0=\{\boldsymbol{P}_j^0\}_{j=0}^{n+1},\boldsymbol{P}_j^0\in\mathbf{R}^d$，设 $\boldsymbol{P}^k=\{\boldsymbol{P}_j^k\}_{j=0}^{2^k n+1}$ 为第 k 次细分后的有序控制顶点集，递归地定义 $\{\boldsymbol{P}_j^{k+1}\}_{j=0}^{2n+1}$ 如下：

$$
\begin{cases}
\boldsymbol{P}_{2i}^{k+1}=\dfrac{3}{4}\boldsymbol{P}_i^k+\dfrac{1}{4}\boldsymbol{P}_{i+1}^k, & 0\leqslant i\leqslant 2^k n\\
\boldsymbol{P}_{2i+1}^{k+1}=\dfrac{1}{4}\boldsymbol{P}_i^k+\dfrac{3}{4}\boldsymbol{P}_{i+1}^k, & 0\leqslant i\leqslant 2^k n
\end{cases}
\tag{10.23}
$$

也就是式(10.2)中的所有切割参数 λ_i^k,μ_i^k 均取为常数1/4。

Chaikin 割角法可推广到一般的均匀割角法：给定初始有序控制顶点集 $\boldsymbol{P}^0=\{\boldsymbol{P}_j^0\}_{j=0}^{n+1},\boldsymbol{P}_j^0\in\mathbf{R}^d$，设 $\boldsymbol{P}^k=\{\boldsymbol{P}_j^k\}_{j=0}^{2^k n+1}$ 为第 k 次细分后的有序控制顶点集，递归地定义 $\{\boldsymbol{P}_j^{k+1}\}_{j=0}^{2^{k+1}n+1}$ 如下：

$$
\begin{cases}
\boldsymbol{P}_{2i}^{k+1}=\alpha\boldsymbol{P}_i^k+(1-\alpha)\boldsymbol{P}_{i+1}^k, & 0\leqslant i\leqslant 2^k n\\
\boldsymbol{P}_{2i+1}^{k+1}=\beta\boldsymbol{P}_i^k+(1-\beta)\boldsymbol{P}_{i+1}^k, & 0\leqslant i\leqslant 2^k n
\end{cases}
\quad 0\leqslant\beta\leqslant\alpha\leqslant 1
\tag{10.24}
$$

其中，α、β 为割角参数。当 $0<\beta<\dfrac{1}{2},\alpha=\dfrac{1}{2}+\beta$ 时，上述割角法是 C^1 连续的，但达不到 C^2 连续。

10.3.2　B 样条细分曲线

在前面几章中已经对 B 样条曲线进行了很详细的介绍，实际上细分曲线也是 B 样条的推广，下面将介绍几种 B 样条细分曲线[18]。

1. 三次 B 样条细分曲线

给定初始有序控制顶点集 $\boldsymbol{P}^0=\{\boldsymbol{P}_j^0\}_{j=0}^{n+2},\boldsymbol{P}_j^0\in\mathbf{R}^d$，设 $\boldsymbol{P}^k=\{\boldsymbol{P}_j^k\}_{j=0}^{2^k n+2}$ 为第 k 次细分后的有序控制顶点集，递归地定义 $\{\boldsymbol{P}_j^{k+1}\}_{j=0}^{2^{k+1}n+2}$ 如下：

$$
\begin{cases}
\boldsymbol{P}_{2i}^{k+1}=\dfrac{1}{2}\boldsymbol{P}_i^k+\dfrac{1}{2}\boldsymbol{P}_{i+1}^k, & 0\leqslant i\leqslant 2^k n+1\\
\boldsymbol{P}_{2i+1}^{k+1}=\dfrac{1}{8}\boldsymbol{P}_i^k+\dfrac{3}{4}\boldsymbol{P}_{i+1}^k+\dfrac{1}{8}\boldsymbol{P}_{i+2}^k, & 0\leqslant i\leqslant 2^k n
\end{cases}
\tag{10.25}
$$

可等价表示为几何上更直观的形式：

$$\begin{cases} \boldsymbol{P}_{2i}^{k+1} = \dfrac{1}{2}(\boldsymbol{P}_i^k + \boldsymbol{P}_{i+1}^k), & 0 \leqslant i \leqslant 2^k n+1 \\ \boldsymbol{P}_{2i+1}^{k+1} = \dfrac{1}{2}\left[\left(\dfrac{1}{4}\boldsymbol{P}_i^k + \dfrac{3}{4}\boldsymbol{P}_{i+1}^k\right) + \left(\dfrac{3}{4}\boldsymbol{P}_{i+1}^k + \dfrac{1}{4}\boldsymbol{P}_{i+2}^k\right)\right], & 0 \leqslant i \leqslant 2^k n \end{cases} \tag{10.26}$$

新顶点的几何位置如图 10.13 所示(实心圆点表示新产生的控制点)。对任意的初始控制多边形，选择细分规则(式(10.25))将产生三次 B 样条曲线，因而是 C^2 连续的。

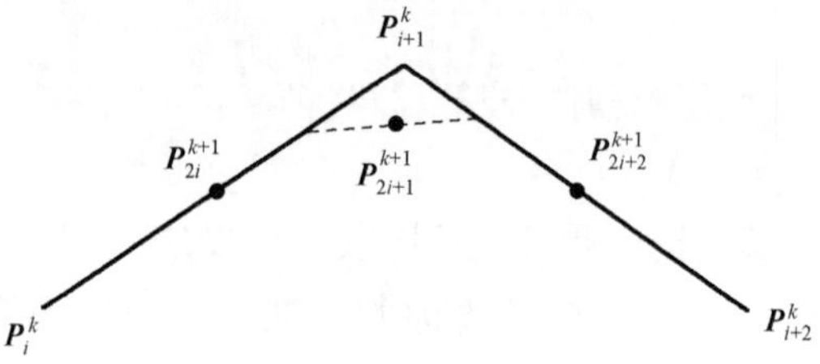

图 10.13　三次 B 样条细分中新顶点的产生示意图

2. 四次 B 样条细分曲线

给定初始有序控制顶点集 $\boldsymbol{P}^0 = \{\boldsymbol{P}_j^0\}_{j=0}^{n+3}, \boldsymbol{P}_j^0 \in \mathbf{R}^d$，设 $\boldsymbol{P}^k = \{\boldsymbol{P}_j^k\}_{j=0}^{2^k n+3}$ 为第 k 次细分后的有序控制顶点集，递归地定义 $\{\boldsymbol{P}_j^{k+1}\}_{j=0}^{2^{k+1} n+3}$ 如下：

$$\begin{cases} \boldsymbol{P}_{2i}^{k+1} = \dfrac{5}{16}\boldsymbol{P}_i^k + \dfrac{10}{16}\boldsymbol{P}_{i+1}^k + \dfrac{1}{16}\boldsymbol{P}_{i+2}^k \\ \boldsymbol{P}_{2i+1}^{k+1} = \dfrac{1}{16}\boldsymbol{P}_i^k + \dfrac{10}{16}\boldsymbol{P}_{i+1}^k + \dfrac{5}{16}\boldsymbol{P}_{i+2}^k \end{cases} \tag{10.27}$$

其中，$0 \leqslant i \leqslant 2^k n+1$。

对任意的初始控制多边形，选择细分规则(式(10.27))将产生四次 B 样条曲线，因而是 C^2 连续的。

3. 五次 B 样条细分曲线

给定初始有序控制顶点集 $\boldsymbol{P}^0 = \{\boldsymbol{P}_j^0\}_{j=0}^{n+4}, \boldsymbol{P}_j^0 \in \mathbf{R}^d$，设 $\boldsymbol{P}^k = \{\boldsymbol{P}_j^k\}_{j=0}^{2^k n+4}$ 为第 k 次细分后的有序控制顶点集，递归地定义 $\{\boldsymbol{P}_j^{k+1}\}_{j=0}^{2^{k+1} n+4}$ 如下：

$$\begin{cases} \boldsymbol{P}_{2i}^{k+1} = \dfrac{6}{32}\boldsymbol{P}_i^k + \dfrac{20}{32}\boldsymbol{P}_{i+1}^k + \dfrac{6}{32}\boldsymbol{P}_{i+2}^k, & 0 \leqslant i \leqslant 2^k n+2 \\ \boldsymbol{P}_{2i+1}^{k+1} = \dfrac{1}{32}\boldsymbol{P}_i^k + \dfrac{15}{32}\boldsymbol{P}_{i+1}^k + \dfrac{15}{32}\boldsymbol{P}_{i+2}^k + \dfrac{1}{32}\boldsymbol{P}_{i+3}^k, & 0 \leqslant i \leqslant 2^k n+1 \end{cases} \tag{10.28}$$

对任意的初始控制多边形，选择细分规则(式(10.28))将产生五次 B 样条曲线，因而是 C^3 连续的。

10.3.3　四点插值细分模式

四点插值细分模式[19](四点法)是 20 世纪 80 年代中期提出的一种新的快速、离散的插值方法，因其高效及便利性，以这种格式为基础的曲面系统已成功应用在机械、服装、珠宝 CAD 等领域。以下简单介绍四点插值细分模式的发展过程。

1. 经典四点插值细分

1987 年 Dyn 等[20]提出了一种带参数的四点插值格式，并证明了在均匀控制点的情况下，此方法的收敛性和 C^1 连续性。此方法是用相邻的四个点来计算新点，每次计算都使用相同的权值，是一种较稳定的细分格式。其具体做法是：给定初始控制点 $\{\boldsymbol{P}_i\}_{i=-2}^{n+2}, \boldsymbol{P}_i \in \mathbf{R}^d$，按下式递归定义 $\{\boldsymbol{P}_j^{k+1}\}_{j=-2}^{2^{k+1}n+2}$：

$$\begin{cases} \boldsymbol{P}_{2i}^{k+1} = \boldsymbol{P}_i^k, & -1 \leqslant i \leqslant 2^k n + 1 \\ \boldsymbol{P}_{2i+1}^{k+1} = \left(\dfrac{1}{2} + \omega\right)(\boldsymbol{P}_i^k + \boldsymbol{P}_{i+1}^k) - \omega(\boldsymbol{P}_{i-1}^k + \boldsymbol{P}_{i+2}^k), & -1 \leqslant i \leqslant 2^k n \end{cases} \tag{10.29}$$

其中，ω 为张力参数。在每一次细分过程中，保留旧的控制点不动，并在旧控制点构成的边附近插入新边点，新边点与该边的两个老顶点相连，如此形成新的控制多边形。

细分规则(式(10.29))可等价表示为：

$$\begin{cases} \boldsymbol{P}_{2i}^{k+1} = \boldsymbol{P}_i^k, & -1 \leqslant i \leqslant 2^k n + 1 \\ \boldsymbol{P}_{2i+1}^{k+1} = \dfrac{1}{2}(\boldsymbol{P}_i^k + \boldsymbol{P}_{i+1}^k) + 2\omega\left[\dfrac{1}{2}(\boldsymbol{P}_i^k + \boldsymbol{P}_{i+1}^k) - \dfrac{1}{2}(\boldsymbol{P}_{i-1}^k + \boldsymbol{P}_{i+2}^k)\right], & -1 \leqslant i \leqslant 2^k n \end{cases} \tag{10.30}$$

因此张力参数 ω 刻画的是第 $k+1$ 层的新点 $\boldsymbol{P}_{2i+1}^{k+1}$ 远离第 k 层两点 $\boldsymbol{P}_i^k$ 和 $\boldsymbol{P}_{i+1}^k$ 构成的边的中点的程度，即新点 $\boldsymbol{P}_{2i+1}^{k+1}$ 靠近两点 $\boldsymbol{P}_i^k$ 和 $\boldsymbol{P}_{i+1}^k$ 构成的边的程度。张力参数的几何意义如图 10.14 所示，其中向量 $\boldsymbol{e} = \dfrac{1}{2}(\boldsymbol{P}_i^k + \boldsymbol{P}_{i+1}^k) - \dfrac{1}{2}(\boldsymbol{P}_{i-1}^k + \boldsymbol{P}_{i+2}^k)$。

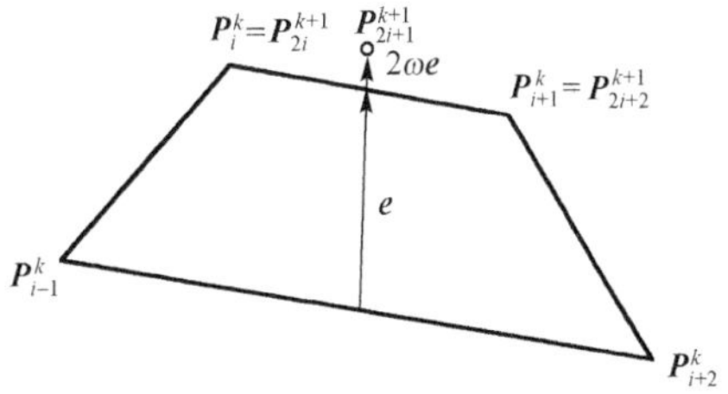

图 10.14　经典细分插值模式

2. 非均匀四点法

1995 年蔡志杰[21]提出了基于四点插值细分模式的非均匀四点插值细分模式，证明了非均匀控制点四点法的收敛性和连续性，并将四点法拓展到空间，给出了四点法在 3D 服装造型中的应用，其中四点法在 3D 空间有如下几何规则。

给定初始控制点 $\{\boldsymbol{P}_{i,j}:-2\leqslant i\leqslant m+2,-2\leqslant j\leqslant n+2\},\boldsymbol{P}_{i,j}\in\mathbf{R}^d$ 按下式递归定义 $k+1$ 步控制点：

$$\begin{cases}\boldsymbol{P}_{2i,2j}^{k+1}=\boldsymbol{P}_{i,j}^{k+1}, & -2\leqslant i\leqslant 2^k m+2,-2\leqslant j\leqslant 2^k n+2\\ \boldsymbol{P}_{2i+1,2j}^{k+1}=\left(\dfrac{1}{2}+\omega\right)(\boldsymbol{P}_{i,j}^{k}+\boldsymbol{P}_{i+1,j}^{k})-\omega(\boldsymbol{P}_{i-1,j}^{k}+\boldsymbol{P}_{i+2,j}^{k}), & -1\leqslant i\leqslant 2^k m,-2\leqslant j\leqslant 2^k n+2\\ \boldsymbol{P}_{i,2j+1}^{k+1}=\left(\dfrac{1}{2}+\omega\right)(\boldsymbol{P}_{i,2j}^{k+1}+\boldsymbol{P}_{i,2j+2}^{k+1})-\omega(\boldsymbol{P}_{i,2j-2}^{k+1}+\boldsymbol{P}_{i,2j+4}^{k+1}), & -2\leqslant i\leqslant 2^k m+2,-1\leqslant j\leqslant 2^k n\end{cases}\tag{10.31}$$

四点法的拓扑规则为 1-4 四边形分裂：在四边形的每条边上插入一个新顶点，称之为边顶点(E-顶点)或奇顶点(odd vertex)。在四边形面上插入一个新顶点，称之为面顶点(F-顶点)。然后把四边形四条边的 E-顶点分别与面顶点相连，从而把该四边形分裂成四个小四边形面。

文献[22]对构造曲线的插值细分方法的非均匀四点法做了进一步的分析。通过引入一些偏移量来控制细分过程，增加了曲线形状控制的自由度，偏移量参数对曲线形状的影响是局部的。

对于给定的控制点列 $\{\boldsymbol{P}_i^0\}_{i=-2}^{n+2},\boldsymbol{P}_i^0\in\mathbf{R}^d$，递归定义 $\{\boldsymbol{P}_i^k\}_{i=-2}^{2^k n+2},\boldsymbol{P}_i^k\in\mathbf{R}^d$ 如下：

$$\begin{cases}\boldsymbol{P}_{2i}^{k+1}=\boldsymbol{P}_i^k, & -1\leqslant i\leqslant 2^k n+1\\ \boldsymbol{P}_{2i+1}^{k+1}=\dfrac{1}{2}(\boldsymbol{P}_i^k+\boldsymbol{P}_{i+1}^k)+\omega(\boldsymbol{d}_i^k+\boldsymbol{d}_{i+1}^k), & -1\leqslant i\leqslant 2^k n\end{cases}\tag{10.32}$$

其中，$\boldsymbol{d}_i^k=\boldsymbol{P}_i^k-[v_i^k\boldsymbol{P}_{i-1}^k+(1-v_i^k)\boldsymbol{P}_{i+1}^k](-1\leqslant i\leqslant 2^k n+1)$，$v_i^k(-1\leqslant i\leqslant 2^k n+1)$ 为偏移参量；ω 为张力参数。记 $\boldsymbol{e}_i^k=\dfrac{1}{4}(\boldsymbol{d}_i^k+\boldsymbol{d}_{i+1}^k)$，其几何意义如图 10.15 所示。

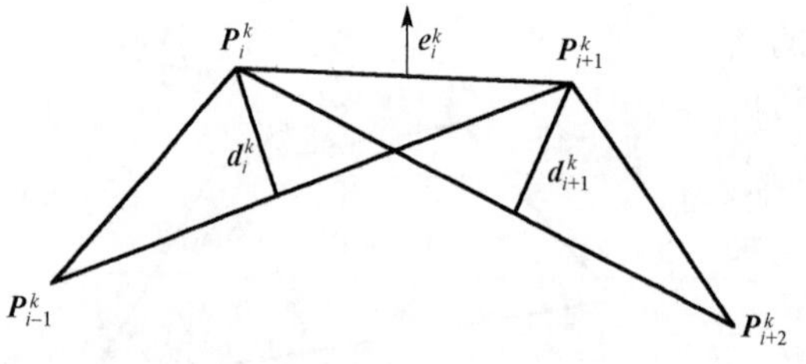

图 10.15　非均匀细分插值

3. 参数四点法插值曲线

上述参数 ω 都是不变的，但在实际应用中经常会遇到变参数的情况，例如在保凸算法中 ω 将取为不同的值，因此有必要针对变参数情况下的四点法的收敛性和连续性做理论上的分析。

蔡志杰于 1995 年给出了变参数四点插值法。给定初始有序控制顶点集 $\{\boldsymbol{P}_i\}_{i=-2}^{n+2}$，$\boldsymbol{P}_i\in\mathbf{R}^d$，设 $\boldsymbol{P}^k=\{\boldsymbol{P}_j^k\}_{j=-2}^{2^k n+2}$ 为第 k 次细分后的有序控制顶点集，递归地定义 $\{\boldsymbol{P}_j^{k+1}\}_{j=-2}^{2^{k+1}n+2}$：

$$\begin{cases} \boldsymbol{P}_{2i}^{k+1} = \boldsymbol{P}_i^k, & -1 \leqslant i \leqslant 2^k n + 1 \\ \boldsymbol{P}_{2i+1}^{k+1} = \left(\dfrac{1}{2} + \omega_i^k\right)(\boldsymbol{P}_i^k + \boldsymbol{P}_{i+1}^k) - \omega_i^k(\boldsymbol{P}_{i-1}^k + \boldsymbol{P}_{i+2}^k), & -1 \leqslant i \leqslant 2^k n \end{cases} \tag{10.33}$$

其中，$\boldsymbol{P}_i^0 = \boldsymbol{P}_i(-2 \leqslant i \leqslant n+2)$。从定义中可以看出：此处参数 ω_i^k 是可变的，它比原来的定义有更广泛的应用。显然当 $\omega_i^k \equiv \omega$ 时即为 Dyn 等所提出的四点法。

10.4　典型细分曲面

一般地，细分模式的每次细分或加细可分解为两步操作。首先，通过增加新顶点形成新的网络拓扑，称为网格分裂，所用的方法称为拓扑规则。其次，计算所有顶点的位置这一过程称为几何规则。因此，细分规则通常包括新几何点的生成规则和拓扑结构建立的连接规则这两部分。

以网格细分为特征的离散细分造型方法通常没有显式表达式，仅提供一个算法描述过程，用以产生加密的离散点列或点阵来表达曲线曲面的信息。

10.4.1　Catmull-Clark 细分模式

1978 年，Catmull 和 Clark 也提出了一种基于任意四边形网格的细分算法，称为 Catmull-Clark 细分，它是一种逼近型的面分裂细分[23]。将此算法用于规则的四边形网格，细分曲面就是双三次的张量积 B 样条曲面。基于四边形网格的细分研究，很多都是在 Catmull-Clark 模式上开展的。

1. 均匀 Catmull-Clark 细分曲面

Catmull-Clark 细分算法的初始控制网格为四边形网格，每个面、每条边和每个顶点都生成一个新的网格点，分别称为面顶点(F-顶点)、边顶点(E-顶点)和点顶点(V-顶点)。

顶点的生成和连接规则如下。

(1) F-顶点。

设面的四个顶点为 $\boldsymbol{P}_0, \boldsymbol{P}_1, \boldsymbol{P}_2$ 和 $\boldsymbol{P}_3$，则相应的 F-顶点的位置取为：

$$\boldsymbol{P}_{\mathrm{F}} = (\boldsymbol{P}_0 + \boldsymbol{P}_1 + \boldsymbol{P}_2 + \boldsymbol{P}_3)/4 \tag{10.34}$$

(2) 内部边的 E-顶点。

设内部边的端点为 $\boldsymbol{P}_0$ 和 $\boldsymbol{P}_1$，共享此边的两个四边形面分别为 $\boldsymbol{P}_0\boldsymbol{P}_1\boldsymbol{P}_2\boldsymbol{P}_3$ 和 $\boldsymbol{P}_0\boldsymbol{P}_1\boldsymbol{P}_4\boldsymbol{P}_5$，那么与这个内部边对应的 E-顶点为：

$$P_E = \frac{3}{8}(P_0 + P_1) + \frac{1}{16}(P_2 + P_3 + P_4 + P_5) \tag{10.35}$$

(3) 内部顶点的 V-顶点。

若内部顶点 P_0 的 1-环的边界顶点依次为 $P_1, P_2, \cdots, P_{2n}$，其中 $n = |P|_E$，偶数下标的顶点为相邻点，奇数下标的顶点为其四边形面上的对角顶点，则相应的 V-顶点为：

$$P_V = \alpha_n P_0 + \frac{\beta_n}{n}\sum_{i=1}^{n} P_{2i} + \frac{\gamma_n}{n}\sum_{i=1}^{n} P_{2i-1} \tag{10.36}$$

Catmull 和 Clark 取其中的权值为：$\beta_n = \dfrac{3}{2n}, \gamma_n = \dfrac{1}{4n}, \alpha_n = 1 - \beta_n - \gamma_n$。实际上，$\alpha_n$ 和 β_n 可以有多种选择，只要保证 $|P|_E = 4$ 时，$\beta_n = \dfrac{3}{8}, \gamma_n = \dfrac{1}{16}$，这个条件使得初始控制网格为规则网格时 Catmull-Clark 细分算法总生成双三次 B 样条曲面。

(4) 边界边的 E-顶点。

边界边 P_0, P_1 上的 E-顶点为：

$$P_E = \frac{1}{2}(P_0 + P_1) \tag{10.37}$$

(5) 边界非角点的 V-顶点。

边界顶点 P 在边界上的两个相邻顶点为 P_0 和 P_1，则 P 的 V-顶点为：

$$P_V = \frac{1}{8}(P_0 + P_1) + \frac{3}{4}P \tag{10.38}$$

点的权值可分别由图 10.16 的模板 (masks) 表示。

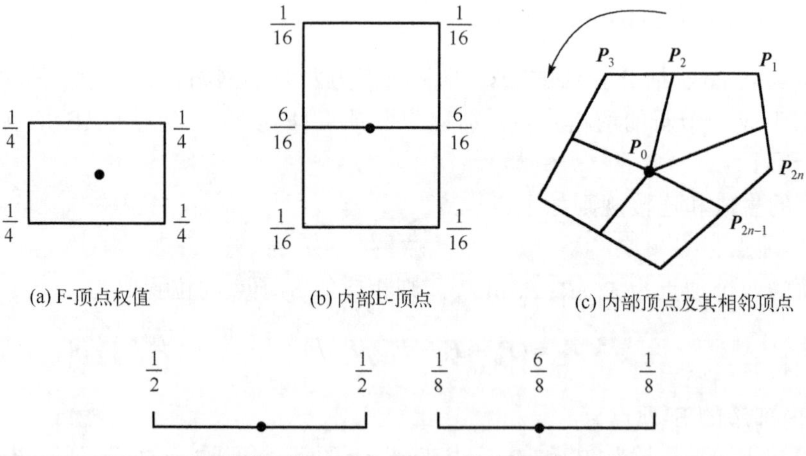

图 10.16　Catmull-Clark 各类顶点的权值

(6)边界角点的 V-顶点：取为角点本身。

拓扑结构建立的连接规则如下：

(1)连接每一个新面点与周围的新边点；

(2)连接每一个新顶点与周围的新边点。

图 10.17 是 $k=4$ 时，V-顶点权值与进行一次 Catmull-Clark 细分后得到的网格。

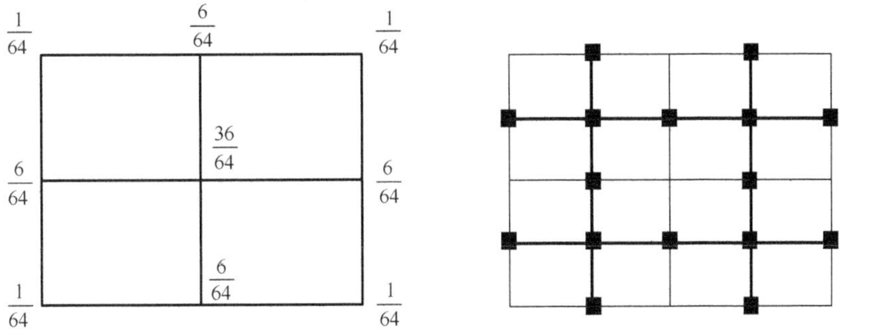

(a) Catmull-Clark模型正则网格的权值　　(b) Catmull-Clark模型正则网格的顶点连接关系

图 10.17　Catmull-Clark 模型正则网格的权值及顶点连接关系

2. 非均匀 Catmull-Clark 细分曲面[17]

对于非均匀 Catmull-Clark 曲面，给它的控制网格的每条边赋予一个节点距，这样，曲面的细分规则包括三个部分：与节点距有关的新点的产生；节点距更新规则；拓扑结构的构造。下面用 d_{ij}^k 表示以 $\boldsymbol{P}_i$ 为端点的边有关的节点距，用 d_{ij}^0 表示边 $\boldsymbol{P}_i\boldsymbol{P}_j$ 的节点距，用 d_{ij}^i 或 d_{ij}^{-i} 表示边 $\boldsymbol{P}_i\boldsymbol{P}_j$ 以 $\boldsymbol{P}_i$ 为中心按逆时针或顺时针方向旋转所遇到的第 i 条边的节点距。于是对于非均匀 Catmull-Clark 曲面情形，每边有一个节点距，所以 $d_{ij}^0=d_{ji}^0$。非均匀 Catmull-Clark 细分方法的拓扑连接规则与均匀 Catmull-Clark 细分方法的拓扑连接规则相同，因此只需介绍新顶点产生的规则即可。

(1)新面点(F-点)。

对于度数为 n 的面，设其各个顶点为 $\boldsymbol{P}_0,\boldsymbol{P}_2,\cdots,\boldsymbol{P}_{n-1}$，则对应的新面点为：

$$\boldsymbol{F}=\begin{cases}\dfrac{\sum\limits_{i=0}^{n-1}\omega_i\boldsymbol{P}_i}{\sum\limits_{i=0}^{n-1}\omega_i}, & \sum\limits_{i=0}^{n-1}\omega_i\neq 0\\[2ex] \dfrac{1}{n}\sum\limits_{i=0}^{n-1}\omega_i\boldsymbol{P}_i, & \sum\limits_{i=0}^{n-1}\omega_i=0\end{cases}\tag{10.39}$$

其中：

$$\omega_i = (d_{i+1,i}^0 + d_{i+1,i}^2 + d_{i+1,i}^{-2} + d_{i-2,i-1}^0 + d_{i-2,i-1}^2 + d_{i-2,i-1}^{-2}) \\ \times (d_{i-1,i}^0 + d_{i-1,i}^2 + d_{i-1,i}^{-2} + d_{i+2,i+1}^0 + d_{i+2,i+1}^2 + d_{i+2,i+1}^{-2})$$

(2) 新边点(E-点)。

对边 $\boldsymbol{P}_i\boldsymbol{P}_j$，设共享此边的两个面的 F-顶点分别为 $\boldsymbol{F}_{ij}, \boldsymbol{F}_{ji}$，则对应的新边点为：

$$\boldsymbol{E} = (1-\alpha_{ij}-\alpha_{ji})\boldsymbol{M} + \alpha_{ij}\boldsymbol{F}_{ij} + \alpha_{ji}\boldsymbol{F}_{ji} \tag{10.40}$$

其中：

$$\alpha_{ij} = \begin{cases} \dfrac{d_{ij}^1 + d_{ij}^{-1}}{2(d_{ij}^1 + d_{ij}^{-1} + d_{ji}^1 + d_{ji}^{-1})}, & d_{ij}^1 + d_{ij}^{-1} + d_{ji}^1 + d_{ji}^{-1} \neq 0 \\ 0, & d_{ij}^1 + d_{ij}^{-1} + d_{ji}^1 + d_{ji}^{-1} = 0 \end{cases} \tag{10.41}$$

$$\boldsymbol{M} = \begin{cases} \dfrac{(d_{ji}^0 + d_{ji}^2 + d_{ji}^{-2})\boldsymbol{P}_i + (d_{ij}^0 + d_{ij}^2 + d_{ij}^{-2})\boldsymbol{P}_j}{d_{ji}^0 + d_{ji}^2 + d_{ji}^{-2} + d_{ij}^0 + d_{ij}^2 + d_{ij}^{-2}}, & d_{ji}^0 + d_{ji}^2 + d_{ji}^{-2} + d_{ij}^0 + d_{ij}^2 + d_{ij}^{-2} \neq 0 \\ \dfrac{\boldsymbol{P}_i + \boldsymbol{P}_j}{2}, & d_{ji}^0 + d_{ji}^2 + d_{ji}^{-2} + d_{ij}^0 + d_{ij}^2 + d_{ij}^{-2} = 0 \end{cases} \tag{10.42}$$

(3) 新顶点(V-点)。

对度数为 n 的顶点 $\boldsymbol{P}_0$，设其各个顶点为 $\boldsymbol{P}_1, \boldsymbol{P}_2, \cdots, \boldsymbol{P}_n$，则对应新顶点为：

$$\boldsymbol{V} = \begin{cases} c\boldsymbol{P}_0 + \dfrac{3\sum\limits_{i=0}^{n}(m_i\boldsymbol{M}_i + f_{i,i+1}\boldsymbol{F}_{i,i+1})}{n\sum\limits_{i=1}^{n}(m_i + f_{i,i+1})}, & \sum\limits_{i=1}^{n}(m_i + f_{i,i+1}) \neq 0 \\ \boldsymbol{P}_0, & \sum\limits_{i=1}^{n}(m_i + f_{i,i+1}) = 0 \end{cases} \tag{10.43}$$

其中，$\boldsymbol{M}_i$ 由式(10.42)定义；$\boldsymbol{F}_{ij}$ 由式(10.39)定义；m_i 和 c 分别为：

$$m_i = (d_{0i}^1 + d_{0i}^{-1})(d_{0i}^2 + d_{0i}^{-2})/2, \quad f_{ij} = d_{0i}^1 d_{0j}^{-1} \tag{10.44}$$

$$c = \begin{cases} (n-3)/n, & \sum\limits_{i=1}^{n}(m_i + f_{i,i+1}) \neq 0 \\ 1, & 其他 \end{cases} \tag{10.45}$$

当参数满足一定条件时，非均匀 Catmull-Clark 细分曲面 C^1 光滑。特别地，当各边对应的参数相等且不等于 0 时，这个细分规则就是均匀 Catmull-Clark 细分规则。当细分网格取为非均匀 B 样条曲面的控制网格，且按照节点矢量与边的对应关系为边赋予参数值时，非均匀 Catmull-Clark 细分曲面就是非均匀 B 样条曲面。对有理曲面情形，只需将细分规则应用到四维的齐次控制顶点上，再投影到三维空间中，就产生了 NURBS 曲面。另外，应用非均匀 Catmull-Clark 细分方法使得在曲面上引入尖点、折痕等特殊效果变得比较容易。

10.4.2　Doo-Sabin 细分模式

1. 均匀 Doo-Sabin 细分曲面

与 Chaikin 算法类似，Doo-Sabin 模式也类似于雕塑过程，即不断地切削网格的棱边和角，使之趋向光滑，具体地，采用顶点分裂操作(给定顶点 $\boldsymbol{P}_i$，顶点分裂时把顶点 $\boldsymbol{P}_i$ 分裂成 $|\boldsymbol{P}_i|_{\mathrm{F}}$ 个新顶点，每个顶点与其中一个邻面对应)作为拓扑规则，因此只生成 F-顶点，Doo-Sabin 细分模式的模板如图 10.18 所示，计算新顶点的几何规则如下。

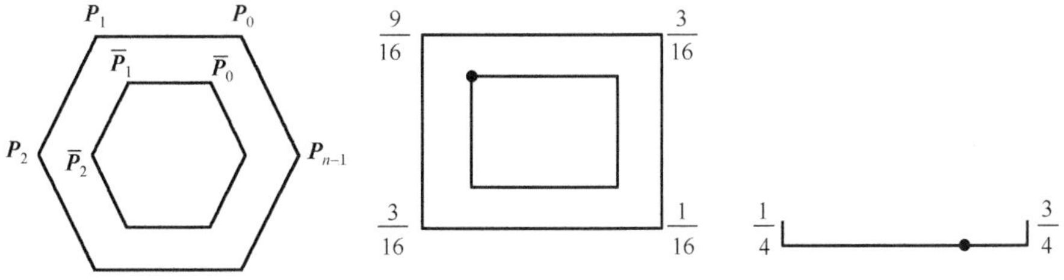

(a) 新顶点与老顶点示意图　(b) $n=4$的权值　(c) 边界F-顶点(实心圆)

图 10.18　Doo-Sabin 细分模式的模板

(1) 内部顶点对应的 F-顶点。

对于每一个 n 边面产生 n 个面顶点，每个新顶点与网格面中的一个顶点对应，并由该面的所有顶点加权得到，新点 $\bar{\boldsymbol{P}}_0$ 与老点 $\boldsymbol{P}_0$ 对应，有：

$$\bar{\boldsymbol{P}}_0=\sum_{i=0}^{n-1}\gamma_i\boldsymbol{P}_i \tag{10.46}$$

其中，$\gamma_0=\dfrac{n+5}{4n},\gamma_i=\dfrac{1}{4n}\times 3+2\cos\dfrac{2i\pi}{n}(i=1,2,\cdots,n-1)$。

(2) 边界非角点(只属于一个面的顶点称为角点)对应的 F-顶点，取为相应边界边上两端点的加权平均，且每个边界顶点分裂为两个新顶点。

(3) 边界角点对应的 F-顶点，取为角点本身。

拓扑结构建立的连接规则如下：

(1)每一面中与某顶点对应的新面点与该面中与该顶点相邻的两个老顶点对应的新面点相连；

(2)包含某顶点的两相邻面中，与该点对应的两新面点相连。

由此同一面的所有新顶点按其相关顶点的顺序依次相连，得到一个顶点数相同的新面，称为 F-面；两相邻面中相关顶点相同的两 F-顶点相连，在共享边处得到一四边形面，称为 V-面；与每个内部顶点对应的面称为 E-面。

2. 非均匀 Doo-Sabin 细分[17]

从拓扑上来看，非均匀 Doo-Sabin 细分规则和均匀 Doo-Sabin 细分规则中的仿射标架切割磨光法一致，即每细分一次，产生相对于原控制网格的新面面、新边面和新点面，把它们相互连接组成新的网格取代原来旧的网格。在这个过程中，奇异点出现在度数不为 4 的面中。因此与均匀规则不一样的是新点的产生公式和新增的节点距的更新(图 10.19)。

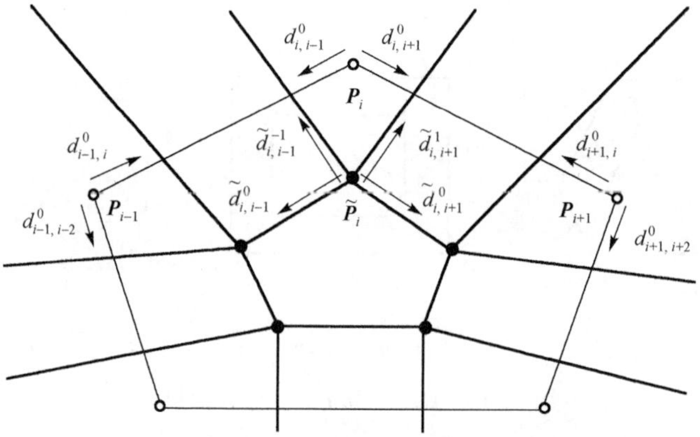

图 10.19　非均匀 Doo-Sabin 细分规则

计算新顶点的几何规则如下：

$$\begin{cases} \tilde{\boldsymbol{P}}_i = \dfrac{(\boldsymbol{V}+\boldsymbol{P}_i)}{2} + (d^0_{i+1,i+2}d^0_{i+3,i+2} + d^0_{i-1,i-2}d^0_{i-3,i-2}) \times \dfrac{-n\boldsymbol{P}_i + \displaystyle\sum_{j=1}^{n}\left(1+2\cos\left(\dfrac{2\pi|i-j|}{n}\right)\right)\boldsymbol{P}_j}{8\displaystyle\sum_{h=1}^{n} d^0_{h-1,h}d^0_{h+1,h}} \\ \boldsymbol{V} = \dfrac{\displaystyle\sum_{h=1}^{n} d^0_{h-1,h}d^0_{h+1,h}\boldsymbol{P}_h}{\displaystyle\sum_{h=1}^{n} d^0_{h-1,h}d^0_{h+1,h}} \end{cases} \tag{10.47}$$

节点距的更新如下。

对于加密的控制网格，新的节点距可以有许多方法来给定，下面给出一种简单的选择：

$$\begin{cases} \tilde{d}_{i,i+1}^{0} = \tilde{d}_{i,i-1}^{-1} = d_{i,i+1}^{0} / 2 \\ \tilde{d}_{i,i-1}^{0} = \tilde{d}_{i,i+1}^{1} = d_{i,i-1}^{0} / 2 \end{cases} \tag{10.48}$$

这样的节点距设定可使得经过几次细分后细分矩阵保持不变。

10.4.3　Loop 细分模式

Loop[6]在 1987 年提出了基于三角形网格的细分方法，称为 Loop 细分方法，它属于逼近型的面分裂(在网格边和面上插入适当的新顶点，然后对每个面进行剖分，从而得到新网格)的方法，所生成的曲面是 Box 样条曲面的推广。

Loop 细分模式的模板如图 10.20 所示，Loop 细分方法计算新顶点的几何规则如下。

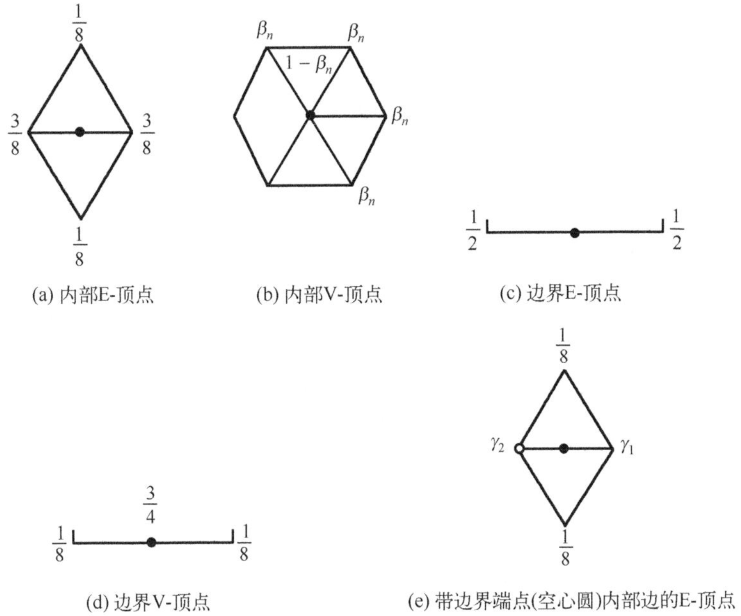

图 10.20　Loop 细分模式的模板

(1) 新顶点(V-顶点)：对顶点 $\boldsymbol{P}_0$，设其相邻顶点为 $\boldsymbol{P}_i (i=1,2,\cdots,n)$，则对应的新顶点为：

$$\boldsymbol{P}_{\mathrm{V}} = \beta \boldsymbol{P}_0 + \alpha \sum_{i=1}^{n} \boldsymbol{P}_i$$

其中，$\alpha=\frac{1}{n}\left(\frac{5}{8}-\left(\frac{3}{8}+\frac{1}{4}\cos\frac{2\pi}{n}\right)^2\right),\beta=1-n\alpha$ 。

(2) 新边点 (E-顶点)：对边 $\boldsymbol{P}_i\boldsymbol{P}_{i+1}$，共享此边的两个三角形面为 $\boldsymbol{P}_i\boldsymbol{P}_{i+1}\boldsymbol{P}_{i+2}$ 与 $\boldsymbol{P}_i\boldsymbol{P}_{i+1}\boldsymbol{P}_{i-1}$，与之相应的新边点的位置为：

$$\boldsymbol{P}_{\mathrm{E}}=\frac{3}{8}(\boldsymbol{P}_i+\boldsymbol{P}_{i+1})+\frac{1}{8}(\boldsymbol{P}_{i+2}+\boldsymbol{P}_{i-1})$$

(3) 边界顶点的处理与 Catmull-Clark 模式相同。

拓扑结构建立的连接规则如下：

(1) 连接每一新顶点与周围的新边点；

(2) 连接每一新边点与相邻的新边点。

对于任意三角形网格，极限曲面除奇异点外均为 C^2 连续，在奇异处则是 C^1 连续的，极限曲面称为 Loop 曲面。Loop 细分方法的规则网格上能够生成 Box 样条曲面。Loop 细分算法是四次 Box 样条二分算法的推广，是基于三角形控制网格的。

10.4.4 Butterfly 细分模式

Butterfly 细分方法[8] (又称为蝶形细分方法) 是由 Dyn、Levin 和 Gregory 于 1990 年首先提出的一种定义在三角形网格上的细分方法，由于其细分模板与蝴蝶相似而得名。Butterfly 细分方法属于插值型的面分裂，即一次细分后，上一层网格的顶点均保持不变。虽然其细分极限曲面在规则网格上是 C^1 连续的，但是在度不为 6 的奇异点处却只能是 0 阶光滑。Zorin 在 1998 年提出了改进的 Butterfly 细分方法，细分网格的拓扑生成规则与 Loop 细分相同，即每个三角形面 1 分为 4，由于插值模式，因此上一次的顶点都保留，只需对每条边生成新的 E-顶点。E-顶点有 3 类，第一类是内部边且两端点的度为 6，第二类是内部边且至少有一个端点度不等于 6，第三类是边界的 E-顶点。

具体生成规则如下。

(1) 边的端点的度均为 6，参数选取如图 10.21 (a) 所示。

(2) 边的一个端点的度为 6 而另一个度不为 6，参数选取如图 10.21 (b) 所示，其中：

$$\begin{cases} S_0=\frac{3}{8},S_1=S_2=-\frac{1}{12}, & n=3 \\ S_0=\frac{3}{8},S_2=-\frac{1}{8},\ S_1=S_3=-\frac{1}{12}, & n=4 \\ S_i=\frac{1}{n}\left(\frac{1}{4}+\cos\frac{2\pi i}{n}+\frac{1}{2}\cos\frac{4\pi i}{n}\right), & n\geqslant 5 \end{cases}$$

(3)边界边的 E-顶点，参数选取如图 10.21(c)所示。

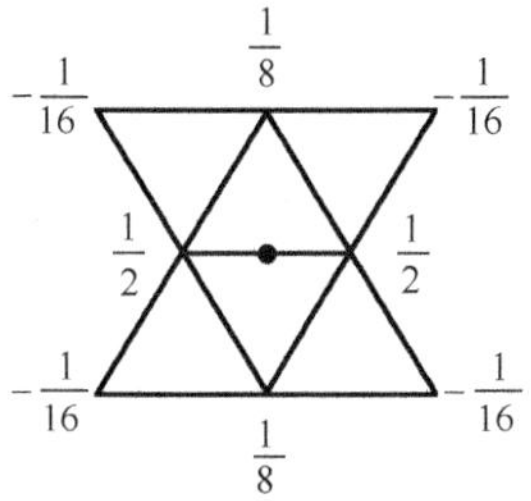

(a) 端点度为6的内部边的E-顶点

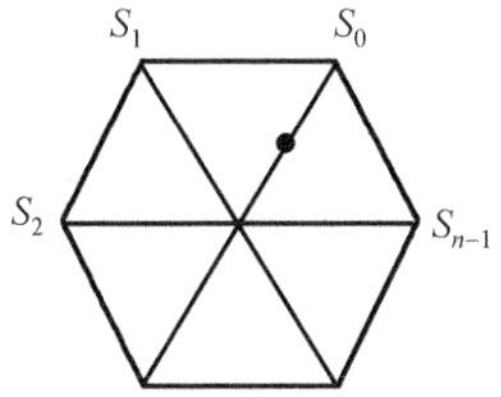

(b) 端点度不为6的内部边的E-顶点

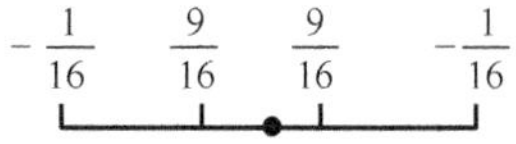

(c) 内部E-顶点

图 10.21　改进的 Butterfly 细分模式模板

10.4.5　$\sqrt{3}$ 细分模式

前面介绍的四个模式除 Doo-Sabin[24]模式外都采用 1-4 分裂算子进行网格分裂，因此每次细分使多边形面片数增加 4 倍，面片增长速度太快，不利于多分辨率处理。Kobbelt 提出一种称为 $\sqrt{3}$ 模式的算法[25]，有效地减缓了面片增长速度，该方法以三角网格为初始控制网格，采用一种新的顶点插入和分裂方式，每次细分时，对每个三角形面插入一个新顶点，新顶点与三角形的三个顶点相连，最后去掉原三角形的内部边，每次细分都使三角形面的个数增加 3 倍，两次增加 9 倍，其中 F-顶点和 V-顶点的计算规则如下。

(1) F-顶点：设三角形的三个顶点为 $\boldsymbol{P}_0,\boldsymbol{P}_1,\boldsymbol{P}_2$，新插入的 F-顶点 $\boldsymbol{P}_{\mathrm{F}}$，由下式计算：

$$\boldsymbol{P}_{\mathrm{F}}=\frac{1}{3}(\boldsymbol{P}_0+\boldsymbol{P}_1+\boldsymbol{P}_2)$$

(2) V-顶点：设顶点 $\boldsymbol{P}_0$ 的相邻顶点为 $\boldsymbol{P}_1,\boldsymbol{P}_2,\cdots,\boldsymbol{P}_n$，则 V-顶点 $\boldsymbol{P}_{\mathrm{V}}$，由下式计算：

$$\boldsymbol{P}_{\mathrm{V}}=(1-\alpha_n)\boldsymbol{P}_0+\frac{\alpha_n}{n}\sum_{i=1}^{n}\boldsymbol{P}_i$$

其中，$\alpha_n=(4-2\cos(2\pi/n))/9$。

参 考 文 献

[1] 苏步青，金通洸. Bézier 曲线的包络定理. 杭州：浙江大学出版社, 1982: 13-16.

[2] Chaikin G. An algorithm for high speed curve generation. Computer Graphics and Image Processing, 1974, 3(4): 346-349.

[3] Sabin M. Recursive division//Gregory J. The Mathematics of Surfaces. Oxford: Clarendon Press,

1986: 269-282.

[4] Dyn N. Subdivision schemes in CAGD//Light A W. Advances in Numerical Analysis（vol.2）. Oxford: Oxford University Press, 1992: 36-104.

[5] Zorin D, Peter S. Subdivision for modeling and animation. Proceedings of SIGGRAPH'99, Los Angeles, 1999.

[6] Loop C. Smooth subdivision surfaces based on triangles. Salt Lake City: University of Utah, 1987.

[7] Peters J, Reif U. The simplest subdivision scheme for smoothing polyhedra. ACM Transactions on Graphics, 1997, 16(4): 420-431.

[8] Dyn N, Levin D, Gregory J A. A butterfly subdivision scheme for surface interpolation with tension control. ACM Transactions on Graphics,1990, 9(2): 160-169.

[9] Levin A. Interpolating nets of curves by smooth subdivision surfaces. Proceedings of SIGGRAPH'99, Los Angeles, 1999.

[10] Levin A. Combined subdivision schemes for the design of surfaces satisfying boundary conditions. Computer Aided Geometric Design, 1999, 16(5): 345-354.

[11] Nasri A. Polyhedral subdivision methods for free-form surfaces. ACM Transactions on Graphics, 1987, 6(1): 29-73.

[12] Nasri A. Surface interpolation on irregular network with normal conditions. Computer Aided Geometric Design, 1991, 8(1): 89-96.

[13] Nasri A. Boundary-corner control in recursive-subdivision surfaces. Computer-Aided Design, 1991, 23(6): 405-410.

[14] Nasri A. Curve interpolation in recursively generated B-spline surfaces over arbitrary topology. Computer Aided Geometric Design, 1997, 14(1): 13-30.

[15] Hoppe H, Derose T, Duchamp T, et al. Piecewise smooth surface reconstruction. Proceedings of the 21st Annual Conference on Computer Graphics and Interactive Techniques, Orlando, 1994: 295-302.

[16] 王仁宏, 李崇君, 朱春钢. 计算几何教程. 北京: 科学出版社, 2008.

[17] 王国瑾, 汪国昭, 郑建民. 计算机辅助几何设计. 北京: 高等教育出版社, 2001.

[18] 郑红婵. p-nary 细分曲线造型及其应用. 西安: 西北工业大学, 2003.

[19] 王子航. 利用四点插值细分法构造光顺极小曲面. 大连: 大连理工大学, 2006.

[20] Dyn N, Levin D, Gregory J A. A 4-point interpolatory subdivision scheme for curve design. Computer Aided Geometric Design, 1987, 4(4): 257-268.

[21] 蔡志杰. 变参数四点法的理论及其应用. 数学年刊 A 辑(中文版), 1995, 4: 524-531.

[22] 金建荣,汪国昭. 构造曲线的插值型细分法——非均匀四点法. 高校应用数学学报 A 辑, 2000, 15(1): 97-100.

[23] Catmull E, Clark J. Recursively generated B-spline surfaces on arbitrary topological meshes. Computer-Aided Design, 1978,10: 350-355.

[24] Doo D, Sabin M. Behaviour of recursive division surfaces near extraordinary points. Computer-Aided Design, 1978, 10: 356-360.

[25] Kobbelt L. Sqrt(3)-subdivision. Proceedings of ACM SIGGRAPH, New Orleans, 2000: 103-112.

第 11 章　Coons 曲面

Coons 曲面是原美国麻省理工学院机械工程系教授 Coons 在 20 世纪 60 年代初为设计海军舰艇外形提出的一种在高速计算机上表示曲面的方法。Coons 曲面的特点是插值，但它不是插值在同一参数方向的一组曲线，而是插值沿着两个参数方向的两组曲线。Coons 在文献[1]里详细介绍了他的这一独特的曲面构造方法，即用四条边界构造曲面片，按一定的连续性要求将曲面片拼接起来，就得到一张所需曲面。

Coons 在提出方法时曾强调指出，他主要目的不在于表示已经存在的曲线、曲面，而是要简化计算机上的曲面设计工作，设计人员可以从单个或极少量的曲面片出发做初设计，应用显示设备判断所形成的曲面是否符合设计要求。如果不符合，则修改原始的输入信息，或增加新的控制曲线，并用这些曲线做边界，分割成更小的曲面片，由计算机重新组合成一张新曲面，并能保证各曲面片之间的衔接达到设计所需要的连续程度。因此，Coons 曲面是最早提出用“人-机对话”(或称交互设计)思想设计曲面的方法，在计算机辅助曲面设计领域中是一项开创性的工作。目前，这一方法已被广泛地用于 CAGD 与 CAM 中。

11.1　双线性混合 Coons 曲面片

11.1.1　双线性混合 Coons 曲面片的生成

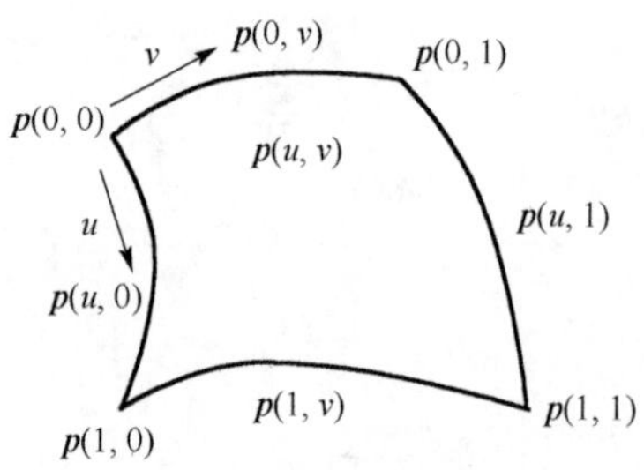

图 11.1　给定四边界曲线

给定由四条参数曲线围成的封闭空间曲边四边形，使两对边分别定义在 $u\in[0,1]$ 与 $v\in[0,1]$ 上(图 11.1)，构造一张以这四条曲线为边界曲线的曲面：

$$\boldsymbol{p}(u,v),\quad 0\leqslant u,v\leqslant 1$$

即已知曲面 $\boldsymbol{p}(u,v)$ 的四条参数边界 $\boldsymbol{p}(u,0),\boldsymbol{p}(u,1),\boldsymbol{p}(0,v),\boldsymbol{p}(1,v)$，四个角点 $\boldsymbol{p}(0,0)$，$\boldsymbol{p}(0,1)$，$\boldsymbol{p}(1,0)$，$\boldsymbol{p}(1,1)$，找出最简单的一个曲面片，即双线性混合 Coons 曲面片。

先在一对 v 边界之间由线性插值构造 u 向直纹面：

$$\boldsymbol{q}(u,v)=(1-u)\boldsymbol{p}(0,v)+u\boldsymbol{p}(1,v)=[1-u\quad u]\begin{bmatrix}\boldsymbol{p}(0,v)\\ \boldsymbol{p}(1,v)\end{bmatrix},\quad 0\leqslant u,v\leqslant 1$$

它插值一对 v 边界，但不插值另一对 u 边界。类似地，在一对 u 边界之间可构造另一 v 向直纹面：

$$\boldsymbol{r}(u,v)=(1-v)\boldsymbol{p}(u,0)+v\boldsymbol{p}(u,1)=[1-v\quad v]\begin{bmatrix}\boldsymbol{p}(u,0)\\ \boldsymbol{p}(u,1)\end{bmatrix},\quad 0\leqslant u,v\leqslant 1$$

它插值一对 u 边界，但不插值另一对 v 边界。把两者直接叠加起来，并不能找到同时插值两对边界的曲面 $\boldsymbol{p}(u,v)$。而且，简单叠加后，不再插值任一对边界。事实上，叠加导致多出了连接边界两端点的直边(图 11.2)。

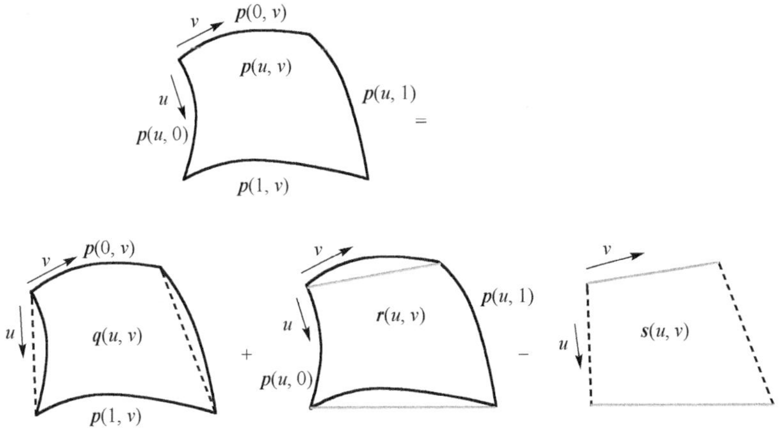

图 11.2　双线性混合 Coons 曲面片的生成

为得到要求的插值曲面，两直纹面叠加必须减去多出的连接边界两端点的直边，即由曲面片四角点决定的一张双线性插值张量积曲面：

$$\boldsymbol{s}(u,v)=[1-u\quad u]\begin{bmatrix}\boldsymbol{p}(0,0) & \boldsymbol{p}(0,1)\\ \boldsymbol{p}(1,0) & \boldsymbol{p}(1,1)\end{bmatrix}\begin{bmatrix}1-v\\ v\end{bmatrix},\quad 0\leqslant u,v\leqslant 1$$

这样才能得到所要求的双线性混合 Coons 曲面片(图 11.2)：

$$\boldsymbol{p}(u,v)=\boldsymbol{q}(u,v)+\boldsymbol{r}(u,v)-\boldsymbol{s}(u,v)$$

将上式写成如下矩阵形式：

$$\begin{aligned}\boldsymbol{p}(u,v)=&[1-u\quad u]\begin{bmatrix}\boldsymbol{p}(0,v)\\ \boldsymbol{p}(1,v)\end{bmatrix}+[1-v\quad v]\begin{bmatrix}\boldsymbol{p}(u,0)\\ \boldsymbol{p}(u,1)\end{bmatrix}\\ &-[1-u\quad u]\begin{bmatrix}\boldsymbol{p}(0,0) & \boldsymbol{p}(0,1)\\ \boldsymbol{p}(1,0) & \boldsymbol{p}(1,1)\end{bmatrix}\begin{bmatrix}1-v\\ v\end{bmatrix},\quad 0\leqslant u,v\leqslant 1\end{aligned}\tag{11.1}$$

为了易于看出 Coons 曲面的规律，式(11.1)进一步改写为[2]

$$p(u,v)=-\begin{bmatrix}-1 & 1-u & u\end{bmatrix}\begin{bmatrix}0 & p(u,0) & p(u,1)\\ p(0,v) & p(0,0) & p(0,1)\\ p(1,v) & p(1,0) & p(1,1)\end{bmatrix}\begin{bmatrix}-1\\ 1-v\\ v\end{bmatrix},\quad 0\leqslant u,v\leqslant 1 \tag{11.2}$$

式(11.2)等号右边的三阶方阵即为曲面片的边界信息矩阵，包含了曲面的全部边界信息。该矩阵右下角二阶子块中 4 个矢量即曲面片的 4 个角点，它们分别是由所在行列表示边界曲线的矢量元素的参数设为 0 和 1 得到；右端行向量中一对以 u 为变量的线性函数 $F_0(u)=1-u$ 与 $F_1(u)=u$ 称为混合函数。列向量中以 v 为变量的线性函数 $F_0(v)=1-v$ 与 $F_1(v)=v$ 是另一对混合函数。

注意，混合函数的构造不是唯一的，只要满足 $F_i(j)=\begin{cases}1, i=j\\ 0, i\neq j\end{cases}, i=0,1; j=0,1$ 即可。

11.1.2 双线性混合 Coons 曲面片的控制网格

给定一张曲面的四条边界曲线，都取 Bézier 形式或 B 样条形式，且每对边界次数相同及定义在相同的节点矢量上。文献[2]中详细地给出了插值这些边界曲线的双线性混合曲面片表示为 Bézier 曲面或 B 样条曲面的控制网格的确定方法。

把边界曲线的控制多边形解释为分段线性曲线并计算插值它们的双线性混合 Coons 曲面片。这时 Coons 曲面片是分片双线性的，它的顶点可被解释为一张 Bézier 曲面或 B 样条曲面的控制网格顶点。下面给出生成并转换双线性混合 Coons 曲面片为 B 样条曲面的一般步骤[2]。

(1)将两 v 参数边界中次数较低的一条升阶到较高一条的次数 l。互相插入两节点矢量中的相异节点，得到统一的 v 参数方向的节点矢量 $\boldsymbol{V}=[v_0,v_1,\cdots,v_{n+l+1}]$，两端节点具有重复度 $l+1$。又将两 u 参数边界中次数较低的一条升阶到较高一条的次数 k。互相插入两节点矢量中的相异节点，得到统一的 u 参数方向的节点矢量 $\boldsymbol{U}=[u_0, u_1,\cdots,u_{m+k+1}]$，两端节点具有重复度 $k+1$。现在得到相容的 4 边界的 B 样条分别表示为

$$p(0,v)=\sum_{j=0}^{n}d_{0,j}N_{j,l}(v)$$

$$p(1,v)=\sum_{j=0}^{n}d_{m,j}N_{j,l}(v)$$

$$p(u,0)=\sum_{i=0}^{m}d_{i,0}N_{i,k}(u)$$

$$p(u,1)=\sum_{i=0}^{m}\boldsymbol{d}_{i,n}N_{i,k}(u)$$

(2) 在一对 v 参数边界之间生成 u 向直纹面 $\boldsymbol{q}(u,v)$，同时将 u 参数升阶到 k 次。只需将两对应顶点 $\boldsymbol{d}_{0,j}$ 与 $\boldsymbol{d}_{m,j}$ 连成的直线即一次 Bézier 曲线进行 k 等分，得到 $k-1$ 个内分点 $\boldsymbol{d}_{i,j}(i=1,2,\cdots,m-1)$，再加上首末顶点 $\boldsymbol{d}_{0,j}$ 与 $\boldsymbol{d}_{m,j}$ 就是所要求升阶后的顶点 $\boldsymbol{d}_{i,j}^{q}$ $(i=0,1,\cdots,m;j=0,1,\cdots,n)$。又在另一对 u 参数边界之间生成 v 向直纹面 $\boldsymbol{r}(u,v)$，同时将 v 参数升阶到 l 次，升阶后的顶点为 $\boldsymbol{d}_{i,j}^{r}(i=0,1,\cdots,m;j=0,1,\cdots,n)$。

(3) 由 4 个角点 $\boldsymbol{d}_{0,0},\boldsymbol{d}_{m,0},\boldsymbol{d}_{0,n},\boldsymbol{d}_{m,n}$ 生成双线性插值的张量积曲面：

$$\boldsymbol{s}(u,v)=[1-u \quad u]\begin{bmatrix}\boldsymbol{d}_{0,0} & \boldsymbol{d}_{0,n}\\ \boldsymbol{d}_{m,0} & \boldsymbol{d}_{m,n}\end{bmatrix}\begin{bmatrix}1-v\\ v\end{bmatrix}$$

并将它的 u 参数升阶到 k 次，v 参数升阶到 l 次。升阶后的顶点为 $\boldsymbol{d}_{i,j}^{s}(i=0,1,\cdots,m;$ $j=0,1,\cdots,n)$。

(4) 取上述 3 个曲面的布尔和 $p=q+r-s$，则新的控制顶点 $\boldsymbol{d}_{i,j}=\boldsymbol{d}_{i,j}^{q}+\boldsymbol{d}_{i,j}^{r}-\boldsymbol{d}_{i,j}^{s}$。$\boldsymbol{d}_{i,j}(i=0,1,\cdots,m;j=0,1,\cdots,n)$ 就是所要求的双线性混合 Coons 曲面片的控制顶点。曲面的 u 参数是 k 次的，v 参数是 l 次的。前述节点矢量 $\boldsymbol{U}$ 与 $\boldsymbol{V}$ 就是它的两节点矢量。

11.2 双三次 Coons 曲面

11.2.1 三次 Hermite 基

参数三次曲线，用幂基表示：

$$\boldsymbol{p}(t)=a_0+a_1t+a_2t^2+a_3t^3,\ t\in[0,1] \tag{11.3}$$

可见，为了定义这一段曲线需要确定 4 个系数矢量 $a_i(i=0,1,2,3)$，可规定曲线段两端点 $\boldsymbol{p}(0)$、$\boldsymbol{p}(1)$ 及其切矢 $\dot{\boldsymbol{p}}(0)$、$\dot{\boldsymbol{p}}(1)$ 来确定 $a_i(i=0,1,2,3)$，且 $\dot{\boldsymbol{p}}(t)=\frac{\mathrm{d}\boldsymbol{p}}{\mathrm{d}t}=a_1+2a_2t+3a_3t^2$。

用 $t=0,1$ 分别代入，有：

$$\begin{bmatrix}1&0&0&0\\0&1&0&0\\0&1&2&3\\1&1&1&1\end{bmatrix}\begin{bmatrix}a_0\\a_1\\a_2\\a_3\end{bmatrix}=\begin{bmatrix}\boldsymbol{p}(0)\\ \dot{\boldsymbol{p}}(0)\\ \dot{\boldsymbol{p}}(1)\\ \boldsymbol{p}(1)\end{bmatrix} \tag{11.4}$$

由式(11.4)可得

$$\begin{bmatrix} a_0 \\ a_1 \\ a_2 \\ a_3 \end{bmatrix} = \begin{bmatrix} 1 & 0 & 0 & 0 \\ 0 & 1 & 0 & 0 \\ -3 & -2 & -1 & 3 \\ 2 & 1 & 1 & -2 \end{bmatrix} \begin{bmatrix} \boldsymbol{p}(0) \\ \dot{\boldsymbol{p}}(0) \\ \dot{\boldsymbol{p}}(1) \\ \boldsymbol{p}(1) \end{bmatrix} \tag{11.5}$$

将式(11.5)代入式(11.3)，可以得到用端点及其切矢表示的参数曲线段：

$$\boldsymbol{p}(t) = [1 \quad t \quad t^2 \quad t^3] \begin{bmatrix} 1 & 0 & 0 & 0 \\ 0 & 1 & 0 & 0 \\ -3 & -2 & -1 & 3 \\ 2 & 1 & 1 & -2 \end{bmatrix} \begin{bmatrix} \boldsymbol{p}(0) \\ \dot{\boldsymbol{p}}(0) \\ \dot{\boldsymbol{p}}(1) \\ \boldsymbol{p}(1) \end{bmatrix}, \quad t \in [0,1] \tag{11.6}$$

将式(11.6)等号右端前面两个矩阵相乘，可以得到定义在区间[0,1]上的四个三次函数：

$$\begin{cases} F_0(t) = 2t^3 - 3t^2 + 1 \\ F_1(t) = -2t^3 + 3t^2 \\ G_0(t) = t^3 - 2t^2 + t \\ G_1(t) = t^3 - t^2 \end{cases} \quad t \in [0,1] \tag{11.7}$$

称为三次 Hermite 基，也可称为三次混合函数。它们具有如下性质：

$$\begin{cases} F_i(j) = \dot{G}_i(j) = \delta_{ij} = \begin{cases} 1, & i = j \\ 0, & i \neq j \end{cases} \\ \dot{F}_i(j) = G_i(j) = 0, \quad i, j = 0,1 \end{cases} \tag{11.8}$$

因此，可以用三次 Hermite 基的形式来表示式(11.6)，即

$$\boldsymbol{p}(t) = [F_0 \quad F_1 \quad G_0 \quad G_1] \begin{bmatrix} \boldsymbol{p}(0) \\ \boldsymbol{p}(1) \\ \dot{\boldsymbol{p}}(0) \\ \dot{\boldsymbol{p}}(1) \end{bmatrix}, \quad t \in [0,1] \tag{11.9}$$

混合函数 F_0, F_1, G_0, G_1 在 Coons 曲面的生成和表示中起着重要的作用。它们的功能是将给定的四个端点向量加权平均而产生一条曲线段，或者把四条给定的边界曲线“混合”起来生成一张曲面，因此，混合函数也有权函数或调配函数的称呼。

11.2.2 双三次 Coons 曲面片的生成

双三次 Coons 曲面是一种张量积形式的参数曲面。由式(11.9)可以得出三次 Hermite 插值同时要求插值端点的位置信息和切矢信息。由于在这里位置信息恰恰就是整条曲线，而不是点，相应要求的切矢信息也应沿整条曲线提供。因此，给定

曲面的四条边界曲线 $\boldsymbol{p}(u,0),\boldsymbol{p}(u,1),\boldsymbol{p}(0,v),\boldsymbol{p}(1,v)$ 以及四条边界处的跨界一阶切矢 $\boldsymbol{p}_v(u,0),\boldsymbol{p}_v(u,1),\boldsymbol{p}_u(0,v),\boldsymbol{p}_u(1,v)$，选定两对三次混合函数 F_0,F_1,G_0,G_1，可以得到双三次 Coons 曲面片。

双三次 Coons 曲面表示如下：

$$\boldsymbol{s}(u,v)=[F_0(u),F_1(u),G_0(u),G_1(u)]\begin{bmatrix}\boldsymbol{p}(0,0) & \boldsymbol{p}(0,1) & \boldsymbol{p}_v(0,0) & \boldsymbol{p}_v(0,1)\\ \boldsymbol{p}(1,0) & \boldsymbol{p}(1,1) & \boldsymbol{p}_v(1,0) & \boldsymbol{p}_v(1,1)\\ \boldsymbol{p}_u(0,0) & \boldsymbol{p}_u(0,1) & \boldsymbol{p}_{uv}(0,0) & \boldsymbol{p}_{uv}(0,1)\\ \boldsymbol{p}_u(1,0) & \boldsymbol{p}_u(1,1) & \boldsymbol{p}_{uv}(1,0) & \boldsymbol{p}_{uv}(1,1)\end{bmatrix}\begin{bmatrix}F_0(v)\\ F_1(v)\\ G_0(v)\\ G_1(v)\end{bmatrix} \tag{11.10}$$

其中，等号右端中间的矩阵称为角点信息矩阵 $\boldsymbol{C}$：

$$\boldsymbol{C}=\left[\begin{array}{c|c}\text{角点} & v\text{切向量}\\ \hline u\text{切向量} & \text{扭矢}\end{array}\right]=\begin{bmatrix}\boldsymbol{p}(0,0) & \boldsymbol{p}(0,1) & \boldsymbol{p}_v(0,0) & \boldsymbol{p}_v(0,1)\\ \boldsymbol{p}(1,0) & \boldsymbol{p}(1,1) & \boldsymbol{p}_v(1,0) & \boldsymbol{p}_v(1,1)\\ \boldsymbol{p}_u(0,0) & \boldsymbol{p}_u(0,1) & \boldsymbol{p}_{uv}(0,0) & \boldsymbol{p}_{uv}(0,1)\\ \boldsymbol{p}_u(1,0) & \boldsymbol{p}_u(1,1) & \boldsymbol{p}_{uv}(1,0) & \boldsymbol{p}_{uv}(1,1)\end{bmatrix} \tag{11.11}$$

角点信息矩阵 $\boldsymbol{C}$ 的元素排列非常对称整齐，可以分成四组。左上角一块代表四个角点的位置向量，右上角和左下角表示边界曲线在四个角点处的切向量，几何意义都是非常明显的。由于曲面的四条边界曲线都是三次参数曲线段，它们的位置和形状也就完全取决于这三块元素，$\boldsymbol{C}$ 的右下角一块则是角点扭矢[3,4]，它们同曲面边界的形状毫无关系，调整扭矢只会造成曲面内部形状的变化。

11.2.3　双三次 Coons 曲面片的拼接

假设 Coons 曲面片 $\overline{\boldsymbol{S}}$ 与 $\boldsymbol{S}$ 的信息矩阵均以式(11.11)表示，只是在 $\boldsymbol{S}$ 的角点信息矩阵诸元素的顶上都加一横，以示同 $\boldsymbol{S}$ 的区别，如图 11.3 所示为两片双三次 Coons 曲面片 $\boldsymbol{S}$ 与 $\overline{\boldsymbol{S}}$ 拼接[5]在一起。

$$\overline{\boldsymbol{C}}=\left[\begin{array}{c|c}\text{角点} & v\text{切向量}\\ \hline u\text{切向量} & \text{扭矢}\end{array}\right]=\begin{bmatrix}\overline{\boldsymbol{p}}(0,0) & \overline{\boldsymbol{p}}(0,1) & \overline{\boldsymbol{p}}_v(0,0) & \overline{\boldsymbol{p}}_v(0,1)\\ \overline{\boldsymbol{p}}(1,0) & \overline{\boldsymbol{p}}(1,1) & \overline{\boldsymbol{p}}_v(1,0) & \overline{\boldsymbol{p}}_v(1,1)\\ \overline{\boldsymbol{p}}_u(0,0) & \overline{\boldsymbol{p}}_u(0,1) & \overline{\boldsymbol{p}}_{uv}(0,0) & \overline{\boldsymbol{p}}_{uv}(0,1)\\ \overline{\boldsymbol{p}}_u(1,0) & \overline{\boldsymbol{p}}_u(1,1) & \overline{\boldsymbol{p}}_{uv}(1,0) & \overline{\boldsymbol{p}}_{uv}(1,1)\end{bmatrix} \tag{11.12}$$

在统一参数条件下，获得 $G^i(i=0,1,2)$ 连续的拼接条件。

(1) 曲面片 $\boldsymbol{S}$ 与 $\overline{\boldsymbol{S}}$ 拼接处要达到 G^0 连续就必须满足 $\overline{\boldsymbol{p}}(0,v)=\boldsymbol{p}(1,v)$，充要条件是 $\boldsymbol{p}(1,0)=\overline{\boldsymbol{p}}(0,0),\boldsymbol{p}(1,1)=\overline{\boldsymbol{p}}(0,0),\boldsymbol{p}_v(1,0)=\overline{\boldsymbol{p}}_v(0,0),\boldsymbol{p}_v(1,1)=\overline{\boldsymbol{p}}_v(0,0)$ 成立。

(2) 要使曲面片 $\boldsymbol{S}$ 与 $\overline{\boldsymbol{S}}$ 拼接处达到 G^1 连续，也就是要在相邻的边界曲线上每一

点处切平面连续(重合)，即存在一个常数 $\lambda>0$，使得 $\overline{\boldsymbol{p}}(0,v)=\boldsymbol{p}(1,v)$ 和 $\overline{\boldsymbol{p}}_u(0,v)=\lambda\boldsymbol{p}_u(1,v)$(图 11.3)，其充要条件为：

$$\begin{cases}[\overline{\boldsymbol{p}}(0,0)\quad \overline{\boldsymbol{p}}(0,1)\quad \overline{\boldsymbol{p}}_v(0,0)\quad \overline{\boldsymbol{p}}_v(0,1)]=[\boldsymbol{p}(1,0)\quad \boldsymbol{p}(1,1)\quad \boldsymbol{p}_v(1,0)\quad \boldsymbol{p}_v(1,1)]\\ [\overline{\boldsymbol{p}}_u(0,0)\quad \overline{\boldsymbol{p}}_u(0,1)\quad \overline{\boldsymbol{p}}_{uv}(0,0)\quad \overline{\boldsymbol{p}}_{uv}(0,1)]=\lambda[\boldsymbol{p}_u(1,0)\quad \boldsymbol{p}_u(1,1)\quad \boldsymbol{p}_{uv}(1,0)\quad \boldsymbol{p}_{uv}(1,1)]\end{cases} \tag{11.13}$$

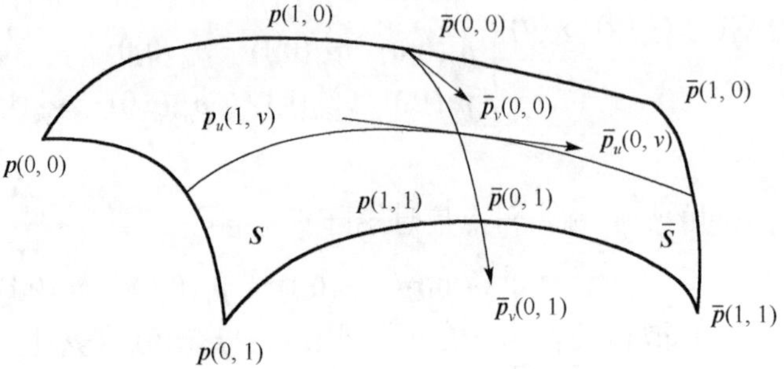

图 11.3　Coons 曲面片的拼接

(3)要使曲面片 $\boldsymbol{S}$ 与 $\overline{\boldsymbol{S}}$ 拼接处达到 G^2 连续，一个容易构造的充要条件是存在两个常数 $\alpha>0,\beta>0$，使得 $\overline{\boldsymbol{p}}(0,v)=\boldsymbol{p}(1,v)$，$\overline{\boldsymbol{p}}_u(0,v)=\alpha\boldsymbol{p}_u(1,v)$，$\overline{\boldsymbol{p}}_{uu}(0,v)=\alpha^2\boldsymbol{p}_{uu}(1,v)+\beta\boldsymbol{p}_u(1,v)$，即要使得式(11.13)与式(11.14)成立。

$$[-3\quad 3\quad -2\quad -1]\overline{\boldsymbol{C}}=\alpha^2[3\quad -3\quad 1\quad 2]\boldsymbol{C}+\beta[\boldsymbol{p}_u(1,0)\quad \boldsymbol{p}_u(1,1)\quad \boldsymbol{p}_{uv}(1,0)\quad \boldsymbol{p}_{uv}(1,1)] \tag{11.14}$$

在一般的参数条件下，也可获得 $G^i\,(i=0,1,2)$ 连续的拼接条件。

(1) 曲面片 $\boldsymbol{S}$ 与 $\overline{\boldsymbol{S}}$ 拼接处要达到 G^0 连续的充要条件是 $\overline{\boldsymbol{p}}(0,v)=\boldsymbol{p}(1,v)$。

(2) 曲面片 $\boldsymbol{S}$ 与 $\overline{\boldsymbol{S}}$ 拼接处要达到 G^1 连续的充分条件是存在两个常数 $\alpha>0$，$\beta>0$，使得 $\overline{\boldsymbol{p}}_u(0,v)=\alpha\boldsymbol{p}_u(1,v)$，$\overline{\boldsymbol{p}}_v(0,v)=\beta\boldsymbol{p}_v(1,v)$。

(3) 曲面片 $\boldsymbol{S}$ 与 $\overline{\boldsymbol{S}}$ 拼接处要达到 G^2 连续的充分条件是存在 6 个常数 $\alpha_1>0$，$\beta_1>0,\ \alpha_2,\beta_2,\alpha_3,\beta_3$，使得下式成立。

$$\begin{cases}\overline{\boldsymbol{p}}_u(0,v)=\alpha_1\boldsymbol{p}_u(1,v)\\ \overline{\boldsymbol{p}}_v(0,v)=\beta_1\boldsymbol{p}_v(1,v)\\ \overline{\boldsymbol{p}}_{uu}(0,v)=\alpha_1^{\ 2}\boldsymbol{p}_{uu}(1,v)+\alpha_2\boldsymbol{p}_u(1,v)\\ \overline{\boldsymbol{p}}_{vv}(0,v)=\beta_1^{\ 2}\boldsymbol{p}_{vv}(1,v)+\beta_2\boldsymbol{p}_v(1,v)\\ \overline{\boldsymbol{p}}_{uv}(0,v)=\alpha_1\beta_1\boldsymbol{p}_{uv}(1,v)+\alpha_3\boldsymbol{p}_u(1,v)\\ \overline{\boldsymbol{p}}_{vu}(0,v)=\alpha_1\beta_1\boldsymbol{p}_{vu}(1,v)+\beta_3\boldsymbol{p}_v(1,v)\end{cases} \tag{11.15}$$

11.3　双三次混合 Coons 曲面

11.3.1　双三次混合曲面片的生成

双三次混合 Coons 曲面片的导出类似于双线性混合 Coons 曲面片。简单地推广直纹面的概念，在 u 向可得：

$$\boldsymbol{q}(u,v)=F_0(u)\boldsymbol{p}(0,v)+F_1(u)\boldsymbol{p}(1,v)+G_0(u)\boldsymbol{p}_u(0,v)+G_1(u)\boldsymbol{p}_u(1,v)$$

类似地，在 v 向有：

$$\boldsymbol{r}(u,v)=F_0(v)\boldsymbol{p}(u,0)+F_1(v)\boldsymbol{p}(u,1)+G_0(v)\boldsymbol{p}_v(u,0)+G_1(v)\boldsymbol{p}_v(u,1)$$

因此双三次混合 Coons 曲面片：

$$\boldsymbol{p}(u,v)=\boldsymbol{q}(u,v)+\boldsymbol{r}(u,v)-\boldsymbol{s}(u,v) \tag{11.16}$$

或可改写为：

$$\boldsymbol{p}(u,v)=-[-1\quad F_0(u)\quad F_1(u)\quad G_0(u)\quad G_1(u)]\cdot\begin{bmatrix} 0 & \boldsymbol{p}(u,0) & \boldsymbol{p}(u,1) & \boldsymbol{p}_v(u,0) & \boldsymbol{p}_v(u,1) \\ \boldsymbol{p}(0,v) & \boldsymbol{p}(0,0) & \boldsymbol{p}(0,1) & \boldsymbol{p}_v(0,0) & \boldsymbol{p}_v(0,1) \\ \boldsymbol{p}(1,v) & \boldsymbol{p}(1,0) & \boldsymbol{p}(1,1) & \boldsymbol{p}_v(1,0) & \boldsymbol{p}_v(1,1) \\ \boldsymbol{p}_u(0,v) & \boldsymbol{p}_u(0,0) & \boldsymbol{p}_u(0,1) & \boldsymbol{p}_{uv}(0,0) & \boldsymbol{p}_{uv}(0,1) \\ \boldsymbol{p}_u(1,v) & \boldsymbol{p}_u(1,0) & \boldsymbol{p}_u(1,1) & \boldsymbol{p}_{uv}(1,0) & \boldsymbol{p}_{uv}(1,1) \end{bmatrix}\begin{bmatrix} -1 \\ F_0(v) \\ F_1(v) \\ G_0(v) \\ G_1(v) \end{bmatrix} \tag{11.17}$$

Coons 曲面有几种类型，双三次曲面(式(11.12))，是其中最有实用价值的一种，因为角点信息矩阵 $\boldsymbol{C}$ 是比较容易求得的。式(11.17)表示的 Coons 曲面也可以说是布尔和形式的 Coons 曲面。式(11.17)等号右端的五阶方阵是很有规律的：已经给定的八个边界曲线条件安排在第一行和第一列中；从八个边界条件中得到的十六个角点信息，组成右下方的四阶子方阵，它的结构与双三次曲面(式(11.11))中的角点信息矩阵 $\boldsymbol{C}$ 完全一样，从混合函数的性质(式(11.8))可以直接验证式(11.17)的正确性。这种布尔和形式的 Coons 曲面在拼接时，只要使相邻两块 Coons 曲面具有公共的边界曲线和相同的边界切矢，就能达到 G^1 连续。

11.3.2　双三次混合 Coons 曲面片的控制网格

下面给出生成并转换双三次混合 Coons 曲面片为 B 样条曲面的一般步骤[2]。

给定 8 个角点处的单向偏导矢 $\boldsymbol{p}_u(0,0),\boldsymbol{p}_v(0,0),\boldsymbol{p}_u(0,1),\boldsymbol{p}_v(0,1),\boldsymbol{p}_u(1,0),\boldsymbol{p}_v(1,0),\boldsymbol{p}_u(1,1),\boldsymbol{p}_v(1,1)$ 与 4 个角点扭矢 $\boldsymbol{p}_{uv}(0,0),\boldsymbol{p}_{uv}(0,1),\boldsymbol{p}_{uv}(1,0),\boldsymbol{p}_{uv}(1,1)$ 来决定 4 条跨界导矢曲线，以满足跨界导矢与角点扭矢的相容性条件。步骤如下[6]。

(1)选择生成并转换双线性混合 Coons 曲面片为 B 样条曲面的步骤(1)，同时增加如下内容。

构造角点处 u 向偏导矢 $\boldsymbol{p}_u(0,0),\boldsymbol{p}_u(0,1)$ 及扭矢 $\boldsymbol{p}_{uv}(0,0),\boldsymbol{p}_{uv}(0,1)$ 的三次 Hermite 插值，生成跨界导矢曲线 $\boldsymbol{p}_u(0,v)$。又构造角点处 u 向偏导矢 $\boldsymbol{p}_u(1,0),\boldsymbol{p}_u(1,1)$ 及扭矢 $\boldsymbol{p}_{uv}(1,0),\boldsymbol{p}_{uv}(1,1)$ 的三次 Hermite 插值，生成跨界导矢曲线 $\boldsymbol{p}_u(1,v)$。将它们都变换成三次 Bézier 曲线，并取 B 样条表示。假设 $l\geqslant 3$，通过升阶和插入节点，使两者都具有公共的节点矢量 $\boldsymbol{V}$。

再构造角点处 v 向偏导矢 $\boldsymbol{p}_v(0,0),\boldsymbol{p}_v(1,0)$ 以及扭矢 $\boldsymbol{p}_{uv}(0,0),\boldsymbol{p}_{uv}(1,0)$ 的三次 Hermite 插值，生成跨界导矢曲线 $\boldsymbol{p}_u(u,0)$。又构造角点处 v 向偏导矢 $\boldsymbol{p}_v(0,1),\boldsymbol{p}_v(1,1)$ 以及扭矢 $\boldsymbol{p}_{uv}(0,1),\boldsymbol{p}_{uv}(1,1)$ 的三次 Hermite 插值，生成跨界导矢曲线 $\boldsymbol{p}_u(u,1)$。将它们都变换成三次 Bézier 曲线，并取 B 样条表示。假设 $k\geqslant 3$，通过升阶和插入节点，使两者都具有公共的节点矢量 $\boldsymbol{U}$。

现得到四跨界导矢曲线的 B 样条表示为

$$\boldsymbol{p}_u(0,v)=\sum_{j=0}^{n}\overline{\boldsymbol{d}}_{0,j}N_{j,l}(v)$$

$$\boldsymbol{p}_u(1,v)=\sum_{j=0}^{n}\overline{\boldsymbol{d}}_{n,j}N_{j,l}(v)$$

$$\boldsymbol{p}_u(u,0)=\sum_{i=0}^{m}\overline{\boldsymbol{d}}_{i,0}N_{i,k}(u)$$

$$\boldsymbol{p}_u(u,1)=\sum_{i=0}^{m}\overline{\boldsymbol{d}}_{i,m}N_{i,k}(u)$$

(2)在一对 v 参数边界之间生成 u 向蒙皮曲面 $\boldsymbol{q}(u,v)$，同时将 u 参数升阶到 k 次。只需要构造对应顶点 $\boldsymbol{d}_{0,j},\boldsymbol{d}_{m,j}$ 及跨界导矢 $\overline{\boldsymbol{d}}_{0,j},\overline{\boldsymbol{d}}_{m,j}$ 的三次 Hermite 插值，并转换成三次 Bézier 曲线，取 B 样条表示。通过升阶和插入节点，使之具有公共的节点矢量 $\boldsymbol{U}$，即得顶点 $\boldsymbol{d}_{i,j}^q(i=0,1,\cdots,m;j=0,1,\cdots,n)$。

又在另一对 u 参数边界之间生成 v 向蒙皮曲面 $\boldsymbol{r}(u,v)$，同时将 v 参数升阶到 l 次。只需要构造对应的顶点 $\boldsymbol{d}_{i,0},\boldsymbol{d}_{i,n}$ 以及跨界导矢 $\overline{\boldsymbol{d}}_{i,0},\overline{\boldsymbol{d}}_{i,n}$ 的三次 Hermite 插值，并转换成三次 Bézier 曲线，取 B 样条表示。通过升阶和插入节点，使之具有公共的节点矢量 $\boldsymbol{V}$，即得顶点 $\boldsymbol{d}_{i,j}^r(i=0,1,\cdots,m;j=0,1,\cdots,n)$。

(3)由 4 个角点 $\boldsymbol{d}_{0,0},\boldsymbol{d}_{0,n},\boldsymbol{d}_{m,0},\boldsymbol{d}_{m,n}$ 以及给定的 8 个角点处的单向偏导矢 $\boldsymbol{p}_u(0,0)$, $\boldsymbol{p}_v(0,0),\boldsymbol{p}_u(0,1),\boldsymbol{p}_v(0,1),\boldsymbol{p}_u(1,0),\boldsymbol{p}_v(1,0),\boldsymbol{p}_u(1,1),\boldsymbol{p}_v(1,1)$ 与 4 个角点扭矢 $\boldsymbol{p}_{uv}(0,0),\boldsymbol{p}_{uv}(0,1)$, $\boldsymbol{p}_{uv}(1,0),\boldsymbol{p}_{uv}(1,1)$ 共 16 个角点信息生成双三次 Hermite 插值张量积曲面：

$$
\boldsymbol{s}(u,v)=[F_0(u)\ \ F_1(u)\ \ G_0(u)\ \ G_1(u)]\begin{bmatrix} \boldsymbol{d}_{0,0} & \boldsymbol{d}_{0,n} & \boldsymbol{p}_v(0,0) & \boldsymbol{p}_v(0,1) \\ \boldsymbol{d}_{n,0} & \boldsymbol{d}_{m,n} & \boldsymbol{p}_v(1,0) & \boldsymbol{p}_v(1,1) \\ \boldsymbol{p}_u(0,0) & \boldsymbol{p}_u(0,1) & \boldsymbol{p}_{uv}(0,0) & \boldsymbol{p}_{uv}(0,1) \\ \boldsymbol{p}_u(1,0) & \boldsymbol{p}_u(1,1) & \boldsymbol{p}_{uv}(1,0) & \boldsymbol{p}_{uv}(1,1) \end{bmatrix}\begin{bmatrix} F_0(v) \\ F_1(v) \\ G_0(v) \\ G_1(v) \end{bmatrix}
$$

并将其转换成双三次 Bézier 曲面后，把 u 参数升阶到 k 次，v 参数升阶到 l 次。升阶后的顶点为 $\boldsymbol{d}_{i,j}^s(i=0,1,\cdots,m;j=0,1,\cdots,n)$。

(4) 取上述 3 个曲面的布尔和 $p=q+r-s$，则可以得到新的控制顶点 $\boldsymbol{d}_{i,j}=\boldsymbol{d}_{i,j}^q+\boldsymbol{d}_{i,j}^r-\boldsymbol{d}_{i,j}^s$。这里 $\boldsymbol{d}_{i,j}(i=0,1,\cdots,m;j=0,1,\cdots,n)$ 就是所要求的双三次混合 Coons 曲面的控制顶点。曲面的 u 参数是 k 次的，v 参数是 l 次的。前述节点矢量 $\boldsymbol{U}$ 与 $\boldsymbol{V}$ 就是它的两个节点矢量。

同样的原理可应用于插值样条曲线。假设给定在一张曲面的四边界曲线上一些点，其中每条边界上对应点的参数化相同。能够对所有这四个点集的三次样条插值。为具体起见，设样条曲线表示为分段三次 Bézier 曲线。可以用两种方法得到它的分片双三次表示：一种方法是，应用双线性混合 Coons 方法从给定的边界点计算一个点阵，然后应用双三次样条插值它们；另一种方法是直接对边界曲线应用双线性混合 Coons 方法。

与其他曲面形式特别是 NURBS 相结合的 Coons 技术是 Coons 方法最有意义的用途之一，它能减少计算成本，且是在边界曲线间拟合曲面的一种快速方法。但要注意，并不总能生成最优的曲面形状。

11.4　Gordon 曲面

欲构造一张实用的曲面仅仅用四条边界曲线往往是不够的。一个更复杂和真实的情况是给定由两组曲线交织成的曲线网格，如图 11.4 所示。构造一张曲面 $\boldsymbol{g}(u,v)$ 插值所有这些曲线，且这些曲线是曲面的两族等参数线 $\boldsymbol{g}(u_i,v)(i=0,1,\cdots,m)$ 和 $\boldsymbol{g}(u,v_j)(j=0,1,\cdots,n)$，这也是 Gordon[3]把 Coons 曲面的生成思想进一步推广，我们称之为 Gordon 曲面。

分别在关于 u 与 v 的两个分割 $\Delta u:0=u_0<u_1<\cdots<u_m=1$ 与 $\Delta v:0=v_0<v_1<\cdots<v_n=1$ 上选取用于插值的两组单变量基函数：$\varphi_i(u)(i=0,1,\cdots,m)$ 与 $\psi_j(v)(j=0,1,\cdots,n)$。

构造插值一族 v 线的曲面：

$$
\boldsymbol{q}(u,v)=\sum_{i=0}^{m}\boldsymbol{g}(u_i,v)\varphi_i(u)
$$

类似地有一族 u 线的曲面：

$$\boldsymbol{r}(u,v)=\sum_{j=0}^{n}\boldsymbol{g}(u,v_j)\psi_j(v)$$

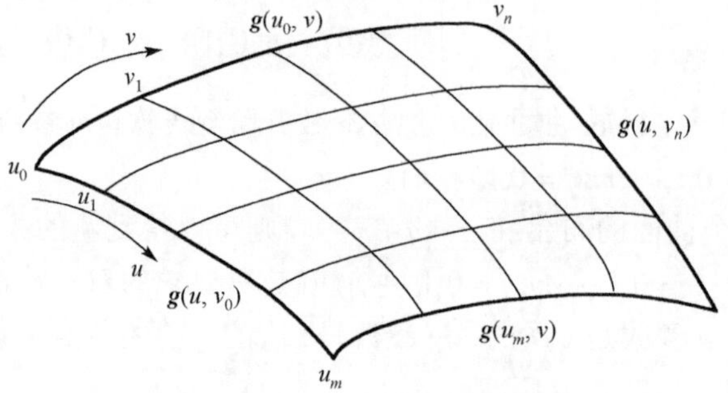

图 11.4　Gordon 曲面插值一个曲线网格

再构造插值网格点阵的张量积曲面：

$$\boldsymbol{s}(u,v)=\sum_{i=0}^{m}\sum_{j=0}^{n}\boldsymbol{g}(u_i,v_j)\varphi_i(u)\psi_j(v)$$

最后得到 Gordon 曲面：

$$\begin{aligned}\boldsymbol{g}(u,v)&=\boldsymbol{q}(u,v)+\boldsymbol{r}(u,v)-\boldsymbol{s}(u,v)\\&=\sum_{i=0}^{m}\boldsymbol{g}(u_i,v)\varphi_i(u)+\sum_{j=0}^{n}\boldsymbol{g}(u,v_j)\psi_j(v)-\sum_{i=0}^{m}\sum_{j=0}^{n}\boldsymbol{g}(u_i,v_j)\varphi_i(u)\psi_j(v)\end{aligned}$$

或可改写为：

$$\boldsymbol{g}(u,v)=-[-1\quad \varphi_0(u)\quad \cdots\quad \varphi_m(u)]\begin{bmatrix}0 & \boldsymbol{g}(u,v_0) & \cdots & \boldsymbol{g}(u,v_n)\\ \boldsymbol{g}(u_0,v) & \boldsymbol{g}(u_0,v_0) & \cdots & \boldsymbol{g}(u_0,v_n)\\ \vdots & \vdots & & \vdots\\ \boldsymbol{g}(u_m,v) & \boldsymbol{g}(u_m,v_0) & \cdots & \boldsymbol{g}(u_m,v_n)\end{bmatrix}\begin{bmatrix}-1\\ \psi_0(v)\\ \vdots\\ \psi_n(v)\end{bmatrix}$$

在实际应用中，当 m,n 较小时，可选用 Lagrange 基；m,n 较大时，应选用样条基。

参 考 文 献

[1] Coons S A. Surface patches and B-Spline curves. Computer Aided Geometric Design, 1974: 1-16.

[2] 施法中. 计算机辅助几何设计与非均匀有理 B 样条. 2 版. 北京：高等教育出版社, 2013.

[3] Gordon W J. Blending function methods of bivariate and multivariate interpolation and

approximation. SIAM Journal on Numerical Analysis, 1971, 8(1): 158-177.

[4] Barnhill R E, Brown J, Klucewice I. A new twist in computer aided geometric design. Computer Graphics and Image Processing, 1978, 8(1): 78-91.

[5] 关履泰, 罗笑南, 黎罗罗, 等. 计算机辅助几何图形设计. 北京: 高等教育出版社, 1999.

[6] Farin G. Curvature continuity and offsets for piecewise conics. ACM Transaction on Graphics, 1989, 8(2): 89-99.

第 12 章　等距曲线曲面

最近几十年，CAGD 领域已经积累了关于等距(offset)曲线曲面(也称为平行或位差曲线曲面)的大量研究，其应用范围包括但不限于：数据加工中刀具轨迹计算、机器人行走路径规划、道路(包括桥面和列车轨道)设计、带厚度物品设计、零件之间的等宽度间隙计算、挖洞施工、艺术纹路设计、实体造型等。

一般情况下，offset 曲线曲面不具有原曲线曲面的相同类型，而且更为复杂，通常有非常高代数次数[1]。除一些简单的曲线曲面，如直线、圆、平面、球面、圆柱面、圆锥面外，有理曲线曲面的 offset 一般无法表示为有理形式，从而难以被 CAGD 系统处理[1-3]。

为了找到其 offset 仍为有理的曲线曲面，人们做了各种努力，如 offset 研究中的精确有理表示和插值问题[4-15]；在苛刻的条件下，用各种手段对 offset 进行逼近，开发出基于几何或代数的逼近算法[16-31]；提出了 offset 研究中异常情况(offset 产生尖点、环和出现自交现象[32]，甚至断裂)的对策[33-39]。

表 12.1、表 12.2 和表 12.3 罗列了一些 offset 研究历史上的重要工作。

表 12.1　offset 精确方法研究年表(时间为奠基性工作发表的最早年份)

时间	人物	工作	意义
1983 年	Martin[11]	Dupin 曲面的等距曲面也是 Dupin 曲面	等距曲面的某种不变性
1985 年	Farouki[10]	对某类实体的表面给出等距面的精确表示	特殊类型的研究
1987 年	de Boor 等[13]	一般三次参数曲线的 GC^2 Hermite 插值	开始研究做 Hermite 插值的 PH 曲线
1990 年	Martin 和 Stephenson[9]	研究扫掠体的等距曲面	特殊类型的研究
1990 年	Farouki 和 Neff[1]	引入 PH 曲线	开启了精确有理表示
1994 年	Farouki 和 Sakkalis[4]	把平面 PH 曲线推广到空间 PH 曲线与曲面	
1992 年	Farouki[5-7]	PH 曲线弧长性质在数控加工和工业机器人中的应用	开始 PH 曲线的应用
1995 年	Pottmann[8]	依据投影对偶表示和包络技术，用 PH 思想导出有理曲线曲面的 offset 具有精确有理表示的条件	严格化 offset 的理论
1995 年	Farouki 和 Neff[14]	给出五次 PH 曲线的 C^1 Hermite 插值算法	算法实现
1997 年	Meek 和 Walton[15]	给出平面分段三次 PH 曲线的 G^1 插值算法	算法实现
1998 年	Peternell 和 Pottmann[12]	给出构造任意有理曲面的 PH 曲面的几何方法	通用几何方法

表 12.2　offset 逼近算法研究年表(时间为奠基性工作发表的最早年份)

时间	人物	工作	范畴
1984 年	Cobb[16]	把 B 样条曲线的控制顶点沿结点处的法向等距平移	等距移动(offsetting)
1984 年	Tiller 和 Hanson[18]	先把 NURBS 曲线 B 网的各边沿法向平移，再平移边的交点	
1987 年	Coquillart[17]	根据结点曲率等信息自适应修正平移距离	
1991 年	Elber 和 Cohen[20]	结合自适应的分割算法	
1992 年	Elber 和 Cohen[19]	利用 B 网逼近误差来迭代地扰动修正各控制顶点的偏移量	
1996 年	Lee 等[21]	先用二次 Bézier 样条曲线逼近基圆，再把此逼近曲线沿基曲线扫掠所得的包络线作为 offset 逼近	基圆包络逼近法
1983 年	Klass[22]和 Pham[23]	分别用三次 Hermite 曲线和有限个采样点的三次 B 样条插值曲线逼近等距线	基于插值或拟合的方法
1986 年	Farouki[29]	利用双三次 Hermite 插值曲面来逼近等距曲面等	
1988 年	Hoschek[24]	用样条曲线对等距线采样点的逼近误差的最小二乘解来调整 offset 端点的切矢模	
1988 年	Hoschek 和 Wissel[25]	用多段低次保端点高阶连续的样条曲线做非线性最优化的 offset 逼近	
1991 年	Chiang 等[30]	把基曲线上的点与二维网格点相对应，用图像处理的方法求等距线逼近	
1992 年	Sederberg 和 Buehler[26]	用仅有中间控制顶点为区间点的偶次区间 Hermite 插值曲线来进行 offset 逼近	
1993 年	Kimmel 和 Bruckstein[31]	在具有精度所需分辨率的矩形网格上进行小波计算，最终通过对应网格点值的等高线来生成等距曲线逼近	
1998 年	Li 和 Hsu[28]	提出基于 Legendre 级数逼近的方法	不会产生自交的逼近法
1999 年	Piegl 和 Tiller[27]	对 NURBS 提出基于样本点插值的 offset 曲线曲面逼近算法	

表 12.3　offset 异常情况研究年表(时间为奠基性工作发表的最早年份)

时间	人物	工作
1993 年	Maekawa 和 Patrikalakis[32]	提出了基于子分(subdivision)的区间投影多面体算法，用于计算平面等距曲线的局部自交点和整体自交点
1998 年	Maekawa 等[33]	计算了使管道曲面不产生自交的最大可能半径
1998 年	Maekawa[34,35]	讨论了在显式或隐式表示下二次曲面的等距面的自交问题
1987 年	Chen 和 Ravani[36]	提出了用于计算一般参数曲面的等距曲面上自交曲线的步进算法
1990 年	Aomura 和 Uehara[37]	提出了计算均匀双三次 B 样条曲面片的等距面上自交曲线的步进算法

续表

时间	人物	工作
1991 年	Vafiadou 和 Patrikalakis[38]	用光线跟踪方法绘制 Bézier 曲面片的等距面的自交
1997 年	Maekawa 等[39]	提出了一种基于 Bernstein 子分的 Bézier 曲面片的等距面的自交曲线的计算方法

其后，人们把很多经典概念和结果做了各种推广。大部分相关工作开始或完成于 20 世纪 90 年代末。Patrikalakis 和 Bardis[40]首次提出 NURBS 曲面上测地等距线[41]的算法；Rausch 等[42]和 Kunze 等[43]用测地等距线的方法分别计算了曲面上两条曲线之间的中线和测地 Voronoi 图。广义等距曲线曲面的概念最早由 Brechner[44]提出；Pottmann[41]对它做了进一步的推广，并应用于自由曲面三轴铣削的无碰撞研究[45]。Alhanaty 和 Bercovier[46]提出 offset 的最优化问题，即求一形体，使得其等距线的周长变化最小或其等距面的面积变化最小，并在凸集和星状集范围内给出了最优解。

12.1　平面等距曲线

平面中的等距曲线，简单地说，是一条与原曲线保持常数距离的曲线。平行线和同心圆都是其中两个最平凡的特例。等距曲线的描述给人一种印象：等距曲线如同是原曲线克隆出来的。实际上，等距曲线可能和原曲线毫无相似之处，参见图 12.1。下面给出等距曲线严格的定义。

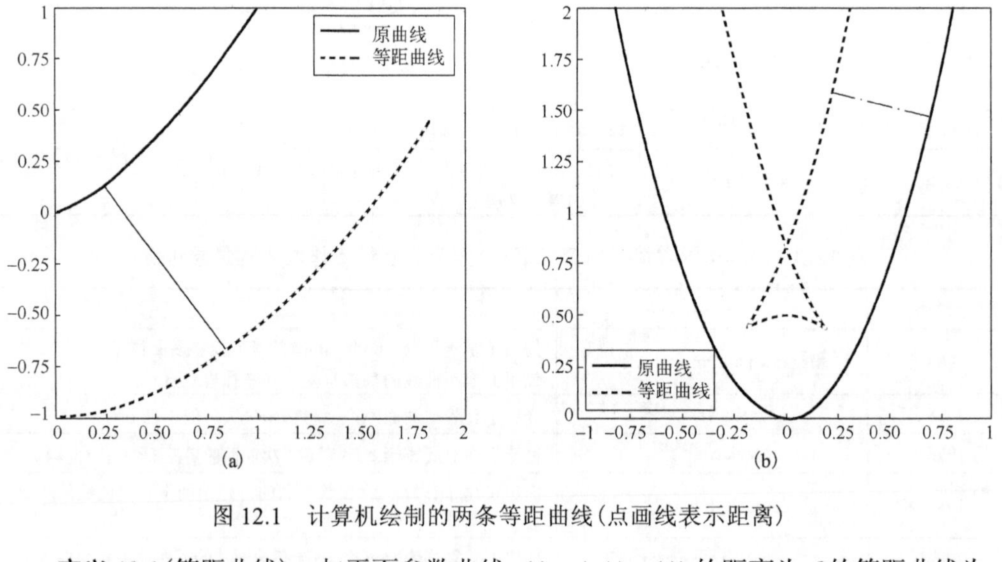

图 12.1　计算机绘制的两条等距曲线(点画线表示距离)

定义 12.1(等距曲线)　与平面参数曲线 $\boldsymbol{r}(t)=(x(t),y(t))$ 的距离为 d 的等距曲线为：

$$\boldsymbol{r}_d(t)=\boldsymbol{r}(t)+d\boldsymbol{n}(t),\quad \boldsymbol{n}(t)=(y'(t),\ -x'(t))\Big/\sqrt{x'^2(t)+y'^2(t)} \tag{12.1}$$

其中，$\boldsymbol{r}(t)$ 称为母线，$\boldsymbol{n}(t)$ 为 $\boldsymbol{r}(t)$ 的单位法向量；常数 d 为偏离量，当 $d>0(<0)$ 时，$\boldsymbol{r}_d(t)$ 称为正(负)等距线。

当 $\boldsymbol{r}(t)$ 为有理参数曲线时，它可隐式化为一个不可约代数方程：

$$\boldsymbol{\Gamma}:\ f(x,y)=0 \tag{12.2}$$

即 $\boldsymbol{\Gamma}$ 为一条代数曲线。它的等距线也可写成点集形式：

$$\boldsymbol{\Gamma}_d=\{\boldsymbol{q}\mid \boldsymbol{q}=\boldsymbol{p}+d\boldsymbol{N}(\boldsymbol{p}),\boldsymbol{p}\in\boldsymbol{\Gamma}\},\qquad \boldsymbol{N}(\boldsymbol{p})=\left[\left(\frac{\partial f}{\partial x},\frac{\partial f}{\partial y}\right)\Big/\sqrt{\left(\frac{\partial f}{\partial x}\right)^2+\left(\frac{\partial f}{\partial y}\right)^2}\right]_{\boldsymbol{p}} \tag{12.3}$$

由代数学上的结式理论可证明代数曲线的等距线仍是代数曲线，不过次数通常要比原曲线高许多。

引理 12.1(结式原理)　多项式 $A(t)=\sum_{k=0}^{m}\alpha_k t^k(\alpha_m\neq 0)$ 和 $B(t)=\sum_{k=0}^{n}\beta_k t^k(\beta_n\neq 0)$ 有公共零点，当且仅当它们关于 t 的 Sylvester 结式(Sylvester's Resultant)：

$$\operatorname{Res}_t(A,B)=\begin{vmatrix}\alpha_m & \cdots & \cdots & \alpha_1 & \alpha_0 & & & \\ & \alpha_m & \cdots & \cdots & \alpha_1 & \alpha_0 & & \\ & & \ddots & & & \ddots & \ddots & \\ & & & \alpha_m & \cdots & \cdots & \alpha_1 & \alpha_0 \\ \beta_n & \cdots & \cdots & \beta_1 & \beta_0 & & & \\ & \ddots & & & \ddots & \ddots & & \\ & & \ddots & & & \ddots & \ddots & \\ & & & \beta_n & \cdots & \cdots & \beta_1 & \beta_0\end{vmatrix}\begin{matrix}\left.\vphantom{\begin{matrix}a\\a\\a\\a\end{matrix}}\right\}n\text{行}\\ \left.\vphantom{\begin{matrix}a\\a\\a\\a\end{matrix}}\right\}m\text{行}\end{matrix}=0 \tag{12.4}$$

下面从最简单的多项式参数曲线开始，讨论等距线的代数方程表示：

$$\boldsymbol{r}(t)=(a(t),b(t))=\left(\sum_{i=0}^{n}a_i t^i,\sum_{i=0}^{n}b_i t^i\right),\quad a_n b_n\neq 0 \tag{12.5}$$

定理 12.1[47]　对于平面 n 次多项式曲线 $\boldsymbol{r}(t)=(a(t),b(t))$，其距离为 d 的等距线方程为：

$$f_d(x,y)=\operatorname{Res}_t(P(t,x,y),Q(t,x,y))=0 \tag{12.6}$$

其中：

$$P(t,x,y)=(x-a(t))^2+(y-b(t))^2-d^2,\quad Q(t,x,y)=p(t)(x-a(t))+q(t)(y-b(t)) \tag{12.7}$$

定理 12.2[47]　由式(12.6)定义的平面多项式参数曲线(式(12.5))的等距线方

程可表示次数不超过 $4n-2-2\nu$ 的代数曲线，其中 n 为母线 $\boldsymbol{r}(t)$ 的次数，ν 为 $\varphi(t)$ 的次数。

证明　见参考文献[47]。这里给出另一种不同的证法。观察图 12.2，对 Sylvester 结式(对应矩阵)做初等变换：将 π_4 的左上 n 阶子矩阵(连同 π_5 的左上 n 阶子矩阵)和 π_5 的中下 n 阶子矩阵转换成单位矩阵(如果不是单位矩阵，次数只能更低)。在这个过程中，行列式次数是不可能发生变化的。不难证明结式最终等价于一个 $2n-1-\nu$ 的子矩阵，其中元素最多只有二次。显然整个行列式的次数 $N \leqslant 4n-2-2\nu$ 。证毕。

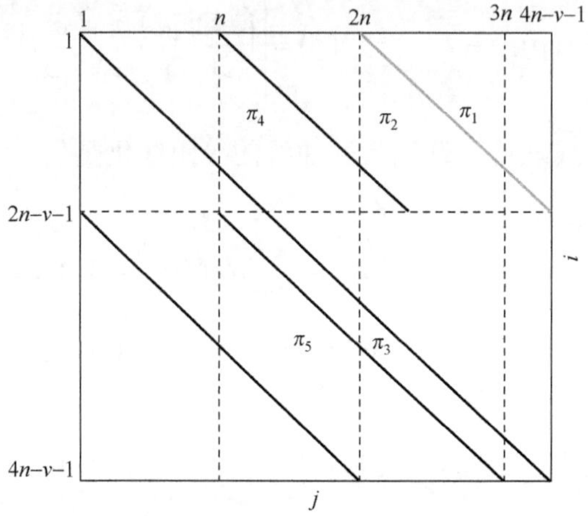

图 12.2　结式乘积项划分示意图(每个像素代表一个元素；斜线将矩阵分割出 5 个区域；π_1 只占一条斜线)

例 12.1　设抛物线 $\boldsymbol{r}(t)=(t,t^2)$ 和 $d=\pm 1$，可算得：

$$f_d(x,y)=16x^6+(16y^2-40y-47)x^4+(-32y^3+6y+28)x^2 +16y^4-40y^3+9y^2+40y-25=0$$

这是一个六次的不可约代数方程。

例 12.2　设三次参数曲线 $\boldsymbol{r}(t)=(3t^2-2t^3,3t-3t^2)$ 和 $d=\pm 1$，可算得：

$$f_d(x,y)=g_1(x,y)g_2(x,y)=0$$

其中：

$$g_1(x,y)=54x^4-108x^3+(8y^3+96y^2-30y-37)x^2+(-8y^3-96y^2 +30y+91)x+8y^5+34y^4-22y^3-117y^2+60y-34$$

$$g_2(x,y)=54x^4-108x^3+(8y^3+48y^2-30y+55)x^2 +(-8y^3-48y^2+30y-1)x+8y^5-14y^4+26y^3-y^2$$

即 $f_d(x,y)$ 可分解为两个五次多项式的乘积，它们分别表示正负等距线。

同样可以证明有理参数曲线的等距线也是代数曲线。下面考察有理参数曲线的等距线是否也能表示成有理参数形式，大致可以分为下列四种情况。

(1) 多项式参数曲线 $\boldsymbol{r}(t)=(a(t),b(t))$ 的等距线仍是多项式参数曲线，则 $\boldsymbol{r}(t)$ 必为直线。

(2) 有理多项式参数曲线的等距线为有理多项式参数曲线。设有理多项式曲线 $\boldsymbol{r}(t)=(6t-6t^2+3t^3/2,\ 3t^2-2t^3)$，则 $\|\boldsymbol{r}'(t)\|=(6-12t+15t^2)/2$，于是取 $d=1$，有：

$$\boldsymbol{r}_d(t)=\frac{56t-152t^2+168t^3-84t^4+15t^5,-8+16t+18t^2-64t^3+62t^4-20t^5}{8-16t+10t^2}$$

(3) 有理多项式参数曲线的等距线可重新参数化为有理多项式参数曲线。设抛物线 $\boldsymbol{r}(t)=(3t,t^2/2)$。若引入变换 $t=t(s)=(s^2-9)/(8s)$，则：

$$\boldsymbol{r}(t(s))=(32s)^{-1}(12s(s^2-9),\ (s^2-9)^2),\quad \|\mathrm{d}\boldsymbol{r}(t(s))/\mathrm{d}s\|=\frac{s^2+9}{2s}$$

于是取 $d=1$，有：

$$\boldsymbol{r}_d(s)=\frac{12s^5-32s^4-972s+288,s^6-9s^4+192s^3-81s^2+729}{32s^2(s^2+9)}$$

(4) 有理参数曲线的等距线不能表示成有理曲线。例如，椭圆 $\boldsymbol{r}(t)=(2-2t^2,2t)/(1+t^2)$，其等距线不能有理参数化。

因为情况(1)是平凡的，而(4)不是我们关注的对象，所以下面我们只分别讨论情况(2)和情况(3)。

12.2　Pythagorean-hodograph (PH) 曲线

根据 12.1 节的介绍和论述，简单曲线的等距曲线可能非常复杂，而复杂性主要由等距曲线定义中包含 $\sqrt{x'^2(t)+y'^2(t)}$ 导致的。获得较为简单的等距曲线的一种简明的策略是限制 $\sqrt{x'^2(t)+y'^2(t)}$ 的表达式。于是人们引入了 Pythagorean-hodograph (PH) 曲线。

12.2.1　定义和表示

定义 12.2 (PH 曲线)　若存在一个多项式 $\sigma(t)$ 使得 $x'^2(t)+y'^2(t)=\sigma^2(t)$，则称多项式参数曲线 $\boldsymbol{r}(t)=(x(t),y(t))$ 为 PH 曲线。

换句话说，$(x'(t),y'(t),\sigma(t))$ 构成实多项式环上的 Pythagorean 多项式组。PH 曲线的名称就暗示它与 Pythagorean 定理存在联系。Pythagorean 定理被用来说明，在某类环中如何构造所有满足 Pythagorean 公式 $a^2+b^2=c^2$ 的三元组 (a,b,c)。实际上，利用代数学知识可以证明，在唯一分解环 R 上(假定 R 中元素 b 可被 2 整除)，一定有：

$$a = w(u^2 - v^2),\quad b = 2wuv,\quad c = w(u^2 + v^2)$$

其中，w,u,v 是 R 中元素，且 w 是 u 和 v 的最大公因子。实多项式是最典型的唯一分解环，即实多项式可以唯一地分解成不可约多项式的乘积。我们把上述事实写成引理 12.2。证明见参考文献[47]。它应用了复表示的策略(详见 12.3.1 节)，但本质上依赖于多项式的唯一分解性。

引理 12.2(Kubota)　三个实多项式 $a(t),b(t)$ 和 $c(t)$ 满足 $a^2(t)+b^2(t)=c^2(t)$，当且仅当存在实多项式 $w(t)$ 和一对互素实多项式 $u(t),v(t)$ 使得

$$a(t) = w(t)(u^2(t) - v^2(t)),\quad b(t) = 2w(t)u(t)v(t),\quad c(t) = w(t)(u^2(t) + v^2(t)) \tag{12.8}$$

推论 12.1　PH 曲线必可表示为：

$$\boldsymbol{r}(t) = (x(t), y(t)) = \left(\int w(t)[u^2(t) - v^2(t)]\mathrm{d}t, \int 2w(t)[u(t)v(t)]\mathrm{d}t\right) \tag{12.9}$$

可取 $w(t)$ 的最高次项系数为 1(称为首一多项式)，且 $u(t)$ 和 $v(t)$ 互素。

显然当多项式 $u(t),v(t)$ 或 $w(t)$ 中有一个为 0，或 $u(t),v(t)$ 均为常数时，PH 曲线退化成一点或直线。排除这类平凡情形，PH 曲线至少为三次。更准确地有以下定理。

定理 12.3　由式(12.9)所定义的 PH 曲线的次数为 $\lambda+2\mu+1$，其中 $\lambda=\deg(w(t))$，$\mu=\max\{\deg(u(t)),\deg(v(t))\}$(一般 $\mu \geqslant 1$)。

一般，n 次平面多项式曲线有 $2(n+1)$ 个自由度。但由于速端曲线的约束，n 次 PH 曲线只有 $n+3$ 个自由度。

12.2.2　三次 PH 曲线的构造、特征和性质

现在用 Bernstein 多项式而不是幂函数表示多项式曲线，即 Bézier 曲线。相应的 PH 曲线可称为 PH-Bézier 曲线。

三次 PH 曲线对应于 $\lambda=\deg(w(t))=0,\ \mu=\max\{\deg(u(t)),\ \deg(v(t))\}=1$。因此可设：

$$w(t) = 1,\qquad u(t) = u_0B_0^1(t) + u_1B_1^1(t),\qquad v(t) = v_0B_0^1(t) + v_1B_1^1(t) \tag{12.10}$$

代入式(12.9)可得三次 PH 曲线 $\boldsymbol{r}(t)=\sum_{i=0}^{3}B_i^3(t)\boldsymbol{P}_i$，其控制点为：

$$\begin{aligned}&\boldsymbol{P}_0 = (x_0, y_0)\text{任取},\quad \boldsymbol{P}_1 = \boldsymbol{P}_0 + (u_0^2 - v_0^2,\ 2u_0v_0)/3\\ &\boldsymbol{P}_2 = \boldsymbol{P}_1 + (u_0u_1 - v_0v_1, u_0v_1 + u_1v_0)/3,\quad \boldsymbol{P}_3 = \boldsymbol{P}_2 + (u_1^2 - v_1^2, 2u_1v_1)/3\end{aligned} \tag{12.11}$$

作为最简单的 PH 曲线，三次 PH 曲线的几何特征可以被下述定理严格刻画。

定理 12.4　设 $\boldsymbol{r}(t)$ 为平面三次 PH 曲线，其 Bézier 点如式(12.11)所示，$L_j(j=1,2,3)$ 为其控制多边形边长，θ_1 和 θ_2 分别为向量 $\boldsymbol{P}_1\boldsymbol{P}_0$ 到 $\boldsymbol{P}_1\boldsymbol{P}_2$ 的转角和 $\boldsymbol{P}_2\boldsymbol{P}_1$ 到 $\boldsymbol{P}_2\boldsymbol{P}_3$ 的转角，则 $\boldsymbol{r}(t)$ 为 PH 曲线的充要条件是：

$$L_2 = \sqrt{L_1 L_3}, \quad \theta_1 = \theta_2 \tag{12.12}$$

定理 12.4 给出构造三次 PH-Bézier 曲线的方法：控制多边形在两个内点处夹角相同，且内边边长是相邻两外边边长的几何平均值。

下面是定理 12.4 的一个重要推论。

推论 12.2 平面三次 PH 曲线没有拐点。

因此，虽然三次 PH-Bézier 曲线构造简单，但是该曲线没有拐点(形象地说，没有拐弯的能力)，在实际应用中必定缺乏灵活性。为了避免这个缺陷，只能求助于高阶的 PH 曲线。

12.2.3　四次和五次 PH 曲线的构造

由定理 12.3 可知，为产生四次 PH 曲线需取 $\lambda=\mu=1$。在式(12.10)的基础上，设：

$$w(t) = \xi B_0^1(t) + (1-\xi)B_1^1(t) \tag{12.13}$$

其中，ξ 为任意实数。于是四次 PH 曲线 $\boldsymbol{r}(t)$ 的控制点为：

$$\begin{aligned}
&\boldsymbol{P}_0\text{任取}, \quad \boldsymbol{P}_1 = \boldsymbol{P}_0 - \xi(u_0^2 - v_0^2, 2u_0v_0)/4 \\
&\boldsymbol{P}_2 = \boldsymbol{P}_1 + (1-\xi)(u_0^2 - v_0^2, 2u_0v_0)/12 - \xi(u_0u_1 - v_0v_1, u_0v_1 + u_1v_0)/6 \\
&\boldsymbol{P}_3 = \boldsymbol{P}_2 + (1-\xi)(u_0u_1 - v_0v_1, u_0v_1 + u_1v_0)/6 - \xi(u_1^2 - v_1^2, 2u_1v_1)/12 \\
&\boldsymbol{P}_4 = \boldsymbol{P}_3 + (1-\xi)(u_1^2 - v_1^2, 2u_1v_1)/4
\end{aligned} \tag{12.14}$$

注意，式(12.13)给出的 $w(t)$ 有唯一零点 $t=\xi$，对应地有 $\boldsymbol{r}'(\xi)=\boldsymbol{0}$，因此 $\boldsymbol{r}(\xi)$ 是曲线的一个尖点。可选择不同 ξ 使尖点位于曲线段外部或内部。

对于五次 PH 曲线，有以下两种情况。

(1) $\lambda=0, \mu=2$。此时 $w(t)\equiv 1$，令 $f(t)=\sum_{i=0}^{2} B_i^2(t) f_i, f=u,v$，则 PH 曲线对应的控制点为：

$$\begin{aligned}
&\boldsymbol{P}_0\text{任取}, \quad \boldsymbol{P}_1 = \boldsymbol{P}_0 + (u_0^2 - v_0^2, 2u_0v_0)/5 \\
&\boldsymbol{P}_2 = \boldsymbol{P}_1 + (u_0u_1 - v_0v_1, u_0v_1 + u_1v_0)/5 \\
&\boldsymbol{P}_3 = \boldsymbol{P}_2 + 2(u_1^2 - v_1^2, 2u_1v_1)/15 + (u_0u_2 - v_0v_2, u_0v_2 + u_2v_0)/15 \\
&\boldsymbol{P}_4 = \boldsymbol{P}_3 + (u_1u_2 - v_1v_2, u_1v_2 + u_2v_1)/5, \quad \boldsymbol{P}_5 = \boldsymbol{P}_4 + (u_2^2 - v_2^2, 2u_2v_2)/5
\end{aligned} \tag{12.15}$$

由于 $w(t)\equiv 1$，所以 $\boldsymbol{r}'(t)$ 处处非零，从而曲线为正则曲线，没有尖点。

(2) $\lambda=2, \mu=1$。此时 $u(t), v(t)$ 为线性函数，如式(12.10)所示。令：

$$w(t) = \sum_{i=0}^{2} B_i^2(t) w_i$$

则 PH 曲线对应的控制点为：

$\boldsymbol{P}_0$任取， $\boldsymbol{P}_1 = \boldsymbol{P}_0 + w_0(u_0^2 - v_0^2, 2u_0v_0)/5$

$\boldsymbol{P}_2 = \boldsymbol{P}_1 + w_0(u_0u_1 - v_0v_1, u_0v_1 + u_1v_0)/10 + w_1(u_0^2 - v_0^2, 2u_0v_0)/10$

$\boldsymbol{P}_3 = \boldsymbol{P}_2 + w_0(u_1^2 - v_1^2, 2u_1v_1)/30 + 2w_1(u_0u_1 - v_0v_1, u_0v_1 + u_1v_0)/15 + w_2(u_0^2 - v_0^2, 2u_0v_0)/30$

$\boldsymbol{P}_4 = \boldsymbol{P}_3 + w_1(u_1^2 - v_1^2, 2u_1v_1)/10 + w_2(u_0u_1 - v_0v_1, u_0v_1 + u_1v_0)/10$

$\boldsymbol{P}_5 = \boldsymbol{P}_4 + w_2(u_1^2 - v_1^2, 2u_1v_1)/5$

当 $w(t) = 0$ 有两个不同实根 ξ_1, ξ_2 时，对应于曲线的两个尖点。此时，有：

$$w_0 = \xi_1\xi_2, \quad w_1 = [(\xi_1 - 1)\xi_2 + (\xi_2 - 1)\xi_1]/2, \quad w_2 = (\xi_1 - 1)(\xi_2 - 1)$$

12.2.4 PH 曲线的等距曲线和弧长

PH 曲线的等距曲线可以精确地表示成有理形式。对于一条 PH 曲线 $\boldsymbol{r}(t) = (x(t), y(t)) = \sum_{i=0}^{n} B_i^n(t)(x_i, y_i)$，存在 $n-1$ 次的(分段)多项式：

$$\sigma(t) = \sqrt{x'^2(t) + y'^2(t)} = \sum_{i=0}^{n-1} B_i^{n-1}(t)\sigma_i$$

使得其等距曲线为 $\boldsymbol{r}_d(t) = (x(t) + dy'(t)/\sigma(t), y(t) - dx'(t)/\sigma(t))$。把 $\boldsymbol{r}_d(t)$ 改写成等价的多项式组：

$$\begin{aligned}(X(t), Y(t), W(t)) &= (\sigma(t)x(t) + dy'(t), \sigma(t)y(t) - dx'(t), \sigma(t)) \\ &= \sum_{k=0}^{2n-1} B_k^{2n-1}(t)(X_k, Y_k, W_k)\end{aligned} \tag{12.16}$$

因此，n 次 PH 曲线的等距曲线为 $2n-1$ 次的有理曲线。

12.3 具有有理等距曲线的参数曲线(OR 曲线)

如果只为了获得有理等距曲线，那么不一定局限于 PH 曲线。我们从有理等距曲线本身的含义出发构造一类比 PH 曲线更一般的曲线。为此，我们首先引入一个代数方法。

12.3.1 参数曲线的复形式表示

欧氏平面上的一点 (x, y) 都对应着一个复数 $Z = x + y\mathrm{i}$，i 为虚数单位。因此，平面参数曲线 $\boldsymbol{r}(t) = (x(t), y(t))$ 可对应地表示为复系数多项式 $Z(t) = x(t) + y(t)\mathrm{i}$。这一等价表示使我们可以利用代数基本定理，给出分解：

$$Z(t)=\rho(t)M(t)G^2(t) \tag{12.17}$$

其中，$x(t), y(t)$ 最大公约式 $\rho(t)$ 为实多项式；$G(t)$ 为复多项式且实部与虚部互素；$M(t)$ 为无平方因子或实根且常数项为 1 的复多项式（对因式规定越多越有利）。显然，$M(t)\bar{M}(t)$ 一样没有平方因子和实根，且其常数项为 1。

参数曲线 $Z=Z(t)$ 的单位切向和单位法向分别为 $Z'(t)/|Z'(t)|$ 和 $-Z'(t)/|Z'(t)|\mathrm{i}$，因而 $Z(t)$ 的等距曲线可写成：

$$Z_d(t)=Z(t)-dZ'(t)/|Z'(t)|\mathrm{i} \tag{12.18}$$

$|Z'(t)|=\sqrt{x'^2(t)+y'^2(t)}$ 一般不能表示成有理函数形式，但可给出可有理参数化的充要条件，见下述引理。

引理 12.3　当且仅当 $m=1$ 时，(t,r) 平面上的代数曲线：

$$\boldsymbol{\Gamma}_{2m}:\ ((t-a_1)^2+b_1^2)\ \cdots\ ((t-a_m)^2+b_m^2)=r^2 \tag{12.19}$$

可有理参数化，其中 a_i, b_j 为实数，满足 $b_j\neq 0$，且数组 $(a_i,|b_j|)$ 互不相等，即所有因式互不相等。

定理 12.5　设 $Z(t)=x(t)+y(t)\mathrm{i}$ 为复系数多项式，则 $x^2(t)+y^2(t)=r^2$ 在 (t,r) 平面上可有理参数化，当且仅当 $Z(t)$ 的奇数重复数根(虚部不为 0)最多只能有一个，即 $Z(t)$ 可表示为：

$$Z(t)=\rho(t)(Mt+1)G^2(t) \tag{12.20}$$

其中，$\rho(t)$, $G(t)$ 分别为实、复多项式；$M=0$ 或是虚部不为 0 的复常数。

12.3.2　参数曲线具有有理等距曲线的充要条件

OR 曲线(offset-rational curves)是具有精确有理等距曲线的参数曲线。下面着重讨论多项式曲线成为 OR 曲线的条件。

定义 12.3　对于参数曲线 $\boldsymbol{r}(t)$（或复数形式 $Z(t)$），如果除了有限个点以外，曲线上每一个点均有唯一的参数值 t 与之对应，则称这种参数 t 为真参数。

已知对于任意有理参数曲线，它总可以表示成真参数的有理形式。

定理 12.6　对于以 t 为参数的多项式曲线 $Z(t)=x(t)+y(t)\mathrm{i}$，它的等距曲线可有理参数化(可称为 OR 多项式曲线)，当且仅当 (t,ρ) 平面上的代数曲线 $x'^2(t)+y'^2(t)=\rho^2$ 可有理参数化。

由上述两个定理可得本节重要结论——定理 12.7。

定理 12.7(OR 曲线表示定理)　设 $Z(t)=x(t)+y(t)\mathrm{i}$ 是以 t 为真参数的多项式曲线，则它的等距曲线可有理参数化，当且仅当 $Z'(t)$ 可表示成如下形式：

$$x'(t)+y'(t)\mathrm{i}=\rho(t)(Mt+1)G^2(t) \tag{12.21}$$

其中，$\rho(t)$, M 和 $G(t)$ 的意义同定理 12.5。

现在设 $M=\lambda+\mu\mathrm{i}$，$G(t)=u(t)+v(t)\mathrm{i}$，其中 $u(t)$ 和 $v(t)$ 互素(否则把它们的公因式分配给 $\rho(t)$)，而式(12.21)可写为：

$$x'(t)+y'(t)\mathrm{i}=\rho(t)[(\lambda t+1)(u^2(t)-v^2(t))-2\mu tu(t)v(t)] \\ +\rho(t)[2(\lambda t+1)u(t)v(t)+\mu t(u^2(t)-v^2(t))]\mathrm{i}$$

由此得到 OR 多项式曲线 $Z(t)=x(t)+y(t)\mathrm{i}$ 的一个有用表示：

$$\begin{cases} x(t)=\int\rho(t)[(\lambda t+1)(u^2(t)-v^2(t))-2\mu tu(t)v(t)]\mathrm{d}t \\ y(t)=\int\rho(t)[2(\lambda t+1)u(t)v(t)+\mu t(u^2(t)-v^2(t))]\mathrm{d}t \end{cases} \tag{12.22}$$

给出式(12.22)后，求其等距曲线还需要确定参数变换 $t=t(s)$。显然，使 $|M\cdot t(s)+1|$ 为一个有理函数的变换 $t=t(s)$，即为可行的参数变换。这相当于寻求 (t,ρ) 平面上双曲线 $|Mt+1|^2=\rho^2$ 的一个参数化。

改写 $Mt+1=A(1-t)+Bt$，A,B 为两个复数。于是 $|Mt+1|^2=\rho^2$ 变为：

$$A\bar{A}(1-t)^2+(A\bar{B}+\bar{A}B)(1-t)t+B\bar{B}t^2=\rho^2 \tag{12.23}$$

记 $l_1=|A|,\ l_2=|B|,\ l_0=|A+B|$。易证方程(12.23)有一个参数表示：

$$\begin{cases} t(s)=\dfrac{B_1^2(s)l_1+B_2^2(s)d_1}{B_0^2(s)d_2+B_1^2(s)(l_1+l_2)+B_2^2(s)d_1} & (12.24\text{a}) \\ \rho(s)=B_0^2(s)l_1d_2+\dfrac{B_1^2(s)d_1d_2}{2}+\dfrac{B_2^2(s)l_2d_1}{B_0^2(s)d_2+B_1^2(s)(l_1+l_2)+B_2^2(s)d_1} & (12.24\text{b}) \end{cases}$$

其中，$d_2=l_0+l_1-l_2$，$d_1=l_0-l_1+l_2$。

显然，式(12.24a)就是所求的参数变换。因为 $d_1,d_2\geqslant 0$，所以 $t=t(s)$ 是一个 $[0,1]$ 上的一对一变换，且将端点映射到端点。因此，一条 n 次 OR 多项式曲线的等距曲线一般为 $4n-2$ 次。

根据式(12.21)，还可以对 OR 多项式曲线进行分类。

(1) $M=0$ (或 M 取实数)。

此时，$x'(t)+y'(t)\mathrm{i}=\rho(t)G^2(t)$，即 $x'^2(t)+y'^2(t)=\rho^2(t)(G(t)\bar{G}(t))^2$。显然，此曲线为 PH 曲线。

(2) $G(t)=1$ (或为非零常数)。

此时 $x'(t)+y'(t)\mathrm{i}=\rho(t)(Mt+1)$。$\rho(t)$ 的根分别对应于这类曲线的尖点。特别当 $\rho(t)$ 为常数时，此曲线为抛物线。当 $\rho(t)$ 为线性时，此曲线为有一个实尖点三次曲线：

$$Z(t)=\sum_{i=0}^{3}B_i^3(t)Z_i$$

其中，$Z_1=Z_0+2(Z^*-Z_0)/(b+2), Z_2=Z_3+2b(Z^*-Z_3)/(2b+1)$，$Z_0,Z_3,Z^*$可任取，$b$为任意实数。一般令 $b>0$，将三次曲线的尖点挤出区间[0,1]。

(3) $M\neq 0$ 且 $G(t)$ 不是常数。

这类曲线的最低次数为四次，即 $\rho(t)$ 为常数且 $G(t)$ 为线性多项式。设四次曲线为 $Z(t)=\sum_{i=0}^{4}B_i^4(t)Z_i$，记 $T_0=Z'(0),\ T_1=Z'(1)$。则可设 $Z'(t)=[T_0(1-t)+T_1t/c^2]\cdot(1-t+ct)^2$，$c$ 为某个复数。于是有：

$$Z_1=Z_0+T_0/4,\quad Z_2=Z_0+T_0(3+2c)/12+T_1/(12c^2),\quad Z_3=Z_4-T_1/4 \tag{12.25}$$

其中，Z_0,Z_4,T_0,T_1 可任取，c 满足约束条件：

$$T_1+2T_1c+3(4Z_0-4Z_4+T_0+T_1)c^2+2T_0c^3+T_0c^4=0 \tag{12.26}$$

四次代数方程(12.26)有 4 个根，分别对应于插值 Z_0,Z_1,T_0,T_1 的 4 条 C^1 Hermite 插值曲线。

12.4　PH 曲线和 OR 曲线的插值构造算法

平面 Bézier 曲线的复表示为 $Z(t)=\sum_{i=0}^{n}B_i^n(t)Z_i, Z_i=x_i+y_i\mathrm{i}$。本节运用该表示在插值和 PH、OR 曲线条件下求出其控制顶点。

12.4.1　平面五次 PH 曲线的 G^2 Hermite 插值

根据推论 12.2，平面三次 PH 曲线不能产生适当的拐点，所以工程中至少将曲线次数提高到五次。

设 $\rho(t),G(t)$ 分别为实和复系数多项式，由定理 12.5 可知，平面五次 PH 曲线的条件为 $Z'(t)=\rho(t)G^2(t)$。取 $\rho(t)\equiv 1$，则有：

$$G(t)=a(1-t)^2+b(1-t)t+ct^2 \tag{12.27}$$

其中，a,b,c 为待定复系数。积分后可得 $Z(t)=\sum_{i=0}^{5}Z_iB_i^5(t)$，且

$$(Z_0,Z_1,Z_2,Z_3,Z_4,Z_5)=\left(R_0,Z_0+\frac{a^2}{5},Z_1+\frac{ab}{10},Z_2+\frac{b^2+2ac}{30},Z_3+\frac{bc}{10},Z_4+\frac{c^2}{5}\right) \tag{12.28}$$

其中，R_0 对应于积分常数 C。

对于给定的位矢 R_i、切矢 T_i 和曲率 k_i，$i=0,1$，有可能不存在满足 G^2 条件的插值曲线，此时需使用参考文献[13]中解的条件来调整曲率。由连续条件得：

$$Z_i = R_i,\ \ Z_i'/|Z_i'| = T_i,\ \ (Z_i' \times Z_i'')/|Z_i'|^3 = k_i,\quad i=0,1 \tag{12.29}$$

把式(12.28)代入式(12.29)，可得关于复系数 a,b,c,Z_0 及实系数 λ,μ 的 6 个约束方程：

$$Z_0 = R_0,\quad b^2 + 3(a+c)b + 2ac + 6(\lambda^2 T_0 + \mu^2 T_1) = 30(R_1 - R_0) \tag{12.30}$$

$$a = \pm\lambda\sqrt{T_0},\quad c = \pm\mu\sqrt{T_1},\quad \mathrm{Im}(\overline{T}_0 \cdot 2ab)/\lambda^4 = k_0,\quad \mathrm{Im}(-\overline{T}_1 \cdot 2bc)/\mu^4 = k_1 \tag{12.31}$$

记 $b = b_1 + b_2\mathrm{i},\ T_j = T_{jx} + T_{jy}\mathrm{i},\ \sqrt{T_j} = \tilde{T}_{jx} + \tilde{T}_{jy}\mathrm{i},\ j=0,1$，由式(12.31)中的后两式可得：

$$\begin{cases}(T_{0x}\tilde{T}_{0y} - T_{0y}\tilde{T}_{0x})b_1 + (T_{0x}\tilde{T}_{0x} + T_{0y}\tilde{T}_{0y})b_2 = k_0\lambda^3/2 \\ (T_{1x}\tilde{T}_{1y} - T_{1y}\tilde{T}_{1x})\,b_1 + (T_{1x}\tilde{T}_{1x} + T_{1y}\tilde{T}_{1y})\,b_2 = -k_1\mu^3/2\end{cases} \tag{12.32}$$

最后算出 λ,μ 的值，便求得曲线的控制顶点。若求得多组实数解，则可根据需要挑选一组，因为一般来说，各组解所得曲线形状相当相似(有相似的曲线能量)。

12.4.2　平面三次 PH 曲线偶的 C^1 Hermite 插值

平面三次 PH 曲线的缺点不是非要用提高次数来克服，况且人们希望保留低次曲线简化计算的优点，为此提出三次 PH 曲线偶的插值法。

给定端点位矢 R_0,R_1 和切矢 T_0,T_1 后，用控制顶点为 $Z_{j,i}(j=1,2;i=0,1,2,3)$ 的两条三次 PH 曲线 $Z_j(t)\ (j=1,2)$ 来进行 C^1 Hermite 插值，设

$$Z_1'(t) = G_1^2(t) = (a(1-t)+bt)^2,\quad Z_2'(t) = G_2^2(t) = (c(1-t)+dt)^2 \tag{12.33}$$

其中，a,b,c,d 为待定的复系数。类似可得两条曲线的控制点：

$$\begin{aligned}&(Z_{1,0},Z_{1,1},Z_{1,2},Z_{1,3}) = (R_0, Z_{1,0}+a^2/3, Z_{1,1}+ab/3, Z_{1,2}+b^2/3)\\ &(Z_{2,0},Z_{2,1},Z_{2,2},Z_{2,3}) = (Z_{2,1}-c^2/3, Z_{2,2}-cd/3, Z_{2,3}-d^2/3, R_1)\end{aligned} \tag{12.34}$$

由端点插值条件及两条三次 PH 曲线保持 C^1 连续的条件，可得：

$$\begin{aligned}&Z_{1,0} = R_0,\quad a = \pm\sqrt{T_0},\quad Z_{2,3} = R_1,\quad d = \pm\sqrt{T_1},\quad c = \pm b\\ &2b^2 + ab + cd + \alpha = 0,\quad \alpha = (T_0 + T_1) + 3(R_1 - R_0)\end{aligned} \tag{12.35}$$

初步观察发现上式最多可能有 16 个解，但考虑到存在各种限制，实际上只有 4 个不同的解：

$$\begin{aligned}&Z_{1,0} = R_0,\quad a = \sqrt{T_0},\quad Z_{2,3} = R_1,\quad d = \sqrt{T_1}\\ &b = \begin{cases}-\dfrac{1}{4}\left(\sqrt{T_0} + \sqrt{T_1} \pm \sqrt{(\sqrt{T_0}+\sqrt{T_1})^2 - 8\alpha}\right), & c = b\\ -\dfrac{1}{4}\left(\sqrt{T_0} - \sqrt{T_1} \pm \sqrt{(\sqrt{T_0}-\sqrt{T_1})^2 - 8\alpha}\right), & c = -b\end{cases}\end{aligned} \tag{12.36}$$

对应于 4 条满足 C^1 Hermite 插值条件的三次 PH 曲线。数值实验表明，所得 4 条插值曲线中总有一条曲线能很好地满足几何设计要求，包括灵活处理拐点。

12.4.3　高次抛物–PH 曲线的 C^2 Hermite 插值

回顾定理 12.7 给出的 OR 曲线表示：$Z'(t)=\rho(t)F(t)G^2(t)$。为得到一条抛物–PH 曲线，可令：

$$\rho(t)=1,\quad F(t)=a(1-t)+bt,\quad G(t)=(1-t)^3+c(1-t)^2t+d(1-t)t^2+et^3$$

其中，a,b,c,d,e 为待定的复系数。类似可计算出曲线 $Z(t)$ 的控制点。

不出意外，可得到多条满足几何设计要求的这类曲线。为了选择最佳插值曲线，比肉眼观察更严谨的做法是利用插值曲线的最小绝对旋转数和曲线能量最小化：

$$\mathrm{ARot}(Z)=\frac{1}{2\pi}\int_0^1|k(t)||Z'(t)|\mathrm{d}t,\quad E(Z)=\int_0^1 k^2(t)|Z'(t)|\mathrm{d}t \tag{12.37}$$

其中，$k(t)$ 为复平面曲线 $Z(t)$ 的曲率。

ARot 值较大意味着曲线很可能存在尖点或圈点等奇异情形。首先限制 ARot 值可有效地排除奇异情形，然后利用曲线能量的最小化来选择最佳插值曲线。总之，具有最小绝对旋转数和最小曲线能量的曲线，是插值曲线的最佳选择，而且具有比传统的插值曲线更自然的几何形状。

有了量化的标准，可以用遗传算法[48]等智能优化算法来自动选择或者辅助人类设计最佳插值曲线，如图 12.3 所示。

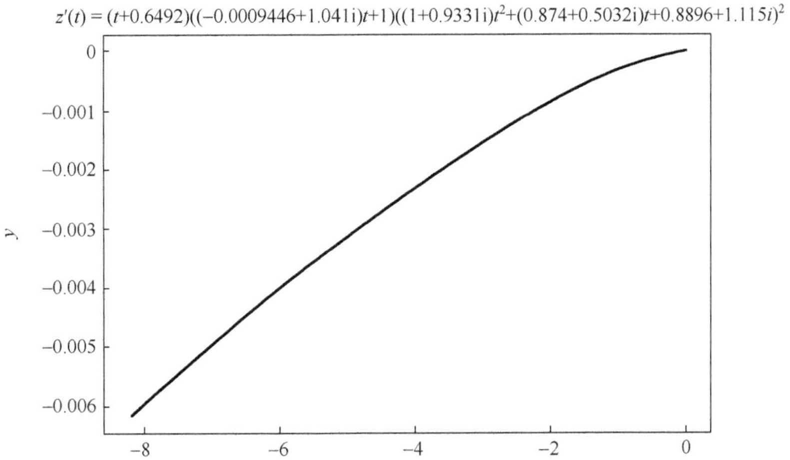

图 12.3　一条用遗传算法生成的七次 OR 曲线，唯一约束是最小化 ARot 值与能量的和(数字后面的 i 为虚单位)

12.5　具有有理中心线的管道曲面

本节讨论平面等距曲线的概念在空间的一个推广：管道曲面。

定义 12.4　中心线为 $\boldsymbol{r}(t)$，半径为 d 的管道曲面定义为

$$\boldsymbol{r}_d(s,t)=\boldsymbol{r}(t)+d\boldsymbol{N}(s,t),\quad (s,t)\in I_1\times I_2 \tag{12.38}$$

其中，I_1,I_2 为实区间；对每个固定的参数 t，$\boldsymbol{N}(s,t)$ 表示以 $\boldsymbol{r}(t)$ 为中心，位于法平面 $\boldsymbol{r}'(t)\cdot((x,y,z)-\boldsymbol{r}(t))=0$ 上的一个单位圆(图 12.4)。

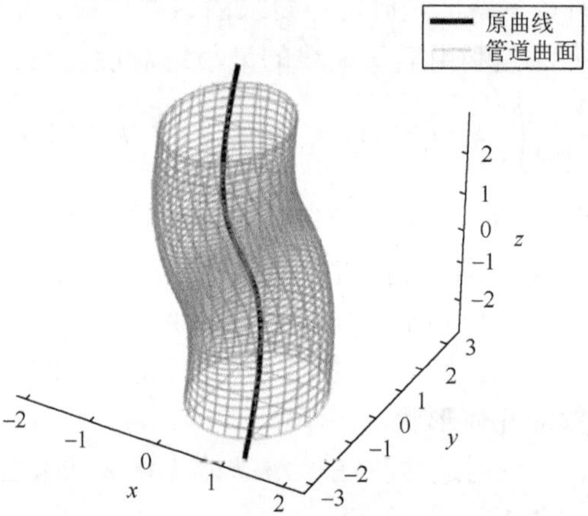

图 12.4　三维曲线管道曲面示意图

以有理参数化曲线 $\boldsymbol{r}(t)$ 作为中心线的管道曲面可有理化意味着存在有理向量值函数 $\boldsymbol{N}(s,t)=\left(n_0(s,t),n_1(s,t),n_2(s,t)\right)$ 满足：

$$n_0^2(s,t)+n_1^2(s,t)+n_2^2(s,t)=1,\quad n_0(s,t)\cdot x'(t)+n_1(s,t)\cdot y'(t)+n_2(s,t)\cdot z'(t)=0 \tag{12.39}$$

引理 12.4　设 $\boldsymbol{r}(t)=\left(x(t),y(t),z(t)\right)$ 为有理参数化曲线，满足 $z'(t)\neq 0$。则以 $\boldsymbol{r}(t)$ 为中心线的管道曲面(式(12.38))可有理参数化，当且仅当存在有理函数 $f=f(t)$, $g=g(t)$ 使得：

$$x'^2(t)+z'^2(t)-f^2(t)(x'^2(t)+y'^2(t)+z'^2(t))=g^2(t) \tag{12.40}$$

下面给出本节最主要的结论。

定理 12.8　中心线 $\boldsymbol{r}(t)=(x(t),y(t),z(t))$ 为有理曲线的管道曲面可有理参数化。

不失一般性，设 $y'(t)\neq 0$，$z'(t)\neq 0$。

这里根据引理 12.4，直接给出满足式(12.40)的有理函数 $f(t)$ 和 $g(t)$：

$$f(t)=(m^2(t)+n^2(t)-1)/(m^2(t)+n^2(t)+1),\quad g(t)=h(t)/(m^2(t)+n^2(t)+1) \tag{12.41}$$

其中，$m(t)=(\alpha(t)+z'(t))/y'(t)$，　$n(t)=(\beta(t)+x'(t))/y'(t)$，有理函数 $\alpha(t)$ 和 $\beta(t)$，使得 $x'^2(t)+y'^2(t)+z'^2(t)=\alpha^2(t)+\beta^2(t)$，同时有：

$$\begin{cases} h(t)=2(m(t)x'(t)-n(t)z'(t)) \\ (y'(t)m(t)-z'(t))^2+(y'(t)n(t)-x'(t))^2=x'^2(t)+y'^2(t)+z'^2(t) \end{cases} \tag{12.42}$$

12.6　二次曲面的等距曲面

等距曲面是等距曲线的类比物。最平凡的例子是平行平面和同心球面，但原曲面和其等距曲面可能很不相似。下面是其严格定义。

定义 12.5（等距曲面）　任何一张不可约的代数曲面 $S:F(x,y,z)=0$ 的距离为 d 的等距曲面是由点：

$$(x_d,y_d,z_d)=(x,y,z)+d\cdot\nabla F(x,y,z)/\|\nabla F(x,y,z)\|,\quad \forall(x,y,z)\in S \tag{12.43}$$

$$\nabla F(x,y,z)=(F'_x(x,y,z),F'_y(x,y,z),F'_z(x,y,z)) \tag{12.44}$$

组成的集合。

与曲线情况类似，代数曲面的等距曲面也是代数曲面，但未必是有理曲面。

定理 12.9　对于不可约代数曲面 S: $F(x,y,z)=0$，当 (x,y,z,ρ) 空间中的代数曲面：

$$\begin{cases} F(x,y,z)=0 \\ F_x'^2(x,y,z)+F_y'^2(x,y,z)+F_z'^2(x,y,z)=\rho^2 \end{cases} \tag{12.45}$$

具有有理形式时，曲面 S 的等距曲面也可有理参数化。

这个定理可帮助我们分析常见曲面的等距曲面的可有理参数化性质。本节仅限于讨论二次曲面。

12.6.1　椭圆抛物面和双曲抛物面的等距曲面

椭圆抛物面或双曲抛物面的方程可概括为 $z-ax^2-by^2=0$。代入式(12.45)得 (x,y,z,ρ) 空间中的代数曲面：

$$\begin{cases} z=ax^2-by^2 & (12.46\text{a}) \\ 1+4a^2x^2+4b^2y^2=\rho^2 & (12.46\text{b}) \end{cases}$$

显然只需讨论式(12.46b)的有理化。当 $b\neq0$ 时，将变换 $\rho=2by+s$ 代入式(12.46b)得 $y=(1+4a^2x^2-s^2)/(4bs)$，于是二次曲面 $1+4a^2x^2+4b^2y^2=\rho^2$ 可表示成关于 (x,s) 的有理形式。若 $b=0$，则 $a\neq0$。此时可做类似变换。这样就构造性地证明了下述定理。

定理 12.10　椭圆抛物面或双曲抛物面的等距曲面为有理曲面。

12.6.2 椭球面的等距曲面

椭球面的方程，不失一般性可写为

$$x^2+ay^2+bz^2=1,\quad a>0,\quad b>0,\quad 0<a\leqslant 1\leqslant b \tag{12.47}$$

根据定理 12.9，只需将 (x,y,z,r) 空间中的曲面：

$$\begin{cases}x^2+ay^2+bz^2=1\\ x^2+a^2y^2+b^2z^2=r^2/4\end{cases} \tag{12.48}$$

参数化即可。做二次变换：

$$x=\delta+1,\quad y=u\delta,\quad z=v\delta,\quad r=2(w\delta+1) \tag{12.49}$$

则

$$\delta=-2/(1+au^2+bv^2)=2(w-1)/(1+a^2u^2+b^2v^2-w^2) \tag{12.50}$$

在 (u,v,w) 空间中定义三次曲面：

$$\Sigma: a(w-1+a)u^2+b(w-1+b)v^2+w(1-w)=0 \tag{12.51}$$

于是式(12.48)的有理参数化依赖于 Σ 的参数化。由于对称性，只需考虑 $x\geqslant 0, r\geqslant 0$ 的部分。从式(12.48)推知 $x\leqslant 1$ 且 $x\leqslant r/2$，再由式(12.49)得 $\delta\leqslant 0, w\leqslant 1$。在此情况下，曲面 Σ 若有实像，则必需令 $1-a\geqslant w\geqslant 1-b$。

当 $a=b$ 时，椭球面为球面。此时 $a=b=1$，$w=0$，显然式(12.48)有如下参数化：

$$\begin{cases}x=(au^2+bv^2-1)/(au^2+bv^2+1)=(u^2+v^2-1)/(u^2+v^2+1)\\ y=-2u/(au^2+bv^2+1)=-2u/(u^2+v^2+1)\\ z=-2v/(au^2+bv^2+1)=-2v/(u^2+v^2+1)\\ r=2\end{cases} \tag{12.52}$$

当 $a\neq b$ 时，容易验证，若 $w=1-b$ 或 $w=1-a$，则曲面 Σ 无实像。因此只需考虑 $w\in(1-b,1-a)$。此时 $a(w-1+a)$ 和 $b(w-1+b)$ 异号。若固定 w，则 Σ 为一条双曲线。令

$$a(w-1+a)\big/(b(w-1+b))=-t^2 \tag{12.53}$$

$$w=(t^2(b-b^2)+a-a^2)\big/(bt^2+a) \tag{12.54}$$

则式(12.51)转化为：

$$v^2-t^2u^2=\rho(t),\ \rho(t)=(b^2t^2+a^2)(b(b-1)t^2+a(a-1))\big/((a-b)bat^2(bt^2+a)) \tag{12.55}$$

易证式(12.56)有如下参数表示：

$$u=(s^2\rho(t)-1)/(2st),\ \ v=(s^2\rho(t)+1)/(2s) \tag{12.56}$$

由式(12.53)可知，对任何 $w\in(1-b,1-a)$，总能找到实数 t 使 w 可表达为式(12.54)。因此式(12.54)和式(12.56)组成了曲面 Σ 的有理表示式，从而给出式(12.48)的参数化。这样就得到定理 12.11。

定理 12.11　椭球面的等距曲面为有理曲面。

12.6.3　单叶双曲面的等距曲面

通过刚体变换和一致缩放变换，单叶双曲面也可写成式(12.47)，只是 a 与 b 异号。同理，只需考虑由式(12.48)定义的超曲面的参数化。通过二次变换(式(12.49))，研究式(12.51)关于 u,v 和 w 的三次曲面 Σ 的参数化。

对于每一个固定值 w'，曲面 Σ 与平面 $w=w'$ 相交为两次曲线。特别地有：

$$\begin{cases} w=0, & a(a-1)u^2+b(b-1)v^2=0 \\ w=1-a, & b(b-a)v^2+(1-a)a=0 \\ w=1-b, & a(a-b)u^2+(1-b)b=0 \end{cases}$$

不难发现，只要 a 与 b 异号，在上面三条二次曲线中，总有两条退化为实直线。从中各选取一条直线，记为 L_1 和 L_2，其参数形式可以写成：

$$\begin{cases} L_1:(u_1(s),v_1(s),w_1(s))=(a_1+c_1s,b_1+d_1s,w_1) \\ L_2:(u_2(t),v_2(t),w_2(t))=(a_2+c_2t,b_2+d_2t,w_2) \end{cases} \tag{12.57}$$

再定义：

$$(u,v,w)=((1-k)u_1(s)+ku_2(t),(1-k)v_1(s)+kv_2(t),(1-k)w_1(s)+kw_2(t)) \tag{12.58}$$

把上式代入方程(12.51)，得到关于 k 的一个三次方程，其系数是 s 和 t 的有理函数。显然 $k=0$ 和 $k=1$ 都是它的根，因而其第三个根 $k=k(t,s)$ 必可表示成 s 和 t 的有理函数。最后结合式(12.49)、式(12.50)和式(12.58)，给出式(12.48)的一个有理参数表示。由此得出下述结论。

定理 12.12　单叶双曲面的等距曲面为有理曲面。

12.6.4　双叶双曲面的等距曲面

类似于椭球面和单叶双曲面情形，只需考虑式(12.51)定义的三次曲面 Σ 的有理参数化，此时 $a<0,b<0$。不失一般性，设 $a\leqslant b$，且仅考虑 $x\geqslant 0,r\geqslant 0$ 的部分。此时 $1\leqslant x\leqslant r/2$，所以 $w\geqslant 1$。仔细分析式(12.51)，知 Σ 有实像对应于 $w\in[1,1-a)$。现将区间 $[1,1-a)$ 分为两个子区间 $[1,1-b]$ 和 $(1-b,1-a)$，然后分别讨论对应的 Σ 的参数化问题。

固定 $w\in(1-b,1-a)$，Σ 为一条双曲线。仿照椭球面情形，按式(12.53)的方法得到式(12.54)和式(12.56)，它们为式(12.51)的一个参数化。

固定 $w\in[1,1-b]$，Σ 为一个椭圆。容易发现，参数曲线：

$$(\bar{u}(\theta),\bar{v}(\theta),\bar{w}(\theta))=((\sqrt{-b}/a)\sin\theta,\ \sqrt{(a-1)/a}\sin\theta\tan\theta,\ 1-b\sin^2\theta) \tag{12.59}$$

位于曲面 Σ 上。令：

$$(u,v,w)=(\alpha+\bar{u}(\theta),s\alpha+\bar{v}(\theta),\bar{w}(\theta)) \tag{12.60}$$

代入式(12.51)，解出唯一非零根：

$$\alpha(s,\theta)=\frac{2\sqrt{-b}((b-a)\sin\theta+sb\sqrt{b(1-a)/a}\sin^2\theta\cos\theta-b\sin\theta\cos^2\theta)}{a(a-b)+b(bs^2+a)\cos^2\theta} \tag{12.61}$$

把 $\sin\theta,\cos\theta$ 表示成：

$$\sin\theta=\frac{2t}{1+t^2},\quad \cos\theta=\frac{1-t^2}{1+t^2} \tag{12.62}$$

式(12.59)～式(12.62)可组成式(12.51)的一个 s 和 t 的有理参数表示。因此有下述结论。

定理 12.13　双叶双曲面的等距曲面为有理曲面。

参考文献

[1] Farouki R T, Neff C A. Analytic properties of plane offset curves. Computer Aided Geometric Design, 1990, 7(1/2/3/4): 83-99.

[2] Pham B. Offset curves and surfaces: A brief survey. Computer-Aided Design, 1992, 24(4): 223-229.

[3] Maekawa T. An overview of offset curves and surfaces. Computer-Aided Design, 1999, 31(3): 165-173.

[4] Farouki R T, Sakkalis T. Pythagorean hodographs spaces curves. Advances in Computational Mathematics, 1994, 2(1): 41-46.

[5] Farouki R T. The conformal map $z\mapsto z^2$ of the hodograph plane. Computer Aided Geometric Design, 1994, 11(4): 363-390.

[6] Farouki R T. Pythagorean-hodograph curves in practical use//Barnhill R E. Geometry Processing for Design and Manufacturing. Philadelphia: SIAM, 1992: 3-33.

[7] Farouki R T, Shah S. Real-time CNC interpolators for Pythagorean hodograph curves. Computer Aided Geometric Design, 1996, 13(7): 583-600.

[8] Pottmann H. Rational curves and surfaces with rational offsets. Computer Aided Geometric

Design, 1995, 12(2): 175-192.

[9] Martin R R, Stephenson P C. Sweeping of three-dimensional objects. Computer-Aided Design, 1990, 22(4): 223-234.

[10] Farouki R T. Exact offset procedures for simple solids. Computer Aided Geometric Design, 1985, 2(4): 257-279.

[11] Martin R R. Principal patches-A new class of surface patch based on differential geometry. Proceeding of the Eurographics'83, Zagreb, 1983.

[12] Peternell M, Pottmann H. A Laguerre geometric approach to rational offsets. Computer Aided Geometric design, 1998, 15(3): 223-249.

[13] de Boor C, Hollig K, Sabin M. High accuracy geometric Hermite interpolation. Computer Aided Geometric Design, 1987, 4(4): 269-278.

[14] Farouki R T, Neff C A. Hermite interpolation by Pythagorean hodograph quintics. Mathematics of Computation, 1995, 64(212): 1589-1609.

[15] Meek D S, Walton D J. Geometric Hermite interpolation with Tschirnhausen cubics. Journal of Computational and Applied Mathematics, 1997, 81(2): 299-309.

[16] Cobb E S. Design of sculptured surfaces using the B-spline representation. Logan: University of Utah, 1984.

[17] Coquillart S. Computing offsets of B-spline curves. Computer-Aided Design, 1987, 19(6): 305-309.

[18] Tiller W, Hanson E G. Offsets of two-dimensional profiles. IEEE Computer Graphics and Application, 1984, 4(9): 36-46.

[19] Elber G, Cohen E. Offset approximation improvement by control points perturbation// Lyche T, Schumaker L L. Mathematical Methods in Computer Aided Geometric Design II. Boston: Academic Press, 1992: 229-237.

[20] Elber G, Cohen E. Error bounded variable distance offset operator for free form curves and surfaces. International Journal of Computational Geometry and Application, 1991, 1(1): 67-78.

[21] Lee I K, Kim M S, Elber G. Planar curve offset based on circle approximation. Computer-Aided Design, 1996, 28(8): 617-630.

[22] Klass R. An offset spline approximation for plane cubic splines. Computer-Aided Design, 1983, 15(4): 297-299.

[23] Pham B. Offset approximation of uniform B-splines. Computer-Aided Design, 1988, 20(8): 471-474.

[24] Hoschek J. Spline approximation of offset curves. Computer Aided Geometric Design, 1988, 20(1): 33-40.

[25] Hoschek J, Wissel N. Optimal approximate conversion of spline curves and spline approximation

of offset curves. Computer-Aided Design, 1988, 20 (8) : 475-483.

[26] Sederberg T W, Buehler D B. Offsets of polynomial Bézier curves: Hermite approximation with error bounds//Lyche T, Schumaker L L. Mathematical Methods in Computer Aided Geometric Design II. Boston: Academic Press, 1992: 549-558.

[27] Piegl L A, Tiller W. Computing offsets of NURBS curves and surfaces. Computer-Aided Design, 1999, 31 (2) :147-156.

[28] Li Y M, Hsu V Y. Curve offsetting based on Legendre series. Computer Aided Geometric Design, 1998, 15 (7) : 711-720.

[29] Farouki R T. The approximation of non-degenerate offset surfaces. Computer Aided Geometric Design, 1986, 3 (1) : 15-43.

[30] Chiang C S, Hoffmann C M, Lynch R E. How to compute offsets without self-intersection. Proceedings of SPIE Conference on Curves and Surfaces in Computer Vision and Graphics II, Boston, 1991: 76-87.

[31] Kimmel R, Bruckstein A M. Shape offsets via level sets. Computer-Aided Design, 1993, 25 (3) : 154-162.

[32] Maekawa T, Patrikalakis N M. Computation of singularities and intersections of offsets of planar curves. Computer Aided Geometric Design, 1993, 10 (5) : 407-429.

[33] Maekawa T, Patrikalakis N M, Sakkalis T, et al. Analysis and applications of pipe surfaces. Computer Aided Geometric Design, 1998, 15 (5) : 437-458.

[34] Maekawa T. Self-intersections of offsets of quadratic surfaces: Part I, explicit surfaces. Engineering with Computers, 1998, 14 (1) : 1-13.

[35] Maekawa T. Self-intersections of offsets of quadratic surfaces: Part II, implicit surfaces. Engineering with Computers, 1998, 14 (1) : 14-22.

[36] Chen Y I, Ravani B. Offset surface generation and contouring in computer aided design. Journal of Mechanisms Transmissions and Automation in Design, 1987, 109 (3) : 133-142.

[37] Aomura S, Uehara T. Self-intersection of an offset surface. Computer-Aided Design, 1990, 22 (7) : 417-422.

[38] Vafiadou M E, Patrikalakis N M. Interrogation of offsets of polynomial surface patches. Proceedings of the 12th Annual European Association for Computer Graphics Conference and Exhibition, New York, 1991: 247-259, 538.

[39] Maekawa T, Cho W, Patrikalakis N M. Computation of self-intersections of offsets of Bézier surface patches. Journal of Mechanical Design: ASME Transactions, 1997, 119 (2) : 275-283.

[40] Patrikalakis N M, Bardis L. Offsets of curves on rational B-spline surfaces. Engineering with Computers, 1989, 5 (1) : 39-46.

[41] Pottmann H. General offset surfaces. Neural Parallel and Scientific Computations, 1997, 5 (1/2) :

55-80.

[42] Rausch T, Wolter F E, Sniehotta O. Computation of medial curves on surfaces//Goodman T, Martin R. The Mathematics of Surfaces VII. Winchester: Information Geometers Limited, 1997: 43-68.

[43] Kunze R, Wolter F E, Rausch T. Geodesic Voronoi diagrams on parametric surfaces. Proceedings of Computer Graphics, Hasselt, 1997: 230-237.

[44] Brechner E L. General tool offset curves and surfaces//Barnhill R E. Geometry Processing for Design and Manufacturing. Philadelphia: SIAM, 1992: 101-121.

[45] Pottmann H, Wallner J, Glaeser G, et al. Geometric criteria for gouge-free three-axis milling of sculptured surfaces. Journal of Mechanical Design, 1999, 121(2): 241-248.

[46] Alhanaty M, Bercovier M. Shapes with offsets of nearly constant surface area. Computer-Aided Design, 1999, 31(4): 287-296.

[47] 王国瑾, 汪国昭, 郑建民. 计算机辅助几何设计. 北京: 高等教育出版社, 2001.

[48] 玄光男, 程润伟. 遗传算法与工程优化. 北京: 清华大学出版社, 2017.